农村水电站安全风险评价

蔡 新 郭兴文 徐锦才 著

科 学 出 版 社

北 京

内 容 简 介

本书介绍农村水电站概况，阐述农村水电站安全风险评价理论方法，着重研究农村水电站安全风险评价，农村水电站金属结构、电气设备、水工建筑物安全风险评价，农村水电站致灾后果评价及除险加固，农村水电站安全风险评估系统的开发，并应用于解决多个工程实际问题。

本书可作为高等学校土木水利类专业的本科生与研究生的教材或教学参考书，也可供土木水利领域，特别是农村水电站从事设计、施工、建设及运行管理的工程技术人员参考。

图书在版编目（CIP）数据

农村水电站安全风险评价 / 蔡新，郭兴文，徐锦才著. —北京：科学出版社，2014.12

ISBN 978-7-03-042942-1

Ⅰ. ①农… Ⅱ. ①蔡… ②郭… ③徐… Ⅲ. ①农村–水力发电站–安全评价–中国 Ⅳ. ①TV737

中国版本图书馆 CIP 数据核字（2014）第 309833 号

责任编辑：陈岭啸 李香叶 胡 凯 / 责任校对：赵桂芬
责任印制：李 利 / 封面设计：许 瑞

科学出版社 出版
北京东黄城根北街 16 号
邮政编码：100717
http://www.sciencep.com
三河骏杰印刷有限公司 印刷
科学出版社发行 各地新华书店经销
*
2015 年 1 月第 一 版 开本：787 × 1092 1/16
2015 年 1 月第一次印刷 印张：13 3/4
字数：323 000

定价：79.00 元

（如有印装质量问题，我社负责调换）

序

由蔡新教授等著的《农村水电站安全风险评价》一书，即将由科学出版社出版，我很高兴能阅读该书，并欣然为该书写序。

农村水电是农村重要的基础设施和公共设施。我国现有农村水电站 4.5 万余座，装机容量 5900 多万千瓦，全国 1/2 的地域、1/3 的县、3 亿多人口的用电依靠农村水电。然而，这些小型水电站大多修建于新中国成立初期至 20 世纪 70 年代，多是边勘查、边设计、边施工的“三边”工程，有的水电站甚至缺乏足够的水文、地质等基础资料，当时的技术标准和规范也不够完善，施工设备简陋，资金投入不足。上述因素致使这些水电站的建设从设计到施工都难以保证质量，大部分工程先天不足，留下了防洪标准低、工程建设不配套、工程质量差、抗震不达标、泄洪设施不健全等隐患。经过几十年的运行，各种设备不断老化，造成其自身发电效率降低，影响节能减排，原先存在的安全隐患亦有不同程度增加，严重威胁工程安全和公共安全。

针对我国农村水电安全生产工作中存在的突出问题，我们要清醒认识安全监管工作的重要性和必要性，加强农村水电安全风险评价研究，做到有的放矢，才能切实落实各项安全监管责任。蔡新教授的研究团队主要结合水利部公益性行业科研专项经费项目“农村水电站安全保障关键技术研究”，在对我国农村水电站安全现状进行大规模调查和检测资料分析研究基础上，提出我国农村水电站安全风险评价和灾后评价分析方法，为建立科学的安全评价标准、风险控制方法和措施、水电站除险加固提供科学依据。研究成果的应用将有力地促进减少或避免农村水电站重大安全事故的发生。

该书介绍了农村水电站概况，阐述了农村水电站安全风险评价理论和方法，着重研究了农村水电站水工建筑物及整体安全风险评价、金属结构安全风险评价、电气设备安全风险评价、灾后评价及除险加固技术。该书既有详细的理论方法内容，也有丰富的工程应用实例，具有较高的学术水平和重要的参考应用价值。希望该书的出版对我国农村水电工程的设计、建设和运行管理起到重要的参考和指导作用。

中国工程院院士
南京水利科学研究院院长
水利部大坝安全管理中心主任

2014 年 4 月

前　言

农村水电站面广量大，是农村的重要基础设施。随着使用时间的增长，农村水电站大量存在着老化病害的问题，给工程和社会公共安全带来威胁，所以迫切需要对其进行健康普查及安全评估，并在此基础上进行除险加固。本书基于对我国农村水电站安全现状调查和检测资料分析，开展农村水电站工程结构和机电设备安全保障关键技术研究，着重进行农村水电站工程结构和机电设备的安全风险评估，旨在为农村水电站安全运行及除险加固提供参考依据。

本书共 9 章，主要介绍农村水电站安全风险评价理论方法，着重研究农村站安全风险评价，农村水电站金属结构、电气设备、水工建筑物安全风险评价，农村水电站致灾后果评价及除险加固，以及农村水电站安全评估系统的开发等内容。

本书由蔡新、郭兴文、徐锦才合著，蔡新负责统稿定稿。江泉、袁越、杨光明、易剑刚、戴双喜、李益、舒静、蔡荨、顾水涛等参加了研究及部分编写。参加研究工作的还有董大富、金华频、周丽娜、杨杰、严伟、朱杰、潘盼、明宇、邱勇、刘庆辉等，在此一并表示感谢。

本书研究工作受水利部水利公益性行业科研专项“农村水电站安全保障关键技术研究”（200801019）及“十二五”国家科技支撑计划项目“农村小水电节能增效关键技术”（2012BAD10B00）资助，特此致谢。

本书承蒙中国工程院院士、南京水利科学研究院院长、水利部大坝安全管理中心主任张建云教授审阅并作序，本书由河海大学水利水电学院院长、博士生导师顾冲时教授和水利部大坝安全管理中心副总工程师、南京水利科学研究院大坝安全管理研究所所长、博士生导师盛金保教授担任主审。他们对本书进行了详细的审阅，提出了宝贵的修改意见，作者在此表示诚挚的谢意。

由于作者水平有限，书中难免存在不妥之处，恳请读者批评指正。

蔡　新

2014 年 5 月于南京

目　　录

第1章　绪　　论

水是清洁可再生资源，农村水电站在解决山区农村供电、促进区域经济发展、改善农民生活条件与生态环境、调整当地产业结构，以及保障应急供电等方面具有重要作用，是农村重要基础设施和公共设施。由于多种原因，许多农村水电站存在各种安全遗留问题，使其成为水利生产行业的事故多发领域，科学地对农村水电站进行安全风险评价，提出合理的技术措施消除安全隐患或减小安全风险，有着非常重要的意义。

本章首先介绍我国农村水电站普遍存在的问题，并初步分析了相关问题出现的原因；其次概述国内外安全风险评价的发展和我国农村水电站安全风险评价现状；最后给出本书研究内容的技术路线。

1.1　农村水电站概况

我国幅员辽阔，河流众多，蕴藏着丰富的水能资源。根据《农村水能资源调查评价成果2008》，我国单站装机容量5万kW及以下的农村水能资源十分丰富，技术可开发装机容量1.28亿kW，年发电量5350亿kW·h，居世界第一位，广泛分布在全国30个省（自治区、直辖市）的1715个山区县。其中东部地区技术可开发量2284万kW，占全国的18%；中部地区2567万kW，占全国的20%；西部地区最丰富，达7953万kW，占全国的62%。

长期以来，我国出台许多相关的政策，积极扶持农村水电站的开发。依据2010—2012年开展的《全国第一次水利普查公报》，截至2011年12月31日，全国共建成农村水电站46139座，总装机容量7562.97万kW。目前全国农村水电站现有装机容量相当于3.36个三峡水电站的容量，约为世界其他国家农村水电站装机容量的总和。全国有557个县长期主要依靠农村水电站供电，3亿多农民就近用到了清洁可再生能源。通过开发农村水电站，解决了全国近1/2地域、1/3县市、1/4人口的用电问题。云南、四川、广东、福建、湖南、浙江、广西、湖北、江西、贵州等10个农村水电站大省，开发装机容量均已超过200万kW。

农村水电站在解决山区农村供电、促进区域经济发展、改善农民生产生活条件与生态环境，帮助贫困地区调整当地产业结构，以及保证应急供电等方面都做出了巨大的贡献。可是，进入21世纪以来，尤其是“十一五”期间，农村水电站新的特点、新的问题日渐突出。

由于历史原因和经济、技术等条件的限制，大多数农村水电站兴建年代较早，施工质量不高，运用管理水平低，工程运行管理经费不足，目前存在着较多安全隐患，特别是20世纪90年代以前建设的2万多座小水电站，使得农村水电站成为水利生产行业的事故多发领域。中华人民共和国水利部办公厅关于水利生产安全事故情况的通报文件表明，2010年农村水电建设与运行发生事故8起，死亡12人；2011年农村水电建设与运行共发生事故3起，死亡6人；2012年农村水电建设与运行共发生事故3起，死亡5人；2013年农村水电建设与运行共发生事故4起，死亡13人。农村水电站的安全问题越来越被人们所关注。

1.1.1　农村水电站普遍存在的问题

通过开展农村水电站安全现状问卷调查和对农村水电重点地区福建省、浙江省、陕西省、四川省、湖南省及贵州省等六省进行的农村水电安全保障信息调研、分析，发现农村水电站普遍存在如下九个问题。

1）安全主体责任不清，管理力量薄弱

农村水电安全生产监管主体和职责需要进一步明确，特别是要处理好水行政主管部门与电监办、发改委、纪委、安监局职能交叉问题。由于职能不明、分工不清，所以在一定程度上削弱了政府对小水电的宏观调控和行业管理。目前，各级水利部门、农村水电安全机构、人员设置、经费、办公条件较差，管理力量薄弱，远远达不到上级对安全工作的要求。主要存在的薄弱环节体现在：安全生产检查工作力度不够，存在安全管理缺位或不到位现象；安全生产投入需要进一步加大；安全监管经费不足，各级水行政主管部门针对电站安全提出的整改措施和布置的任务往往难以真正落实到电站，究其根源在于水行政主管部门缺乏强有力的制约手段，对水电站安全好坏没有否决权和处罚权，安全监管执行自然大打折扣，加之没有专门的安全经费，监管经费不足，影响了安全生产的效益。

2）制度不健全，执行不落实

一方面，有些水电企业虽然制定了部分安全生产制度，但还很不健全，对安全隐患的排查治理没有约束力，力度也不大；另一方面，有些水电企业有健全的管理制度，但未真正按制度执行和落实，体现在一些水电站发生了责任事故，或存在安全隐患，不能及时向上级汇报和处理安全隐患，造成经济效益损失。

3）管理水平和技术水平参差不齐

我国小水电站中有很大一部分是由集体、私人业主独资或合资建成的，水电站安全生产重视不够；病险水电站数目多，渡汛风险大。对于我国南方的农村小水电站，有许多水电站现有防洪标准低，也有水电站建设时施工质量差、遗留问题多；老电站人员严重超编，资金紧缺，设备改造力度小，勉强维持运行；部分职工队伍素质跟不上水电站安全生产发展要求。一些水电站职工对技术、规程、操作不够熟练，少数水电站存在无证上岗情况，部分水电站技术力量缺乏，对职工培训重视不够，私人水电站在这方面显得尤其突出，水电站安全运行缺乏足够的人才和技术支撑。

4）水能资源利用不尽合理

一是设计时水文资料缺乏，导致水电站装机规模不合理；二是当时机电设备型号不全，机组性能参数与水电站实际运行参数不匹配；三是受当时经济发展水平和负荷的限制，水电站装机容量普遍偏小，弃水过多；四是外部环境变化，如上游已建成龙头水库，或下游水库水位顶托，原来的开发方案相对不合理；五是一些引水式电站未设基流放流设施，无法保障下游河道生态基流。

5）工程标准低，安全隐患多

受当时技术和管理水平的制约，工程设计标准偏低，施工质量不高，加之多年运行积累了较多的安全隐患。虽然“除险加固”工程的实施，使大批病险水库拦水、泄水设施的安全隐患得以消除，但引水渠失修、压力管道老化锈蚀、厂房及附属设施防洪标准偏低等问题的安全隐患依然存在，直接威胁着人民群众的生命财产安全。例如，近几年嵊州狮子岩、文成小九溪、黄岩富山等水电站都发生压力管爆裂、隧洞漏水、引水堤岸坍塌等安全事故，造成较大财产损失，对人民生命构成严重威胁。

6）设备落后、老化、效率低

这些运行多年的小水电站设备陈旧，老化严重，绝缘性差，控制保护方式落后，机组振动及噪声大，整体故障率高，能量转换效率低，甚至存在严重安全隐患，机组多年运行出力逐年下降，综合效率多在70%以下，有的电站出力仅为设计出力的50%，近半数机组设备已达到或超过报废年限。机电设备自动化程度低、能耗高、故障多，部分设备属于国家明令淘汰的产品，备品备件已无从购买，每年仅因设备故障损失的电量就达8%。

7）电站数量多、规模小、管理水平低下、运行成本高

以浙江省为例，全省1990年前投产的小型水电站1410座，总装机66.01万kW，

平均每座水电站装机容量只有460kW，其中500kW以上的水电站有269座，100kW以下的水电站有365座。约一半的水电站年发电量只有20万～40万kW·h，而且大都是独立的经济实体，单位电能的运行成本很高。

8）水电站经营困难，更新改造的能力差

由于集体和国有水电站的效益差，许多水电站还承担着防洪、抗旱、灌溉等公益性任务，人员负担重，运营成本高，每年水电站的收入用于职工的工资等支出已经捉襟见肘，固定资产折旧困难，绝大多数水电站不提折旧，没有足够的资金对水电站安全隐患进行治理。根本无力筹资用于电站的更新改造，这也导致集体和国有资产隐性流失严重。

9）老电站报废和出售影响农村经济发展和社会稳定

1996年以来，由于缺乏资金，已有部分老电站报废，还有部分濒临报废或被迫出售给私营业主。这些电站绝大多数是当地乡、村集体经济组织和农民投资投劳修建的，其收益是当地农民和农村集体经济组织收入的重要来源。电站报废或被迫出售给私营业主后，山区农村集体经济失去主要来源，严重影响农村公益事业和经济社会发展。同时，早期建设的小水电站，大部分担负着农田灌溉和村民用水的任务，电站的运行人员同时担负着电站供水和灌溉设施的管理。由于缺乏资金，大部分供水和灌溉设施年久失修，电站一旦报废，供水和灌溉设施就没人管理，村民生活和农业生产将受到较大影响。

1.1.2 农村水电站存在问题的原因分析

我国农村水电站目前存在设施老化、安全隐患多、管理水平低、管理条件差等特点，究其原因主要有以下五个方面。

1）工程建造年代早

对于那些出现险情的水工建筑物，它们几乎都存在一个共同点，大多兴建于20世纪60～70年代，且多为“三边”与“三无”工程，建设标准低，多为群众投工投劳修建，施工质量差。加上经过几十年的运行，老化问题日益突出，因此出现目前的局面并非偶然。

2）资金不足是导致农村水电站病险突出的根本原因，也是制约农村水电站发展的瓶颈

面对农村水电站诸多的安全隐患，业主并非没有察觉，他们也认识到了问题的

严重性，迫切想对水电站进行更新改造，以求效益的最大化。由于大部分农村水电站水轮机组老化、水能转换效率低，以及上网电价低，导致大部分业主资金并不充足，无力自行完成更新改造。例如，江西省新干县左湖二级电站改造过程，由于原有的钢筋混凝土压力管道老化漏水严重，极大地影响了发电效益，2007年该水电站对其进行了一次更新改造，将原压力管道改换成球墨镀铁管道后，发电效益大增。即便如此，左湖二级水电站水工建筑物依然存在其他安全隐患，如压力前池和引水渠道老化、漏水、淤塞问题严重。在更换过压力管道之后，业主已无力对其他部分继续投资进行加固，只能“头痛医头、脚痛医脚”地做应急性修补，彻底改造很难实现。不仅如此，运行管理经费短缺会导致农村水电站维护保养工作困难，农村水电站老化失修，长期带“病”运行，往往发生“小病”不治最终酿成大祸的后果。

3）业主往往只注重眼前利益，不愿投巨资对病险农村水电站进行彻底加固

大部分病险农村水电站至今从未进行过彻底的更新改造。农村水电站业主不愿意在更新改造项目上投资，除有些确实资金短缺外，还有很多业主是惧怕不能收回成本，或嫌收回成本周期太长。这些业主只看到了当前利益，只要农村水电站依然能够盈利，他们宁可少创收和反复进行修补，也不会考虑进行彻底的更新改造。病险农村水电站的引水渠道较好地反映了这一现状，尽管渠道冲刷、渗漏、淤塞问题很突出，但业主一般只对受冲刷最严重渠面进行简单衬砌，有些渠道甚至任何面均无衬砌。

4）农村水电站管理水平低下使农村水电站病险问题更加突出

农村水电站业主为节省成本，常聘请当地农民帮助管理。这些农民大多数对发电运行业务一无所知，更是缺乏安全意识和很强的责任心，在水电站上班往往只是他们田间劳作之余的兼职，因此对运行设备的检查质量就会大打折扣，给安全生产带来很大隐患。同时大部分农村水电站也缺乏科学管理手段，忽视对职工技术培训和安全教育，这些管理人员没有经过系统的上岗培训，业务知识极其缺乏。人才已成为农村水电站效益提升的瓶颈。

5）农村水电站上网电价偏低抑制了投资者的积极性

目前农村水电站上网电价低于大中型水电站上网电价，更是低于火电上网电价。而新建农村水电站单位千瓦投资由2004年之前的5000元增加至8000元以上。电价不涨而成本却大幅度抬升，更使得农村水电站企业雪上加霜，难以为继，有些农村水电站已濒临破产。

纵观导致农村水电站现状的各种原因，有些是客观存在的，如建筑物的老化，通过采取相应的工程措施可以得到改善。有些则是受社会环境制约，如业主的急

功近利与农村水电站上网电价偏低等。要改变目前局面需政府扶持和出台相应的政策，为农村水电站走上可持续发展道路营造良好的氛围。通过对农村水电站工程安全风险的调研分析与评价，可以更加全面清晰地认识我国农村水电站目前所面临的问题，为日后更好地制订风险控制措施提供参考意见。

1.2　安全风险评价研究现状

安全评价广泛存在于各个行业中，随着时代的发展而越来越突显其在保证安全生产、创造社会效益中的重要作用。目前水利工程安全评价的主要研究成果集中在大坝安全综合评价，因此有必要对工程系统安全评价的概念、起源及在水利界应用的演变情况进行简要介绍。

1.2.1　安全风险评价及其发展现状

安全评价又称风险评价、危险评价，在 20 世纪 30 年代最初出现于美国的保险行业。人类自产业革命以来，特别是第二次世界大战后，工业化过程加快，工业生产系统日趋大型化和复杂化，尤其是化学工业，在生产规模和产品种类迅速发展的同时，生产过程中的火灾、爆炸、有毒有害气体泄漏和扩散等重大事故不断发生，促进了对企业、装置、设施和环境等安全评价工作的开展。

20 世纪 60 年代开始了企业、装置和设施的安全评价原理和方法的研究。1964 年美国道（DOW）化学公司开创了化工生产危险度量安全评价的历史，该公司根据化学工业特点，以火灾、爆炸指数形式定量地评价化工生产系统的危险程度，形成了经典的道火灾爆炸指数评价法。之后，各国积极研究和开发，推动了该技术的迅猛发展，并在此基础上提出了一些独具特色的评价方法。例如，英国帝国化学公司蒙德分公司，在道火灾爆炸指数评价法的基础上扩充了毒物危险因素，并对系统中影响安全状态的其他危险因素，如有关安全设施等防护措施予以考虑，以补偿系数的形式引入到评价模型的结构中，于 1976 年提出了蒙德指数评价法。日本劳动省参照道火灾爆炸指数评价法、蒙德指数评价法的思想，也在 1976 年开发出了“化学工厂六步骤安全评价法”。苏联也提出了化工过程危险性评价法。上述方法均为指数法，仍然遵循了道化学公司以及系统危险和危险能量为评价对象的原则，在评价原理上无质的变化，这些方法仍然在不断发展和完善之中。

随着航天、航空和核工业等技术迅速发展，20 世纪 60 年代后期，以概率风险评价为代表的系统安全评价技术得到了研究和开发。英国于 20 世纪 60 年代中期建立了故障数据库和可靠性服务咨询机构对企业开展概率风险评价工作。1974 年美国原子能委员会完成了商用核电站危险状况的全面评价，并于 1975 年由麻省理工学院 N.Rasmussen 领导的研究小组发表了《Wash 1400：反应堆安全研究》。1979年英国伦敦Cremer & Wamer公司和德国法兰克福Battle公司对荷兰Rjnmuncl地区工业设施进行了评价。此后，这类评价方法在工业发达的许多项目中得到广泛的应用。1984年设在印度博帕尔市的美国联合炭化物公司开办的一家农药厂发生的毒气泄漏事故（死亡2500人，中毒125000人）、1986年美国发生的“挑战者”号航天飞机爆炸和苏联切尔诺贝利核电站爆炸事故，使得人们对安全问题有了更加深入的认识，各国政府和研究机构更加重视安全评价的研究。例如，英国的Technica有限公司、荷兰的应用科学研究院、欧洲的欧共体Lspra联合研究中心、意大利的STA公司等都对安全评价进行了深入且广泛的研究，并开发了相关软件，作为独立的产业形式出现的国外发达国家的安全评价发展方兴未艾。

1981年，我国原劳动人事部首次组织有关的科研机构和大专院校的研究人员，开展了安全评价的研究工作。原冶金工业部开发并颁布了“冶金工厂危险程度分级方法”。化工、机电、航空以及交通等部门和行业同时开始了企业中实行安全评价的试点工作。1988年，机械电子工业部颁布了《机械工厂安全评价标准》。1992年，广东劳动保护研究所主持完成了工厂危险程度分级方法。1995年，劳动部、北京理工大学合作完成了《易燃、易爆、有毒重大危险源的安全评价技术》课题。同时一些高等院校、研究单位和企业相继开展了安全评价技术的研究和开发工作。特别是在1994年，我国相继发生了多起特大火灾事故后，安全评价受到了政府部门和社会的重视，1994年、1995年分别在太原、成都召开了全国各行业安全评价研究研讨会，安全评价技术及应用在各行业系统内逐步推广和展开。

在借鉴国际职业安全健康管理体系模式的基础上，我国1997年颁布了石油工业行业标准SY/T 6276—1997《石油天然气职业安全卫生管理体系》。同时国家经贸委于1999年颁布了《职业安全卫生管理体系试行标准》，下发了关于开展职业安全健康管理体系认证工作的通知。2001年国家安全生产监督管理局发布了《职业安全健康管理体系规范》。2002年《中华人民共和国安全生产法》颁布实施，其中对生产经营单位保障安全生产的相关条款中提出了安全生产评价，这促进了我国安全管理水平的提高。2003年国家安全生产监督管理局先后发布了《安全评价通则》《安全预评价导则》《安全验收评价导则》及《安全现状评价导则》等，并对安全评价单位资质进行了重新审核登记。2007年国家安全生产监督管理局对《安全评价通则》及相关评价导则进行了修订。为加强安全评价机构的管理，规范安全评价行为，建立公正、公平、竞争、有序的安全评价技术服务体系，中华人民共和国国家安全生产监督管理总局于2009年10月发布了《安全评价机构管理规定》。为贯彻落实“安全第一、预防为主、综合治理”的方针，加强水利水电建设项目的安全生产工作，规范水利水电建设项目的安全评价管理，2012年3月水利部制定并发布了《水利水电建设项目安全评价管理办法（试行）》。

总体而言，我国开展安全评价研究工作起步较晚，无论是安全评价基础理论，还是安全评价方法、安全评价基础数据和平台，以及相关法律法规等方面，与一些发达国家还有相当大的差距。但我国安全评价相关的研究工作正在取得进展，安全评价工作已在全国各行业逐步得到应用与实践，这项工作的推进必将为保障我国的安全生产起到重要作用。

1.2.2　农村水电站安全风险评价现状

我国水利界从事水利工程安全评价的研究工作始于大坝安全性综合评价研究。20 世纪 70 年代以来，众多学者开始尝试通过大坝监测资料建立数学监控模型以揭示大坝的结构性态和长期运行规律，高效、快捷地对大坝安全状况做出评价。陈久宇（1982）等应用统计回归分析原型观测资料，将分析成果加以物理成因解释；20 世纪 80 年代中期，吴中如（1984，1989）为首的研究团队提出了裂缝开合度统计模型的建立和分析方法、坝顶水平位移的时间序列分析法，以及大坝位移确定性模型的原理和方法。近年来，鉴于大坝的工作条件十分复杂，对其安全分析和评价，已从单因素发展到多因素，从单项分析发展到多项综合分析和综合安全评价。吴中如等（1998）对大坝进行了安全综合评价分析研究；范庆来（2004）等对大坝安全监测资料分析和安全指标的拟定进行了分析；李宗坤（2003）等提出了土石坝结构性态多级模糊识别评价模型；洪云（2005）、刘成栋（2004）等在对大坝安全影响因素分析的基础上，提出了大坝安全评价体系，并对评价指标的专家权重和信息权重进行了研究。此外，一些学者对于其他水工建筑物也进行了一些研究，陈红（2004）等在对堤防工程安全影响因素分析的基础上，提出了指标的融合权重计算方法，对堤防工程安全性进行了综合评价；张秀勇（2005）等对黄河堤防特点进行了深入分析，对黄河下游堤防的破坏机理和安全评价进行了研究；朱丽楠（2003）等建立了泵站工程老化病害的模糊层次综合评估模型。

与大坝安全评价相比，国内外针对农村水电站及其相关建筑物（设施）安全评价的研究较少，主要是对其局部构件（如闸门、启闭机等）的运行可靠性进行了安全评价研究，如郭庆（2005）等进行了现役闸门和启闭机的安全评价；李东方（2004）等提出了基于改进模糊综合评判理论的水闸安全性评价模型；任自在（2008）针对压力管道的材料特性，采用神经网络方法对压力管道进行了安全评价；杨光明（2005）采用子目标的评价方法，从安全性和耐久性方面提出了水工金属结构的安全评价体系；江超和盛金保（2010）等采用加权综合评价的方法对小水电水工建筑物状态进行了等级分类。练继建等（2007）、司春棣（2007）等对引供水工程中各建筑物的安全性态、不同输水方式输水线路的输水运行安全进行了综合评价；易建刚（2011）进行了小水电水工金属结构安全评价研究；戴双喜（2012）

进行了农村水电站引水建筑物安全风险评价研究。总体而言，针对农村水电站的整体性安全评价国内研究尚处于初步探索阶段。

1.3 本书内容与技术路线

1.3.1 本书内容

为了贯彻落实国务院提出的“安全第一，预防为主”的方针政策，围绕中央 1 号文件《中共中央国务院关于加快水利改革发展的决定》精神，小水电协会提出了农村水电站安全评价与安全管理的政策措施，从水能资源开发利用的监管入手制定了《水能资源开发利用管理办法》，对各水电站开展安全年检，对水电站的技术工作人员进行全面培训并发放《农村水电人员从业资格证》，提高水电站设备状况和技术水平，加强小水电站的安全监管力度。同时响应《国家中长期科学和技术发展规划纲要（2006—2020 年）》在“公共安全重点领域”优先主题“重大自然灾害监测与防御”中提出的“重点研究开发重大灾害的监测预警技术以及重大自然灾害综合风险分析评估技术”的国家目标，结合水利部水利公益性行业科研专项 “农村水电站安全保障关键技术研究”及“十二五”国家科技支撑计划项目“农村小水电节能增效关键技术（项目编号：2012BAD10B00)”，对农村水电站安全风险评价进行了较为系统的研究。本书主要的研究内容体系如下。

1. 农村水电站安全风险评价体系研究

1）指标体系

科学、可行的评价指标体系是定量研究建筑物安全性态的基础，其构建是否得当，直接关系到研究指标权重的意义和最终评价结论的合理性、可靠性。针对农村水电站安全综合评价的具体特点，确定了建立农村水电站安全评价指标体系的七项原则，从挡水坝、进水口、引水渠、引水隧洞、压力前池、压力管道、厂房等构成水电站的相关建筑物出发，科学分析各类水电站水工建筑物、金属结构物、电气设备的安全影响因素，分别建立相应的安全评价指标体系及相应指标的安全评判标准，为水电站安全评价工作奠定基础。

2）指标权重

针对农村水电站安全分析中存在的模糊性和不确定性因素，在对传统赋权方法进行研究的基础上，深入分析了传统层次分析（AHP）法，提出基于改进 AHP

法的指标主观权重确定方法，通过专家对指标重要性评分，形成无须进行一致性检验的判断矩阵；借鉴传递熵的思想，以专家给出的指标主观权重作为属性阵，通过对专家意见的偏离程度及专家判断权威性做出修订，建立可评价专家给定信息的质量和自身权重的熵模型；对两种权重进行加权融合处理，利用专家自身权重对指标主观权重进行修正，从而最大限度地减小专家打分的主观性问题，提出安全评价指标加权融合权重的确定方法。

3）安全评价指标的度量

在建立农村水电站安全评价指标体系的基础上，研究了农村水电站安全评价指标体系中基础指标的评价问题、分层传递问题以及农村水电站安全评价结果所具有的明确意义问题，根据规范、常规经验和实际应用需求，确定了农村水电站安全评价的评语集与评分区间，并阐明了农村水电站安全各等级的评价值范围及其含义，即

$V=\{V_1, V_2, V_3\}$={A 级(安全), B 级(基本安全), C 级(不安全)}

安全状态：农村水电站建筑物及设施的实际工况和各种功能达到了现行规范、规程、标准和设计的要求，只需正常的维修养护即可保证其安全运行；对应的等级分值为（80，100]。

基本安全状态：农村水电站建筑物及设施的实际工况和各种功能不能完全满足现行的规程、规范、标准和设计的要求，可能影响水电站的正常使用，需要进行安全性调查，确定对策，应准备采取对策；对应的等级分值为（40，80]。

不安全状态：按照现行规范、规程、标准和设计的要求，农村水电站建筑物及设施存在危及安全的严重缺陷，必须立即采取除险加固措施；对应的等级分值为（0，40]。

针对农村水电站各安全评价指标的特点，充分考虑其在表述方法、取值范围、度量方法和度量单位等方面的差异，提出了评价指标的度量方法，包括定量指标无量纲化和定性指标定量化。定量指标无量纲化时采用对指标进行高斯型隶属度函数无量纲化处理；定性指标量化采用专家打分和模糊数学方法。

2. 农村水电站安全风险分类评价模型与方法研究

在全面系统分析农村水电站评价体系的构建、指标权重的确定以及指标量化方法的基础上，从农村水电站金属结构物、电气设备、水工建筑物三方面出发，分别建立了各自的安全评价模型并给出合理的评价方法，以便于进行单项评价分析。

1）金属结构物安全评价

分析了影响农村水电站水工金属结构安全的各种影响因素，以金属结构系

统的可靠度为总目标，建立农村水电站金属结构系统的安全风险评价模型。将各种影响因素进行指标分层，用AHP法、专家意见法等对各层指标进行权重分配，采用近似概率方法对金属结构系统进行分析评价。进而考虑时间因素对金属结构设备的影响，引入时变效应函数和模糊概率理论，对金属结构安全评价体系各影响因素和权重进行修正，提出农村水电站金属结构安全评价系统的模糊预测模型。

2）电气设备安全评价

运用概率安全评价方法，从电力系统安全性分析的角度对农村水电站电气设备故障安全可靠性进行分析和评价，建立水电站故障树模型以及对顶事件发生的概率进行定量计算；在此基础上，运用最小割集法划分出影响系统安全性的电气设备组合，进而计算出其引发事故的概率。

3）水工建筑物安全评价

应用模糊数学理论，研究农村水电站各类建筑物安全评价体系中各因素相关隶属函数的确定问题、模糊算子的选择合理性问题，以及模糊综合安全评价问题，建立农村水电站水工建筑物安全模糊综合评价模型，设计模糊综合评价的流程。

3. 农村水电站致灾后果评价研究

本书研究国内外水工建筑物致灾影响及后果分析方法，提出农村水电站系统致灾后果评价模型与评价方法。根据致灾后果及损失的定量计算成果，研究了致灾后人员生命损失、经济损失的计算方法，并分别提出人员生命损失、经济损失、社会及环境影响严重程度赋值标准和具体指标。另外建议了水电站致灾后各种损失的权重分析和致灾后果综合系数计算方法。

4. 农村水电站除险加固策略研究

基于农村水电站安全风险水平和农村水电站致灾后果的评价研究，通过对水电建筑物及其配套设施中存在的危险、有害因素分析，结合水电行业特点和工程建设的具体情况，基于工程风险的基本概念，提出了农村水电站优先除险加固的排序方法；给出了农村水电站优先加固排序的实现步骤；提出了农村水电站水工建筑物、金属结构物、电气设备的除险加固、降等报废、拆除重建等控制方法和措施。

5. 农村水电站安全评价系统及除险加固排序评判系统研制

最后应用现代网络技术、信息技术、计算机技术，开发农村水电站安全评价系统及除险加固排序评判系统。

1.3.2 技术路线

依据研究内容，在充分调研的基础上制订本书研究的技术路线，如图 1.1 所示。

首先建立农村水电站从上游到下游的相关建筑物的构成体系图，按照水电站的构成体系，划分出农村水电站安全评价的子系统。主要包括水电站金属结构安全评价、电气设备安全评价、水工建筑物安全评价，最终形成水电站整体安全综合评价。

对于农村水电站安全评价子系统，根据指标体系构建原则和安全影响因素分析，建立水电站子系统的安全评价体系结构；在此基础上，应用改进层次分析法计算专家对指标重要性意见的主观权重，为了消除专家主观赋权偏离程度的影响，应用熵原理建立评价专家权威性的专家自身权重模型，而后提出了融合指标主观权重和专家自身权重的加权融合权重计算模型；在指标量化上，利用无量纲化法实现定量指标赋值，利用专家打分和模糊数学法实现定性指标量化；而后运用多级模糊综合评价理论实现了水电站建筑物安全评价。

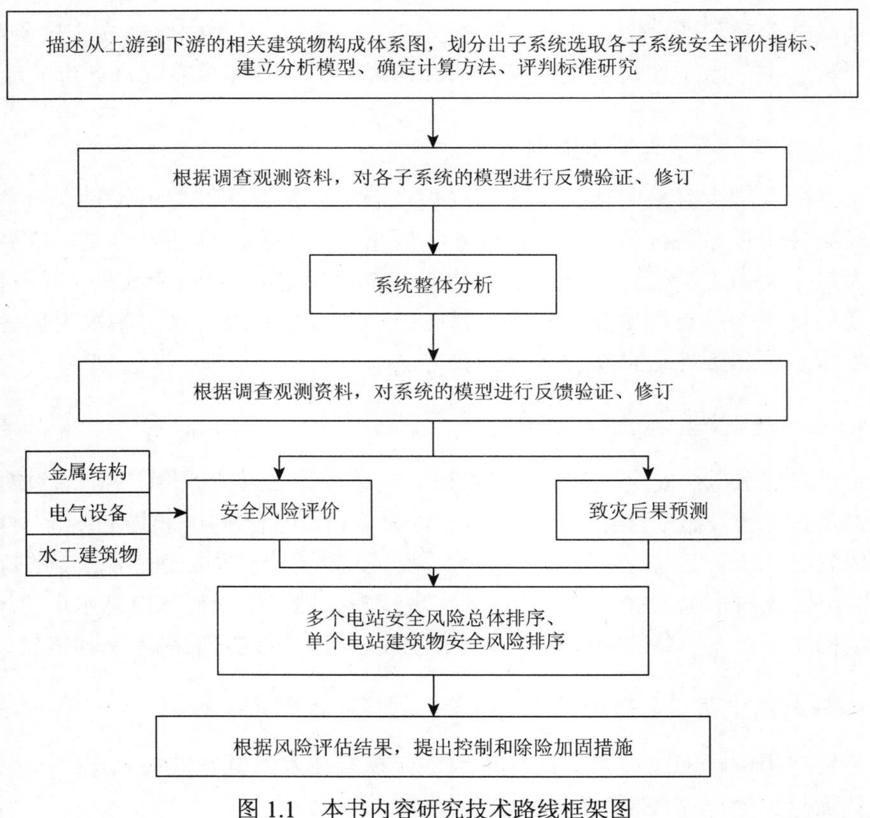

图 1.1 本书内容研究技术路线框架图

借鉴水电站建筑物安全评价方法，从生命损失、经济损失、社会和环境影响三方面，建立水电站致灾后果评价模型和对致灾后果综合系数的计算。

在此基础上提出多个水电站优先除险加固排序方法和除险加固措施。

最后应用现代网络技术、信息技术、计算机技术，开发农村水电站安全评价系统及除险加固排序评判系统。

第2章　安全风险评价理论方法

农村小水电站安全评价是一个复杂而系统的问题，需要应用安全系统工程原理和方法，辨识与分析工程系统和生产经营活动中存在的危险因素，预测发生事故或造成危害的可能性及其严重程度，从而提出科学、合理和可行的安全对策措施建议。

本章主要介绍安全风险评价内容与目的、安全风险评价原理、安全评价整体目标、安全风险评价方法，以及安全风险控制方面的知识，从而为农村水电站的安全评价提供理论基础与选择方法提供依据。

2.1　安全风险评价内容与目的

2.1.1　安全风险评价内容

安全风险评价内容包含确认危险性和评价危险性两大部分，如图 2.1 所示。具体包括以下四个方面。

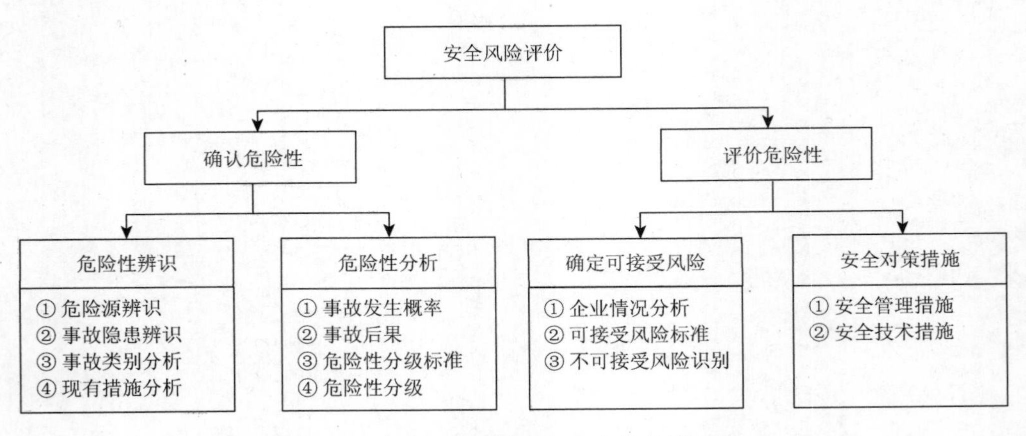

图 2.1　安全风险评价研究内容总体模式图

（1）通过危险有害因素识别与分析，找出可能存在的危险源，分析它们可能导致的事故类型，以及目前采取的安全对策措施有效性和实用性。

（2）采用定性或定量的分析方法，预测危险源导致事故的可能性和严重程度，进行危险性分级。

（3）根据识别出的危险有害因素和可能导致事故的危险性，以及企业自身的条件，建立可接受风险指标，并确定哪些是可接受风险，哪些是不可接受风险。

（4）根据风险的分级、确定的不可接受风险和企业经济条件，制订安全对策措施，有效地控制各类风险。

2.1.2　安全风险评价目的

安全风险评价的目的包括以下四个方面。

1）实现全过程安全控制

通过安全风险评价找出评价系统运行过程中潜在的危险因素，分析引起系统灾害的工程技术状况，论证安全技术措施的合理性。在设计之前进行评价，可以避免选用不安全的工艺流程和危险的原材料，以及不合格的设备、设施，必须采用时，可提出降低或消除危险的有效方法。设计之后进行的评价，可以查出设计中的缺陷和不足，及早采取改进的预防措施。系统建成以后的运转阶段进行的安全评价，在于了解系统的现实危险性，为进一步采取降低危险性的措施提供依据。

2）建立系统安全的最优方案，为决策者提供依据

通过安全评价，分析系统存在的危险源，在评价过程中分析系统存在的危险源、分布部位、数目、事故的概率、事故严重度预测，提出应采取的安全对策、措施等，决策者可根据评价结果从中选择系统安全最优方案和管理决策。

3）为实现安全技术、安全管理的标准化和科学化创造条件

通过设备、设施或系统在生产过程中的安全性是否符合有关技术标准、规范、相关规定进行评价，对照技术标准、规范找出存在的问题和不足，对系统实行标准化、科学化管理。

4）促进实现本质安全化生产

通过安全评价对事故进行科学分析，针对事故发生的各种原因和条件，提出消除危险的最佳技术措施方案。首先是从设计上采取相应措施，做到即使发生误操作或设备故障时，系统存在的危险因素也不会导致事故发生，实现生产的本质安全化。

2.2　安全风险评价原理

2.2.1　安全风险评价系统基本特征

风险评估把研究的所有对象都视为实现一定的目标、由多种彼此有机联系要素组成的整体系统。系统有大有小，千差万别，但所有的系统都具有以下普遍的基本特征。

（1）任何系统都具有目的性，要实现一定的目标（功能）。

（2）系统是由各层次的要素（子系统、单元、元素集）集合组成的一个有机联系的整体。

（3）一个系统内部各要素（或元素）之间存在着相互影响、相互作用、相互依赖的有机联系，通过综合协调，实现系统的整体功能。

（4）在大多数系统中，存在着多阶层性，通过彼此作用，互相影响、制约，形成一个系统整体。

（5）系统的要素集、相关关系集、各阶层构成了系统的整体。

（6）系统对外部环境的变化有一定的适应性。

每个系统都有着自身的总目标，而构成系统的所有子系统、单元都为实现这一总目标而实现各自的分目标。如何使这些目标达到最佳，这就是系统工程要研究解决的问题。

2.2.2　安全风险评价原理概述

安全风险评价的方法、手段种类繁多，评估系统的属性、特征及事件的随机性千变万化，各不相同，但无论什么评价，其思维方式却是一致的，综合起来可以归纳为以下五个基本原理。

1）相关性原理

相关是两种或两种以上客观现象间的依存关系。相关分析是对因变量和自变量依存关系密切程度的分析。通过相关分析，可以探求系统变化的特征和规律，并可以预测其未来状态的发展变化趋势。系统与子系统、系统与要素、要素与要素之间都存在着相互制约、相互联系的相关关系。应用相关性原理，找到一个或几个与评价对象密切相关的、可控的因素，以及这些因素与评价对象间的规律，可以预先知道其演化情况的变量，利用历史、同类情况数据建立它们与评价对象间的数学模型，进而对系统危险性做出客观、正确的评价。

2）类推评价原理

类推评价是指已知两个不同事件之间具有一定的相互联系规律，则可利用先导事件的发展规律来评价迟发事件的发展趋势。由一种现象推断另一现象，由部分推断总体，按照事物内部联系及相互关系，既可用来补充调查资料的不足，又可用于分析研究。

3）概率推断原理

系统事故的发生是一个随机事件，任何随机事件的发生都有着特定的规律，其发生概率是一个客观存在的定值。采用概率和数理统计方法，求出随机事件出现各种状态的概率，然后根据概率判断准则去推测评价对象的未来状态如何，以此来评价系统的危险性。应用这种不确定性分析观点进行分析和评价，符合实际情况，有助于评价者客观和全面地研究评价对象的特性。

4）惯性原理

任何事物在其发展过程中，从其过去到现在以及延伸至将来，都具有一定的延续性，这种延续性成为惯性。利用惯性原理可以研究事物或一个评估系统的未来发展趋势。

5）量变到质变原理

任何一个事物在发展变化过程中都存在着从量变到质变的规律。同样地，在一个系统中，许多有关安全的因素也都存在着从量变到质变的规律；在评估一个系统的安全时，也应遵循从量变到质变的原理。因此，在风险评估时，考虑各种危险、有害因素，以及采用的评估方法进行等级划分等，也可采用量变到质变的原理。

2.3　安全评价整体目标

安全风险评价系统的整体目标（功能）是由组成系统的各子系统、单元综合发挥作用的结果。因此，不仅系统与子系统，子系统与单元有着密切的关系，而且各子系统之间，各单元之间、各元素之间也都存在着密切的相关关系。所以，在评估过程中只有找出这种相关关系，并建立相关模型，才能正确地对系统的安全性做出评估。系统的整体目标为

$$E = \max f(X, R, C) \tag{2.1}$$

式中，E 为最优综合效果；X 为系统组成的要素集；R 为系统组成要素的相关关系集；C 为系统组成的要素及其相关关系在各阶层上可能的分布形式；$f(X, R, C)$ 为 X，R，C 的综合效果函数。

对系统的要素集（X）、关系集（R）和层次分布形式（C）的分析，可阐明系统整体的性质。要使系统目标达到最佳程度，只有使上述三者达到最优组合，才能产生最优的综合效果 E。对系统进行风险评估，就是要寻找 X，R 和 C 最合理的结合形式。

要对系统做出准确的风险评估，必须对要素之间及要素与系统之间的相关形式和相关程度给出量的度量。这就需要明确哪个要素对系统有影响，是直接影响还是间接影响，哪个要素对系统影响大，大到什么程度，彼此是线性相关，还是非线性相关等。要做到这一点，就要求在分析大量生产运行、事故统计资料的基础上，得出相关的数学模型，以便建立合理的风险评估数学模型。

2.4　安全风险评价方法

根据系统的复杂程度，可以采用定性、定量或半定量的评价方法。具体采用哪种方法，还要根据行业特点及其他因素进行确定。但无论采用哪种方法都有相当大的主观因素，难免存在一定的偏差和遗漏。各种分析评价方法都有其特点和适用范围。

2.4.1　安全风险评价分类

安全风险评价分类是根据安全评价对象选择适用的评价方法。安全评价方法的分类方法很多，常用的主要有以下三种。

1. 按照工程、系统的生命周期和评价目的进行分类

1）安全预评价

安全预评价是根据建设项目预可行性研究报告和可行性研究设计主要成果的内容，对系统存在的危险有害因素进行定性、定量分析，针对特定的系统范围，对事故、危害的可能性及其危险、危害的严重程度进行评价。最终目的是确定采取哪些安全技术、管理措施，使各子系统及建设项目整体达到可接受风险的要求。最终成果是安全预评价报告。

2）安全验收评价

安全验收评价是在建设项目竣工、试生产运行正常后，通过对建设项目的建

筑物、设施、设备、装置实际运行状况及管理状况的安全评价，查找该建设项目投产后存在的危险、有害因素，以及导致事故发生的可能性和严重程度，提出合理可行的安全对策措施和建议。

3）安全现状评价

安全现状评价是针对某一个生产经营单位总体或局部的生产经营活动的安全现状进行安全评价，识别和分析其生产经营过程中存在的危险、有害因素，评价危险、有害因素导致事故的可能性和严重程度，提出合理可行的安全对策措施及建议。

4）专项安全评价

专项安全评价是根据政府有关管理部门、生产经营单位、建设单位或设施单位的某项（个）专门要求进行的安全评价。专项安全评价需要解决专门的安全问题，评价时往往需要专门的仪器和设备。专项安全评价针对的可以是某一项活动或场所，以及一个特定的行业、产品、生产方式、生产工艺或生产装置等。

2. 按照评价结果的量化程度进行分类

1）定性安全评价法

定性安全评价法是根据有关标准及同类型或类似系统事故或故障的统计资料，依靠评价人员的分析能力，借助于经验和判断推理能力对生产系统的工艺、设备、设施、环境、人员和管理等方面的状况进行定性分析的一种评价方法。定性评价时不对危险性进行定量化处理，只做定性比较。定性安全评价法主要包括安全检查表、专家现场询问观察法、事故引发和发展分析、故障类型与影响分析、危险性与可操作性分析等。

2）定量安全评价法

定量安全评价法是运用基于大量的实验结果和广泛的事故资料统计分析获得的指标或规律（数学模型），对生产系统的工艺、设备、设施、环境、人员和管理等方面的状况进行定量的分析，用数学手段和计算机求得量化的具体数值，通过计算得出系统危险性和危害性大小值。按照评价给出的定量结果的类别不同，定量安全评价法分为：概率风险评价法、伤害（或破坏）范围评价法、危险指数评价法等。

3）综合安全评价法

综合安全评价法是指两种以上评价方法的组合、综合运用，其表现为定性和定量方法的综合。对于大多数问题的安全评价，一般来说其评价问题都是比较复杂的，单纯依靠定性或定量评价方法往往难以实现或难以保证评价结果的客观性和准确性。这就需要把两种评价方法有机地结合起来进行评价，通过综合评价法可以得到较为可靠和精确的评价结果。

3. 其他安全评价法

按照安全评价的逻辑推理过程，安全评价方法可分为归纳推理评价法和演绎推理评价法。归纳推理评价法是从最基本危险、有害因素开始，逐渐分析导致事故发生的直接因素，最终分析到可能的事故。演绎推理评价法是从事故开始，推出导致事故发生的直接因素，再分析与直接因素相关的因素，最终分析和查找出致使事故发生的最基本危险、有害因素。

按照安全评价要达到的目的，安全评价方法可分为事故致因因素安全评价方法、危险性分级安全评价方法和事故后果安全评价方法。事故致因因素安全评价方法是采用逻辑推理的方法，由事故推论最基本危险、有害因素或由最基本危险、有害因素推论事故的评价法。该类方法适用于识别系统的危险、有害因素和分析事故，一般属于定性安全评价法。危险性分级安全评价方法是通过定性或定量分析给出系统危险性的安全评价方法，该类方法适应于系统的危险性分级，可以是定性安全评价法，也可以是定量安全评价法。事故后果安全评价方法可以直接给出定量的事故后果，如系统事故发生的概率、事故的伤害（或破坏）范围、事故的损失或定量的系统危险性等。

2.4.2 安全评价方法

1. 概率风险评价法

概率风险评价法是根据事故基本致灾因素发生概率，应用数理统计中的概率分析方法，求取整个评价系统事故发生概率的安全评价方法。

概率风险评价法建立在大量数据和事故统计分析基础之上，评价结果的可信程度较高，同时能够直接给出系统的事故发生概率，因此便于各系统可能性大小的比较。但该类评价方法要求数据准确、充分，分析过程完整，判断和假设合理，特别是需要准确地给出基本致灾因素事故发生概率，显然这对一些复杂、存在不确定因素的系统是十分困难的。因此该类评价方法不适用于基本致灾因素不确定或基本致灾因素事故概率不能给出的系统。但是，随着计算机在安全评价中的应用，模糊数学理论、灰色系统理论和神经网络理论在安全评价中的应用，弥补了该类评价方法的一些不足，扩大了其应用范围。

2. 德尔菲法

德尔菲（Delphi）法也称专家调查法，是 20 世纪 40 年代美国兰德公司通过征集专家意见，据此进行判断决策的一种系统分析方法。德尔菲法依据既定程序，采用匿名发表意见的方式，通过多轮调查，得到专家对问卷所提出问题的看法，经过反复征询、归纳、修改，最后寻找出收敛程度较高的专家意见，做出预测结果。

德尔菲法作为一种主观、定性的方法，广泛应用于各种评价指标体系的建立和具体指标的确定过程。该方法能够把各位专家间意见清晰表达出来，通过综合分析，取各家之长，避各家之短，准确性较高。主要缺点是过程比较复杂、花费时间较长。德尔菲法对专家打分法做了较大的改进，因此该方法在应用上也更加广泛，涉及许多领域。

3. 危险指数评价法

危险指数评价法是应用系统的事故危险指数模型，根据系统及其物质、设备（设施）和工艺的基本性质和状态，采用推算方法，逐步给出引起事故发生或使事故扩大的设备、事故的危险性、事故的可能损失，以及采取安全措施有效性的安全评价方法。常用的危险指数评价法有道化学公司火灾爆炸危险指数评价法，蒙德火灾爆炸毒性指数评价法，易燃、易爆、有毒重大危险源评价法。

在危险指数评价法中，由于采用指数模型，系统结构复杂，通常会产生难以用概率计算事故可能性的问题。为解决上述问题，一般将有机联系的复杂系统，按照一定的原则划分为相对独立的若干个评价单元，针对评价单元逐步推算事故可能损失和事故危险性，以及采取安全措施的有效性，再比较不同评价单元的评价结果，确定系统最危险的设备和条件。评价指数值同时含有事故发生可能性和事故后果两个方面的因素，避免了事故概率和事故后果难以确定的缺点。该类评价方法的缺点是，采用的安全评价模型对系统安全保障设施（或设备、工艺）功能重视不够，评价过程中的安全保障设施（或设备、工艺）的修正系数，一般只与设施（或设备、工艺）的设置条件和覆盖范围有关，而与设施的功能多少、优劣等无关，特别是忽略了系统中危险物质和安全保障设施间的相互作用关系，而且给定各因素的修正系数后，这些修正系数只是简单的相加或相乘，忽略了各因素之间重要度的不同。因此只要系统中危险物质的种类和数量基本相同，系统工艺参数和空间分布基本相似，即使系统存在不同服务年限的巨大差异，其评价结果也是基本相同的，从而导致该类评价方法的灵活性和敏感性较差。

4. 灰色评价法

灰色系统理论分析是由我国华中理工大学邓聚龙教授于 1982 年在国际经济学会议上提出的。该理论主要是针对信息的不完整系统模型，通过系统的关联分析、模型建构、预测及决策之方法来研究系统特性。

灰色评价法是以灰色理论为基础、以层次分析理论为指导的一种定量计算与定性分析相结合的评价方法。它对系统所属因子在某一时段所处的状态做出一种半定性、半定量的评价与描述，以便对系统的综合效果与整体形成一个可供比较的概念和类别，如优、良、中、及格、差等。该方法通过沟通社会科学及自然科学的作用，可将抽象的系统加以实体化、量化、模型化及最佳化。该法比较适用于对系统中的定性因素进行定量评价，较好地解决了评价模型中评价指标复杂、模糊的问题，是目前一种较为先进、科学、客观的评价方法。

虽然灰色评价法可以研究概率统计、模糊数学所不能解决的“小样本，贫信息，不确定”问题，但其本身也存在一些不足之处。主要体现在以下四点：①如果白化权函数选择不合适，则容易引起较大误差；②对系统因子所做出的评分等级、灰类等级和评分都带有一定主观性；③评估结果为一个隶属于不同灰类的向量，对评分等级和分类等级划分的依赖性较强，且对该向量进行单值化处理时，也增加了评价结果的主观性；④该方法工作量大，计算任务繁重。

5. 人工神经网络法

人工神经网络法最早是由心理学家 W.Mcculloch 和数理逻辑学家 W.Pitts 于 1943 年提出的。它是推理机中的一种理想方式，通过模仿动物神经网络，将大量神经元按照一定的规则相互连接形成具有一定功能的所谓智能化的网络。这种网络依靠系统的复杂程度，通过调整内部大量节点之间相互连接关系，从而达到处理信息的目的。它反映了人脑功能的某些基本特征，形成了一个具有高度非线性的大规模非线性动力学系统。人工神经网络法模拟了人脑的信息处理机理，因此它具有高度的并行计算能力、自学习能力、自组织能力、容错与自修复能力、输入输出功能和知识表达能力等。

6. 专家系统法

专家系统法是人工智能和数据库结合的产物，是一个在某特定领域内综合运用人类专家的丰富知识进行推理求解的计算机程序系统，能够模拟人类专家在解决专门问题时，根据事实和科学原理，应用经验知识作出符合客观规律的推理思维过程。

基于知识的智能系统，主要包括知识库、数据库、方法库、推理机制、解释机制、知识获取，以及人机接口等功能模块。专家系统常用于那些没有合适算法，而推理是唯一可行的情形，主要用来处理非数值因素和不确定因素。随着安全评估经验的积累，专家可能会更新自己的经验知识，包括修正现有知识的错误、发现新的知识等，为随后的评估提供更加贴切的指导。因此要求评估系统能够随时更新已有的知识，且不影响到具体程序的执行。同时还要求评估系统具有通过数据挖掘等技术，能够部分地代替专家来发现新知识的功能。

7. 层次分析法

层次分析法是 20 世纪 70 年代由美国著名运筹学家、匹兹堡大学教授萨迪（Thomas L.Saaty）最早提出的，简称 AHP 法。它是处理多标准、多因素、多层次的复杂问题，可以进行定性与定量系统分析、决策分析、综合分析的一种方法。其核心是对决策行为、决策方案、决策对象等进行定量计算，以获得优劣排序，为最终的决策者提供定量的决策依据。

层次分析法的主要思想，是将所要分析的复杂问题层次化，根据问题的性质和所要达到的总目标，将问题分解为不同的组成因素，并且按照这些因素之间的相互影响以及隶属关系以不同层次进行组合，形成一个多层次分析结构模型，然后根据某些判断准则，就某一层次元素的相对重要性赋予定量化的度量，其后依据数学方法推算出各个元素的相对重要性权值和排序，最后对结果进行分析。

通过 AHP 法，可以将复杂的难以定性的问题转化为简捷的定量分析问题。该方法在一定程度上克服了人们主观判断的片面性和不一致性，是一种较为科学的决策方法，且能与其他决策方法结合使用。所以广泛应用于企业管理、经济计划、能源开发、资源分配、环境保护、教育规划、政策评分、行为分析等众多领域。

8. 模糊综合评价法

模糊综合评价法是一种以模糊数学理论为基础的评价方法，评价者从问题的主要影响因素出发，依据相关数据采用模糊数学提供的方法进行运算，并根据运算结果对复杂问题分别做出不同程度的评价。

模糊综合评价法把社会现象中所出现的“亦此亦彼”的中介过渡状态，采用概念内涵清晰，但外延界限不明确的模糊思想予以描述，并进行多因素的综合评价和估价。与传统方法相比，模糊综合评价法有如下优点：①它是一种定量评价方法，评价结果更符合客观事实，更合理；②模糊综合评价的结果是被评事物对各等级模糊子集的隶属度，它一般是一个模糊向量，而不是一个点值，因而它能提供的信息比其他方法更丰富；③能够进行多级模糊综合评判，使人的主观因素限制在单一的范围之内，并能使主观评价做得更准确，使主客观的差异大大减少，进一步保证结果的准确性。但是也存在一些不足之处：①它是一种间接法，为了求出各因素的隶属函数，必须把各项指标进行特征化处理，给评价带来误差；②在评判过程中，决策者不能很准确地把握模糊问题的界限；③确定模糊因素权重时受决策者的主观因素影响较大。

2.4.3　安全风险评价方法的选择

安全风险评价方法是对系统的危险因素、有害因素及其危险、有害程度进行分析和评价的方法，是安全预防和控制的有效工具。因此，在安全评价中，合理地选择安全评价方法十分重要。选择安全评价方法应遵循充分性、适应性、系统性、针对性和合理性原则。

1. 充分性原则

充分性是指在选择安全评价方法之前，应准备好充分的资料，如对被评价系统的构成、功能、可能的危险源等，以及各种评价方法的优缺点及其适用条件等，有充分的资料和数据，供选择安全评价方法时参考。

2. 适应性原则

适应性是指在选择安全评价方法时，应考虑评价方法对所分析系统的适应性。被评价的系统可能是由多个子系统构成的复杂系统，各子系统的评价重点可能有所不同，各种安全评价方法都有其适应的条件和范围，应根据系统和子系统、工艺的性质和系统的状态，选择适应的安全评价方法。

3. 系统性原则

系统性是指安全评价方法与被评价的系统所能提供的安全评价初值和边界条件应形成一个和谐的整体。安全评价方法必须建立在真实、合理和系统的基础数据之上，这样才能得到可信的评价结果。

4. 针对性原则

针对性是指选择的安全评价方法应能获取所需的结果。由于评价的目的不同，系统的组成和功能不同，所以评价的需求也不同。有针对性的评价结果才能真正地被设计者和管理者利用，才能起到预防和控制事故的作用。

5. 合理性原则

在满足安全评价目的、能够提供需求结果的前提下，应选择计算过程最简单、所需基础数据最少和最容易获取的安全评价方法，使安全评价工作量和需要获取的评价结果都合理。

2.5　安全风险控制

2.5.1　安全风险控制原则

根据安全技术措施等级顺序要求，制订安全风险控制所应遵循的具体原则。

1）消除

通过合理的设计和科学的管理，尽可能从根本上消除危险、有害因素，如采用无害化工艺技术，以无害物质代替有害物质，采用自动化作业或遥控技术等。

2）预防

当消除危险、有害因素确有困难时，可采取预防性技术措施，预防危险、危害的发生，如使用安全阀、安全屏护、漏电保护装置、安全电压、熔断器、防爆膜、事故排放装置等。

3）减弱

在无法消除危险、有害因素，以及预防措施难以实施情况下，可采取减少危险、危害的措施，如采用局部通风排除装置、以低毒性物质代替高毒性物质、降温措施、避雷装置、消除静电装置、减振装置、消声装置等。

4）隔离

在无法消除、预防、减弱的情况下，应将人员与危险、有害因素隔开，将不能共存的物质分开，如遥控作业、安全罩、防护屏、隔离操作室、安全距离、事故发生时的自救装置等。

5）联锁

当操作者失误或设备运行一旦达到危险状况时，应通过联锁装置终止危险、危害发生。

6）警告

在易发生故障和危险性较大的地方，配置醒目的安全色、安全标志，必要时设置声、光或声光组合报警装置。

2.5.2 安全风险控制标准

安全控制措施应具有针对性、可操作性和经济合理性。

（1）针对性是依据不同行业的特点，按照安全评价中提出的主要危险、有害因素及其后果，提出对策措施。由于危险、有害因素及其后果具有隐蔽性、随机性、交叉影响性，对策措施不仅要针对某孤立危险、有害因素，同时必须采取优化组合的综合措施使系统全面性能达到国家安全指标。

（2）风险控制的对策措施，是设计单位、建设单位、运行单位进行安全设计、生产、管理的重要依据，因而对策措施应在经济、技术、时间上是可行的，能够落实和实施的。此外，要尽可能具体指明对策措施所依据的法规、标准，说明应采取的具体的对策措施，以便于应用和操作。

（3）经济合理性是指不应超过国家及建设项目生产经营单位的经济、技术水平。在采用先进技术的基础上，考虑到进一步发展的需要，以安全法规、标准和指标为依据，结合评价对象的经济、技术状况，使安全技术装备水平与工艺装置水平相适宜，求得经济、技术、安全的合理统一。

第 3 章　农村水电站安全风险评价

安全是水电开发建设的保障，是体现以人为本的基本标志之一，水电站的安全不仅与水电站自身设施（财产）、从业人员的安全与健康密切相关，同时还直接影响着所在地区周边环境和电站下游广大人民群众的生命财产安全。水电站建筑物和设施种类繁多，如何准确、及时地诊断出农村水电站的隐患和病害，对农村水电站的安全性做出合理科学的评价，意义十分重大。通过对农村水电站全线建筑物和设施的安全运行状态进行分析，把专家经验、系统工程理论、人工智能技术、计算机技术，以及相应的数值分析方法有机结合起来，建立一个定性与定量相结合的农村水电站安全评价系统非常必要。

农村水电站安全评价是一个多层次、多指标的复杂系统的分析评价问题，本章主要介绍农村水电站安全评价指标体系的构建、指标权重的确定、评价指标的度量以及综合评价途径。

3.1　农村水电站安全评价指标体系

农村水电站安全性影响因素众多，它们之间相互作用、相互联系，因此为了实现农村水电站安全评价的定量化、模型化，就必须根据农村水电站安全性概念的层次化和动态化等特点，采用定性和定量指标对它们进行描述。这种定性和定量指标按照农村水电站安全性评价的逻辑作用关系进行组合，即构成了农村水电站安全评价的指标体系。确定评价指标体系是农村水电站安全评价的一项重要内容。

3.1.1　安全评价指标体系的构建原则

安全评价指标是定量研究农村水电站安全状况的基础，指标选取是否得当，直接关系到研究指标权重的意义和最终评价结论的合理、可靠性，进一步关系到能否通过采取适当措施提高农村水电站的总体运行安全水平，减少不安全事故的发生。构建农村水电站安全评价指标体系时应遵循如下七项原则。

1）科学性原则

科学能揭示事物发展的规律，建立农村水电站安全评价指标体系，也必须能反映客观事实和事物的本质，能反映出影响农村水电站安全的主要因素。评价指标必须通过客观规律、理论知识分析获得，形成知识与经验的互补，任何凭主观性确定的指标都不可取；科学性还必须保证评价指标的概念和外延的明确性，对一些模糊性指标，即使无法做到其外延明确，也必须保证其概念明确，不至于混淆。

2）完备性原则

农村水电站安全评价指标体系必须具有广泛的覆盖性，力求使评价指标能相对全面和完整地反映农村水电站安全状况各方面的重要特征和重要影响因素。

3）代表性原则

农村水电站安全评价指标体系涉及面较广，评价过程所产生的随机性和模糊性，易使指标选择因追求全面性而重复表述，内涵重叠。因此，在保证重要特征和因素不被遗漏的同时，应尽可能选择主要的、有代表性的评价指标，所设立的各评价指标应能相对独立地反映建筑物安全状况某一方面的特征，从而减少评价指标的种类和数量，便于计算和分析。

4）相关性原则

要对评价指标体系内部的指标属性进行相关性分析，使评价指标的相互关系明确，从而建立评价指标之间的结构，达到合理评价的目的。

5）实用性原则

指标体系的建立必须坚持实用性原则，选取的指标能通过已有手段和方法进行度量，或能在评价过程中通过研究获得相应手段和方法进行度量。同时，选取的指标应易于管理人员去获取，具有较强的可操作性。

6）层次性原则

鉴于农村水电站安全评价指标体系是一个比较复杂的问题，其特点是层次高、涵盖广、系统复杂，宜将评价指标分解为多个层次来考虑，形成一个包含多个子系统的多层次递阶分析系统。为此，需由粗到细、由表及里、由局部到全面地对农村水电站安全状况进行逐步深入的研究，可以用不同层次指标反映农村水电站安全评价指标体系的内在结构、关键问题，并制订相应的解决问题的措施，便于发现问题，便于纵向分析和横向比较。

7）定性和定量相结合原则

在农村水电站分析评价中，评价指标主要有两类：一类是定量指标，即可以根据观测资料的情况，得出该指标的实测或计算值，或是对水位、流量等环境量监测信息进行分析；另一类是定性指标，主要是指巡视检查信息，这类指标无法或难于量化，只能通过专家判断，并将专家判断的结果定量化来进行评估。只有将定性与定量指标结合起来统筹考虑，才能取得可信的结果。

3.1.2　农村水电站安全评价指标体系设计

水电站本身就是一个复杂的系统。根据水电站的基本布置形式，水电站水利枢纽可归结为坝式和引水式。图 3.1、图 3.2 和图 3.3 分别为坝式电站、有压引水式电站及无压引水式电站示意图。

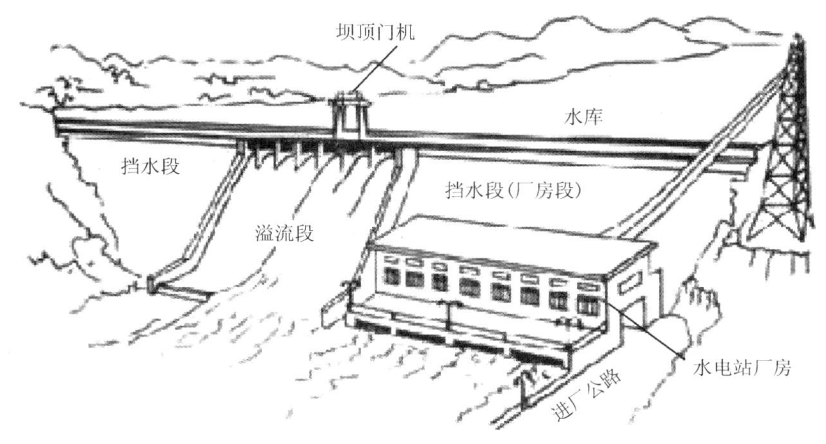

图 3.1　坝式电站示意图

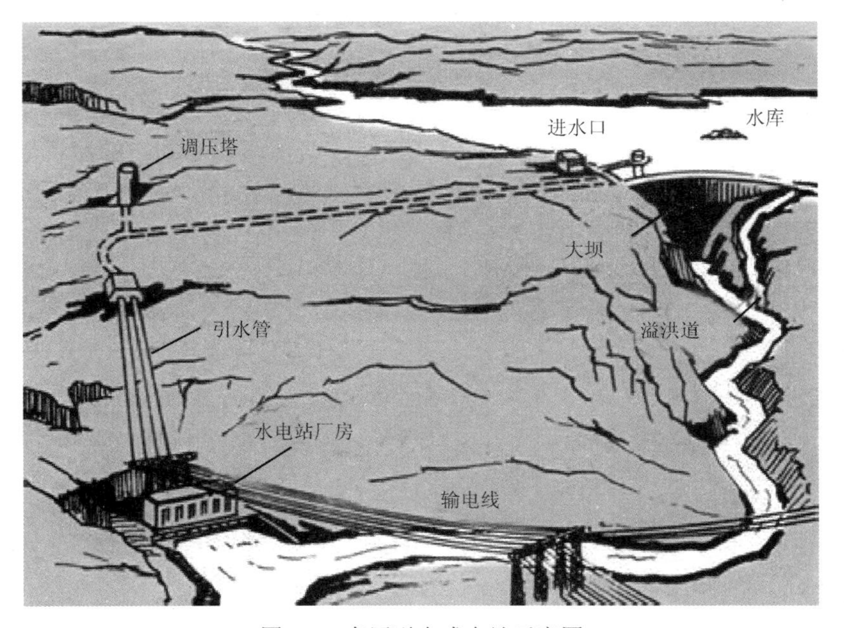

图 3.2　有压引水式电站示意图

图 3.3　无压引水式电站示意图

1-坝；2-进水口；3-沉砂池；4-引水渠道；5-日调节池；6-压力前池
7-压力管道；8-厂房；9-尾水渠；10-配电所；11-泄水道

总体来看，水电站系统看成泄洪体系与发电体系的并联，且发电体系中各项子系统又可看成串联。水电站系统组成如下所示：

挡水坝⇒
- 发电系统
  - 有压式：进水口→压力隧洞→调压室→压力管道→厂房→开关站→尾水渠
  - 无压式：进水口→沉砂池→引水渠→日调节池→压力池→压力管道→厂房→开关站→泄水道
- 泄洪系统→下游保护对象

利用层次分析理论及方法，首先将农村水电站合理分割成有机联系的子系统。依据子系统的不同特性，构建包含一级指标、二级指标及基础指标评估体系，同时将基本因素按属性和类别的不同分为若干组，以隶属关系形成不同的递进层次，建立如图 3.4 所示安全评价指标体系图。

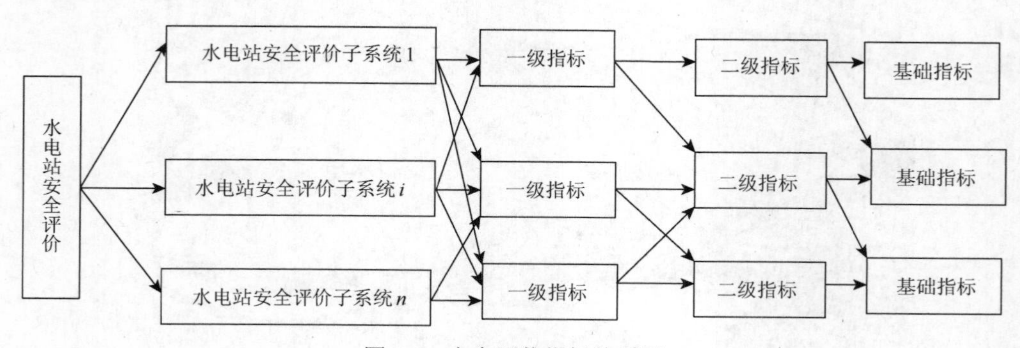

图 3.4　安全评价指标体系图

3.2　指标权重确定

农村水电站安全评价指标体系是一个多项目、多层次的复杂系统，每一层次又由多个评价指标组成。农村水电站安全评价需要对各层中评价指标的评判结果进行综合。由于每层评价指标在评价指标体系中的地位、作用不同，从而使得它们对整个水电站安全评价的贡献也有所不同。因此，需采用适当的方法，分别确定同一层次中各指标在农村水电站安全评价指标体系中相对于上层指标的“相对重要性”，即权重。然后将各层指标的权重与其诊断结果综合考虑，才能得出其上层指标的合理诊断结果，如此逐步综合，直至得到农村水电站的总体安全评价结果。

指标的权重反映了某一指标在指标体系中所起作用的大小，是指标对总目标的贡献程度，可以将其看成将指标联结为一个整体量的纽带，所以，权重问题是农村水电站安全评价的一个需要重点研究的问题。

3.2.1　指标权重确定方法

在评价问题中，按权重确定方法中源信息的出处，可将权重确定方法分成主观赋权法与客观赋权法两类。

主观赋权法其源信息来自专家咨询，即利用专家群的知识和经验，如专家咨询法和层次分析法。客观赋权法其源信息来自统计数据本身，如主成分分析法、人工神经网络法。这些方法简单易行，在很多领域得到广泛的应用。

（1）专家咨询法是一种软科学的调查方法，它是依据若干专家的知识、智慧、经验、信息和价值观，对已拟定的评价指标进行分析、判断、权衡并赋予相应权重的一种手段。一般需经过多轮调查，在专家意见比较一致的基础上，经组织者对专家意见进行数据处理，检验专家意见的集中程度、离散程度与协调程度，达到要求后，得到各评价指标的初始权重向量，再作归一化处理，便可获得评价指标的权重向量。该方法在研究大量无法定量表达的影响因素所包围的事物时，常可表现出其独特的优势。

（2）层次分析法是一种将半定性、半定量问题转化为定量计算的方法。它把复杂问题中的各种因素通过划分变成相互联系的有序层，使之条理化，根据对客观现实的判断，对每一层次的相对重要性予以定量表示，再利用矩阵方法确定各层次元素的权重，并通过排序结果来分析和解决问题。现在不少学者对此进行了研究和改进，并将其应用到各个领域。

（3）主成分分析法是现代多元统计分析中的一种方法。其本质仍然是一种线性加权法，只是每一主成分采用了不同的权重，这种线性变换不具备改变样本空间中样本点散分布状态的功能。经旋转得到的主成分方向上不相关，并不意味着原始重复信息的“剔除”，而是在不同指标中该重复信息经分解后的完全叠加（它们是被叠加在同一个主成分中），这样有意地加大被重复表述部分信息的权重，会造成评价结果的失真。这也正是加权主成分法提出很长时间却未被广泛接受的原因之一。

（4）人工神经网络法是利用人工神经网络的自组织、自学习特性，通过神经网络确定权重，它可以学习和自适应不确定的系统，能同时处理定量和定性知识，利用样本训练后，就能得到与评价情况相符合的指标权重值。由于神经网络是利用实测数据来得到权重，所以它需要较多的实测数据。

通过比较研究，客观赋权法能依据决策矩阵提供的信息，经过数学处理确定权重，其客观性很强。但是仅仅简单地考虑了各数据之间的联系，而忽视了各因素在水电站建筑物结构上的地位和作用，且其要求的信息量较大，一般工程很难满足其对信息量的要求。

3.2.2 基于层次分析法的指标主观权重

主观赋权法主要依靠人们的经验和知识确定各因素的相对重要性，并依据各指标的主观重视程度进行赋权，虽然在一定程度上反映了实际情况，但带有很大的主观性和随机性，往往会偏离客观实际。只有所选专家的经验丰富，专家数量结构合理，才可以减少人的主观性带来的偏差。鉴于层次分析法应用广泛，较为成熟，采用层次分析法确定农村水电站评价体系的指标权重较为合适。

考虑到农村水电站安全评价的特殊性和复杂性，专家在其安全评价中的作用是不可替代的，评价结果的科学性、准确性、正确性在一定程度上依赖于专家在评价中发挥的作用。专家评估结果依赖于专家的知识、经验以及专家对问题的敏感性等方面。为充分利用专家集体智慧合理地确定指标权重，研究中还将引入熵值法来解决单一主观法确定权重的缺陷，以改善和提高权重的精确性。熵值法是根据评价对象的实际数据进行赋权的一种客观赋权法，用熵表示专家评价结果的不确定性和各专家与理想专家的水平差异，建立基于熵的专家权重模型，得到各专家对评价指标权重确定的贡献度（权重）。进而将确定的指标主观权重和专家自身权重进行融合，得到更为合理的指标融合权重。

1. 层次分析法指标主观权重标度法

层次分析法（AHP）将决策者的思维过程数学化，将人的主观定性分析判断进行定量化，将各种评价指标之间的差异数值化，帮助决策者保持思维过程的一致性，从而为确定这些评价指标的权重提供易于被人们接受的决策依据。层次分析法基本思路为：先把问题层次化，根据问题的性质将问题分解为不同的组成因素，并按照因素间的相互联系、隶属关系，分解为不同的层次组合，从而构成一个多层次的系统结构分析模型，最终将系统分析归结为底层因素相对于上层因素的相对重要性权重的确定。

层次分析法的关键在于通过因素之间的两两比较获得因素之间的相对重要性，然后根据给定的数字标度，将相对重要性的语言描述转化为数值描述，从而获得相应的判断矩阵。大量使用经验表明，依据这种方法的计算结果，能取得基本合理与比较可靠因素排序；但是由该方法得出的权重值有时并不可靠，有时还与人们的估计偏离较远。通过仔细地分析研究，发现层次分析法最初所采用1～9标度法（表3.1）有时并不合理。例如，在1～9标度法中，稍微大的标度值为3，即把比大到3倍的情况认为是稍微大，这与人们通常的认识相差太大；又如，取明显大的标度值为5，而明显大与稍微大之比为5∶3=1.67，远小于3，即把一个明显大的事物与一个稍微大的事物相比，还不能说是稍微大，这显然又是不合理的。为此，一些研究者对数值标度法进行了研究，试图对这种状况做一些改进，并提出了9/9～9/1标度法、10/10～18/2标度法、指数标度法、乘积标度法等。其具体标度如表3.1所示。

无论是1～9标度法、9/9～9/1标度法、10/10～18/2标度法、指数标度法，还是乘积标度法，其共同特点都是在进行两两比较时，先划分若干比较级别，如表3.1所示中的相同、稍微大、明显大、强烈大、极端大等，然后再根据比较对象的具体情况进行套用；区别在于各种标度等级值不同。通过采用标度的方法可以使权重的确定规范化，不足之处在于分类比较受限制。

表3.1　层次分析法的各中标度

区分	1～9标度法	9/9～9/1标度法	10/10～18/2标度法	指数标度法	乘积标度法
相同	1	9/9（1.000）	10/10（1.000）	9^0（1.000）	1.000
稍微大	3	9/7（1.286）	12/8（1.500）	$9^{(1/9)}$（1.277）	1.354
明显大	5	9/5（1.800）	14/6（2.333）	$9^{(3/9)}$（2.080）	2.071
强烈大	7	9/3（3.000）	16/4（4.000）	$9^{(6/9)}$（4.327）	3.776
极端大	9	9/1（9.000）	18/2（9.000）	$9^{(9/9)}$（9.000）	9.000
通式	K	9/（10−K）	(9+K)/(11−K)	$9^{(K/9)}$	三种平均
	K=1～9	K=1～9	K=1～9	K=1～9	K=1～9

传统的层次分析法采用 1～9 标度构建成对比矩阵，由于判断差异不明显、判断标度不确定，在其使用中常出现对比矩阵一致性不满足要求的问题。在进行对比矩阵修正时又会引起指标权重分配不稳定、失真等现象。

2. 层次分析法判断矩阵的构造

在建立了递进层次结构后，上下层之间元素的隶属关系或者支配关系就被确定。假定上一层的元素 $A_i(i=1, 2, 3,\cdots, m)$对应下一层的元素 $a_1, a_2,\cdots, a_n$，将 a_i 两两之间进行重要性比较，构造元素 A_i 判断矩阵 A，其形式如下

$$\begin{bmatrix} a_{11} & a_{12} & a_{13} & \cdots & a_{1n} \\ a_{21} & a_{22} & a_{23} & \cdots & a_{2n} \\ \vdots & \vdots & \vdots & & \vdots \\ a_{n1} & a_{n2} & a_{n3} & \cdots & a_{nn} \end{bmatrix}$$

矩阵 A 是一个互反矩阵，具有如下性质：$a_{ij}>0$，$a_{ji}=1/a_{ij}$，$a_{ii}=1$。矩阵 A 的各元素可以采用 Staay 建议的 1～9 及其倒数，如表 3.1 所示。

3. 层次分析法权重计算方法

权重的确定是通过相应算法对判断矩阵进行计算得到的。判断矩阵求取权重的方法，常用的有以下四种。

1）求和法

对判断矩阵求每行之和，并对求和向量进行归一化。设判断矩阵 $A=\{a_{ij}\}_{n\times n}$，按行求和，有 $W_i=\sum_{j=1}^{n}a_{ij}$，得到向量 $W=(W_1, W_2,\cdots, W_n)^{\mathrm{T}}$，并归一化得到向量 $w=(w_1, w_2,\cdots, w_n)^{\mathrm{T}}$

$$w_i=W_i\Big/\sum_{i=1}^{n}W_i \tag{3.1}$$

w_i 是层次排序的优先程度，即元素的权重。

2）和积法

首先对判断矩阵 A 的每一列归一化，得正规化判断矩阵 $\left\{\overline{a}_{ij}\right\}_{n\times n}$，其中，$\overline{a}_{ij}=\overline{a}_{ij}\Big/\sum_{i=1}^{n}a_{ij}$，$i=1, 2,\cdots, n$；再求正规化判断矩阵每行之和，有

$$\overline{w}_i=\sum_{j=1}^{n}\overline{a}_{ij},\quad i=1,2,\cdots,n \tag{3.2}$$

最后对向量 $\bar{w}=\left(\bar{w}_1,\bar{w}_2,\cdots,\bar{w}_n\right)^{\mathrm{T}}$ 进行归一化得到权向量 $w=\left(w_1,w_2,\cdots,w_n\right)^{\mathrm{T}}$。

$$w_i=\bar{w}_i\bigg/\sum_{i=1}^{n}\bar{w}_i \tag{3.3}$$

3）方根法

先求判断矩阵 A 中每行元素之积 $M_i=\prod_{j=1}^{n}a_{ij}$，$i=1,2,\cdots,n$，然后求 M_i 的 n 次方根

$$\bar{w}_i=\sqrt[n]{M_i},\quad i=1,2,\cdots,n \tag{3.4}$$

再对向量 $\bar{w}=\left(\bar{w}_1,\bar{w}_2,\cdots,\bar{w}_n\right)^{\mathrm{T}}$ 进行归一化得到向量 $\bar{w}=\left(\bar{w}_1,\bar{w}_2,\cdots,\bar{w}_n\right)^{\mathrm{T}}$，即

$$w_i=\bar{w}_i\bigg/\sum_{i=1}^{n}\bar{w}_i \tag{3.5}$$

4）特征向量法

该方法是计算判断矩阵 A 的最大特征根 $\lambda_{\max}$ 和它所对应的特征向量 W。它们满足 $A\times W=\lambda_{\max}\times W$。计算步骤如下：

（1）任取一个与判断矩阵 A 同阶的归一化的初始向量 W；

（2）计算 $\tilde{w}^{(k+1)}=Bw^{(k)}$，$k=0,1,2,\cdots$；

（3）归一化 $\tilde{w}^{(k+1)}$，计算 $w^{(k+1)}=\tilde{w}^{(k+1)}\bigg/\sum_{i=1}^{n}\tilde{w}_i^{(k+1)}$；

（4）对于预先给定一个精度 ε，当 $\left|w_i^{(k+1)}-w_i^{(k)}\right|<\varepsilon$，$i=1,2,\cdots,n$ 时，$w^{(k+1)}$ 即为所求的特征向量。

以上四种方法，其计算复杂程度和计算结果的精确性是依次增加的。在层次分析法中，一般计算判断矩阵的最大特征值及特征向量并不需要高的精度，使用和积法、方根法等近似计算方法即可。

4. 一致性检验

在某些情况下，判断矩阵 A 的元素具有传递性，即满足

$$a_{ij}\times a_{jk}=a_{ik} \tag{3.6}$$

例如，当 a_i 和 a_j 相比的重要性定量标度为 2，而 a_j 和 a_k 相比的重要性定量标度为 4，则在具有传递性的判断矩阵中应有 a_i 和 a_k 相比的重要性定量标度为 8。当以上情况对矩阵 A 的所有元素均成立时，判断矩阵 A 称为一致性矩阵。

实际问题中，客观事物是复杂的、多样的，因此构造判断矩阵时，判断矩阵并

不一定都具有这种传递性。若是出现甲比乙重要，乙比丙重要，而丙又比甲重要的判断语句，一般都是违反实际情况的，这种情况下的判断矩阵就会严重偏离一致性。因此对判断矩阵的一致性进行检验，就可以检查判断矩阵符合实际情况的程度。

检验判断矩阵是否符合一致性要求，一般通过一致性指标 CI，平均随机一致性指标 RI 和相对一致性指标 CR 来度量。

$$CI=\frac{\lambda_{max}-n}{n-1} \tag{3.7}$$

式中，n 为维数。

平均随机一致性指标 RI 是多次（500 次以上）重复进行随机判断矩阵特征根计算之后取算术平均得到的，通常采用判断矩阵重复计算 1000 次的平均随机一致性指标，1～10 阶判断矩阵平均随机一致性指标如表 3.2 所示。

表 3.2　1～10 阶判断矩阵平均随机一致性指标

维数 n	1	2	3	4	5	6	7	8	9	10
RI	0.00	0.00	0.58	0.89	1.12	1.24	1.32	1.44	1.45	1.49

相对一致性指标 CR 计算的算式如下

$$CR=CI/RI \tag{3.8}$$

一般认为，当 CR≤0.1 时判断矩阵基本符合完全一致条件；当 CR＞0.1 时，认为所给出的判断矩阵不符合完全一致性条件，两两判断关系需要进行调整和修改。

层次分析法权重计算流程如图 3.5 所示。

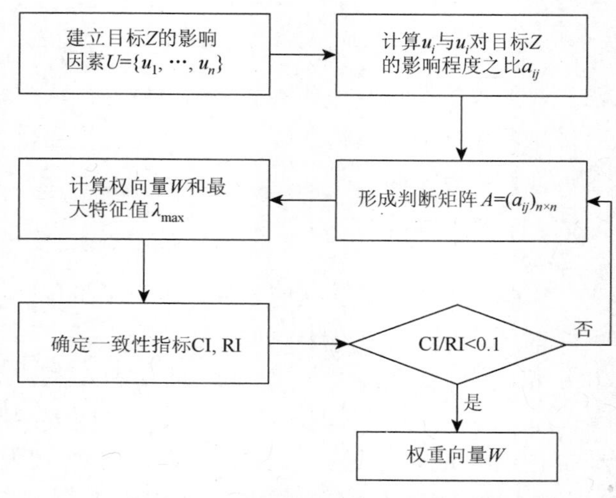

图 3.5　层次分析法权重计算流程图

根据流程图 3.5 编制了计算程序。在计算特征值和特征向量时，可有和法、幂法和根法三种不同的计算方法供选择，并且可以将三种计算结果取平均值作为最终计算结果。程序计算的界面如图 3.6 所示。

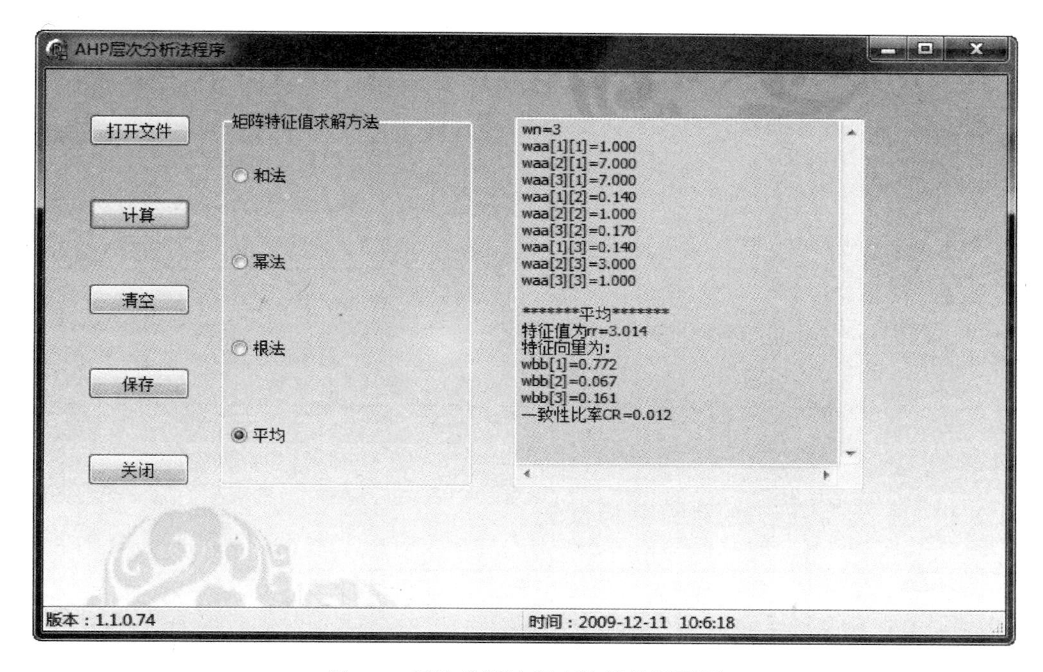

图 3.6 层次分析法程序计算的界面图

按照以上层次分析法流程可计算农村水电站安全风险评价指标体系的权重。但实际应用中，判断矩阵的两两比较一般仍然需要考虑采纳专家的意见，人为因素还是会对结果产生一定的影响。为了降低人为因素的影响，可以由多位专家分别对评价指标进行赋权，再综合各个专家不同的权重，最后得到考虑多个专家不同水平的权重向量，这样得到的结果会较以往采用的经验法更能反映实际情况，可减少人为因素的影响，使得权重分配具有较高的真实性和合理性。

3.2.3 改进层次分析法的指标主观权重

采用 1～9 标度法构建立对比矩阵时，会出现判断差异不明显、判断标度不确定，以及对比矩阵一致性不满足要求的问题；进行对比矩阵修正时又会引起指标权重分配不稳定、失真等现象。为了得到合理的评价结果，对传统层次分析法进行改进，采用基于指标重要性分值的改进层次分析法，通过指标重要性分值构建对比矩阵，使得对比矩阵自然满足一致性要求。具体计算步骤为：①由专家综合意见对各级指标进行重要性排序；②根据排序，依次对指标重要性进行评分，评分标准如表 3.3 所示；③对指标重要性分值两两进行对比运算得到指标对比矩阵；④计算对比矩阵最大特征值及相应特征向量，其中特征向量即为对应指标的权重。

表 3.3 指标重要性等级评分标准

指标重要性等级	评分范围
绝对重要	90～100
相当重要	75～90
非常重要	60～75
明显重要	45～60
一般重要	30～45
轻微重要	15～30
不重要	0～15

3.2.4 基于熵值法的专家自身权重

对于多层次安全评价问题，指标权重确定对结果的影响很大，为了进一步改善单一主观权重的不足，在上述研究基础上引入熵值法来提高权重的精确性。熵值法是根据评价对象的实际数据进行赋权的一种客观赋权，借鉴传递熵的思想，用熵表示专家评价结果的不确定性以及各专家与理想专家的水平差异，建立基于熵的专家权重模型，得到各专家对评价指标权重确定的贡献度（权重）。

1）*熵原理及其定义*

熵是 1865 年由德国物理学家 Clausius 作为热力学的一个概念提出来的，以熵增加原理来表述热力学第二定律。1896 年 Boltzmann（玻尔兹曼）和 Planck 把熵与系统的微观状态数联系起来，解释了熵的统计意义。1948 年，Shannon 将统计熵概念推广到信息领域，用来表示信息的不确定性。信息熵是测量不确定性的量，信息量越大，不确定性越小，熵越小。反之，信息量越小，不确定性越大，熵越大。

在热力学中熵为 $\Delta S=\Delta Q/T$。其中 S 为熵函数，ΔS 为熵变，ΔQ 为热力过程中系统吸收的元热量，T 为系统热力学温度；统计物理学中，玻尔兹曼熵 $S=k\ln\omega$，其中 k 为玻尔兹曼常量，ω 为每个宏观状态所包含的微观状态数，又称热力学概率，其表明熵是系统微观粒子无序量大小的度量，它把微观量熵与微观状态数 ω 联系起来，从而以概率的形式表述了熵及热力学第二定律的重要物理意义；信息

熵 $H=-C\sum_{i=1}^{n}P_i\ln P_i$，其中，$C$ 为一大于零的恒量，P_i 为状态 i 发生的概率，n 为状态数，$P_i\geqslant0$，且 $\sum P_i=1$。

2）熵的性质

（1）对称性，所有变元 P_i 可以互换顺序，不影响熵函数的值。

（2）非负性，$H(P_i)\geqslant0$。

（3）确定性，只要有一个 P_i 是“1”，则熵函数一定是零。在这种情况下随机变量已成为一个确定量。

（4）可加性，系统的熵等于各个状态熵之和。

（5）极值性，当系统状态为等概率，即 $P_i=1/n$ 时，熵值最大（$C\ln n$）。

3）传递熵

传递熵是信息准确度和价值的有效测度。设状态空间 x 上信息 A 的条件概率为 $p(y_k, x_l)(k, l=1, 2,\cdots, n)$，$A$ 的传递矩阵为 $E(A)=(e_1, e_2,\cdots, e_n)$，其中 e_l 为状态 l 发生时信息 A 的准确度，其值越大，准确度越高。

$$e_l=\frac{1}{n}\sum_{k=1}^{n}\left[p\left(y_l/x_l\right)-p\left(y_k/x_k\right)\right],\quad l=1,2,\cdots,n \tag{3.9}$$

令

$$h_k=\begin{cases}-e_k\ln e_k, & 1/e\leqslant e_k\leqslant1\\ 2/e-e_k\left|\ln e_k\right|, & e_k\leqslant1/e\end{cases} \tag{3.10}$$

称 $H\left(A\right)=\sum_{k=1}^{n}h_k$ 为信息 A 的传递熵。传递熵表明了给定信息 A 的不确定度。

4）专家自身权重模型

受不完备信息、评价所需时间、个人偏好和对目标识别程度等不确定性因素的影响，专家构建的判别矩阵差别往往会很大。由于熵是不确定性的最佳量度，用熵表示各专家评价结果的不确定性，可建立评价专家给定信息质量和给出专家权重的熵模型。

设 $S_1, S_1, \cdots, S_m$ 为 m 个专家，其构成评价群组 G。被评价目标为 $B_1, B_1,\cdots, B_n$。x_{ij} (i=1, 2,$\cdots$, m;j=1, 2,$\cdots$, n)是第 i 个专家对第 j 个目标的评分值。向量 $x_i=(x_{i1}, x_{i2},\cdots, x_{in})^{\mathrm{T}}\in E^n$ 和矩阵 $X=(x_{ij})_{m\times n}$ 是各专家和专家组在一次评估中提供的结论。记 S^* 为最优专家，其评分向量为 $x^*=(x_1^*,x_2^*,\cdots,x_n^*)^{\mathrm{T}}\in E^n$。用各专家的评分结果与 S^* 的差异大小来度量所选专家的优劣。专家的评价水平向量为

$$E_i=(e_{i1}, e_{i2},\cdots, e_{in}) \tag{3.11}$$

其中 $e_{ik}=1-\left|x_{ik}-\overline{x}_{ik}\right|/\max x_{ik}$ (i=1, 2,⋯, m；j=1, 2,⋯, n)，反映了专家 S_i 对目标 B_1, B_1,⋯, B_n 所做的评价结论的水平。

建立如下基于熵的专家评价结果评定模型

$$H_i=\sum_{j=1}^{n}h_{ij} \tag{3.12}$$

模型（3.12）将专家对给定问题的评价能力，用其给定评分结果的不确定性来度量，熵值 H 的大小表示了不确定性的程度。熵值越小，专家的决策水平越高，给出的评分越科学；反之，熵值越大，专家给出的评价结论可信度越低，给出的评价越不科学。故可采用式（3.13）表示目标中各专家所对应的权重，即第 i 个专家的权重为

$$S_i=\frac{1/H_i}{\sum 1/H_i},\quad i=1,2,\cdots,m \tag{3.13}$$

S_i 值越大，表示专家 i 的意见应在评价中占的比例越大。

3.2.5 基于评价指标的加权融合权重

针对农村水电站安全评价指标权重的“对象针对性”特性，又充分考虑专家对指标重要性的认知（经验）的不同，通过层次分析法和熵原理分别计算上述评价指标的主观权重与专家自身权重。为了得到更加真实、有效的评价指标权重，需要进一步对指标主观权重和专家自身权重进行综合，进而得到评价指标的加权融合权重。

设 n 为指标个数，m 为专家个数。

由层次分析法所得的权重为指标主观权重，$W'_j=(w'_{j1},w'_{j2},\cdots,w'_{jn})^{\mathrm{T}}$ 为第 j 个专家给出的主观权重向量，满足 $0<w'_{ji}<1,\sum_{i=1}^{n}w'_{ji}=1$，$i$=1, 2,⋯, n；j=1, 2,⋯, m。

由熵值法所得的权重为专家自身权重，S=(S_1, S_2,⋯, S_m)^{T}，满足 $0<S_j<1$，$\sum_{j=1}^{n}S_j=1$，j=1, 2,⋯, m。

将层次分析法得的指标主观权重和熵值法得的专家自身权重加权组合，得到的权重成为指标的融合权重，W=(w_1, w_2,⋯, w_n)^{T} 为融合权重，满足 $0<w_i<1$，$\sum_{i=1}^{n}w_i=1, i=1,2,\cdots,n$。

$$W=\sum_{j=1}^{m}w'_j\times S_j,\quad j=1,2,\cdots,m \tag{3.14}$$

加权融合权重计算流程图如图 3.7 所示。实际操作中，可依据具体情况，将权重相对极小的专家意见剔除，认为他的意见是不合理的，将其他专家的权重重

新归一化后，再按照式（3.14）得到指标的合理权重。

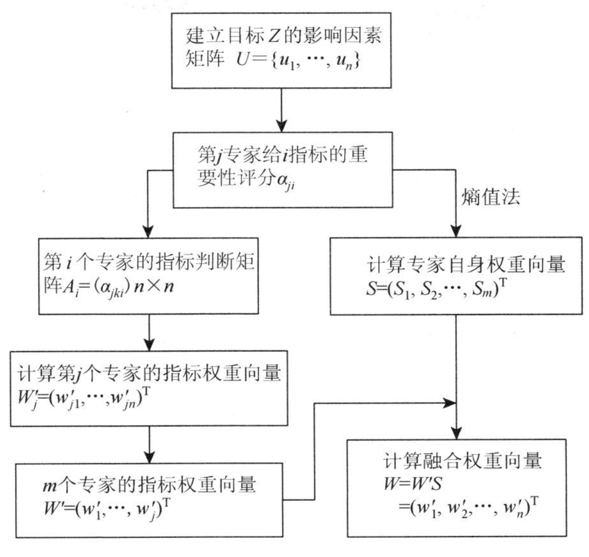

图 3.7　加权融合权重计算流程图

3.3　安全评价指标的度量

安全评价是指对一个具有特定功能的工作系统中固有的或潜在的危险及其严重程度所进行的分析和评价，并以既定指数、等级或概率值做出定量的表示，最后根据定量值的大小决定所采取的预防或防护措施。由于农村水电站安全评价体系中各指标的取值范围、度量方法和度量单位各不相同，其中既有定量评价指标，又有定性评价指标，从而导致了同层诊断指标之间不易直接比较。因此，必须在进行工程安全性态综合评价之前，将评价指标的初始数据标准化，将其转化为无量纲可比较数值。

评价指标是农村水电站多层分析评价的基石，要对农村水电站安全性态做出评价，首先必须对所构建的评价指标特性的“优”“劣”（或者说安全、不安全）状况做出评价。评价指标特性的“优”“劣”概念较为模糊抽象，实际评价操作中难以界定。因此为了能进行定量描述，需将评价指标特性划分为若干个可度量的评价等级，并对每个等级加以说明，亦即构造一个评价指标评语集（评价等级的集合），并对集合中的每个元素加以定义。

3.3.1　常见水工结构安全评价等级的划分

对于评价指标特性和最终评价目标的评价等级数量划分，目前尚未形成公认准则。评价指标特性和最终评价目标等级数量划分的多少，是一个涉及已有方法、相应规范、实践经验、人类心理活动等多方面因素的问题。若等级数量划分过少，将不利于农村水电站安全性态状况真实合理地反映；若等级数量划分过多，又会使确定等级间界限难度加大。

依据检索资料及分析，主要有以下五类分类方法。

（1）依据《水电站大坝安全检查实施细则》第 39 条规定，大坝安全评价分为正常坝、病坝、险坝三级。相应的评语集的集合为 $V=\{V_1, V_2, V_3\}$={正常，病变，险情}。

正常状态是指大坝（或监测的对象）达到设计要求的功能，不存在影响正常使用的缺陷，各主要监测量的变化处于正常情况下的状态。设计标准符合现行规范要求；大坝尚未出现运行事故的迹象；坝基良好或存在局部缺陷，但不构成对整体的不安全的因素；坝体结构尚未出现破损现象，或虽有破损，范围仅局限于细部结构，尚不影响整体安全；近坝区尚未发现危及大坝安全的地质问题。

病变状态指大坝（或监测的对象）的某项功能已经不能完全满足设计要求，或主要监测量出现某些异常，因而影响正常使用的状态。设计标准不符合现行规范要求，但已限制大坝运用条件；坝基存在局部隐患，但对大坝不构成失事威胁的危险；坝体稳定，结构安全符合规范要求，但在运行中造成结构的局部破损，大坝仍起正常挡水作用；消能设施虽受局部破坏，但不影响大坝挡水结构的安全；近坝库区塌方或滑坡，经分析对大坝挡水结构安全不构成威胁。

险情状态指大坝（或监测的对象）出现危及安全的严重缺陷，或环境中某些危及安全因素正在加剧，或主要监测量出现较大异常，因而按设计条件继续运行将出现大事故的状态。设计标准低于现行规范的要求，未采取结构补强，改造或改变运行条件等措施；坝基存在危及大坝安全的隐患；坝体稳定或结构安全不能满足现行规范要求，又未采取结构上或非结构上的措施；坝体存在有危险的事故迹象（包括缺口或失事），近坝库区发现有危及大坝安全的严重塌方或滑坡迹象。

（2）大坝安全评价 5 级分类法将大坝安全评价分为正常、基本正常、轻度异常、重度异常、恶性异常五级，即 $V=\{V_1, V_2, V_3, V_4, V_5\}$={正常, 基本正常, 轻度病变, 重度病变, 险情}。

从实践经验看国家电力公司自 1988 年开始进行首轮大坝安全定期检查以来，已对其所属的 100 余座大坝进行了全面的安全检查，并按照有关规范、规定和文件做出了安全评价。在首轮大坝安全定期检查中，发现存在这样的情况，即许多正常坝也存在着某些不利于大坝安全的因素，如根据现行规范的三级评价法，正常坝的范围很宽，通常涵盖了五级评价中的正常、基本正常甚至轻度异常这三种情况。

（3）依据《水闸安全鉴定规定 SL214—98》，我国水闸安全类别共有四类，评定标准如下：

一类闸符合国家现行标准要求，运用指标能达到设计标准，无影响正常运行的缺陷，按常规维修养护即可保证正常运行，称为正常的水闸。

二类闸略低于国家现行标准要求，运用指标基本达到设计标准，工程存在一定损坏或设备老化，经大修或设备更新后，可达到正常运行，称为可用的水闸。

三类闸不符合国家标准要求，运用指标达不到设计标准，工程存在严重损坏，且对工程正常使用影响较大，应当立即采取除险加固措施，才能保证工程安全运用，称之为病闸。

四类闸严重不符合国家现行标准要求，运用指标无法达到设计标准，工程存在严重安全问题，已不能正常使用，需降低标准运用或报废重建，可称之为险闸。参照此方法，各层评价指标和最终评价目标健康状况划分为四个等级，即 $V=\{V_1, V_2, V_3, V_4\}$={正常, 可用, 病情, 险情}。

（4）《泵站安全鉴定规程 SL316—2005》中，将泵站建筑物和机电设备安全类别评定要求分为四类，即

第一类是技术状态良好，符合国家现行标准要求。

第二类是技术状态基本完好，略低于国家现行标准要求，泵站某些结构和机电设备虽有局部损坏和老化，但不影响安全运行。

第三类是建筑物主要部分和机电设备主要部件有较严重损坏，低于国家标准要求，但通过大修或更换部分元器件后，可保证建筑物和机电设备安全运用。

第四类是泵站主要结构和机电设备严重损坏、老化，不符合国家标准要求，存在问题对安全运用影响较大，即使大修也难以保证安全运用，只有对工程进行全面的更新改造或对机电设备淘汰更新，才能保证安全运用。

因此，各层评价指标和最终评价目标健康状况也划分为四个等级，即 $V=\{V_1, V_2, V_3, V_4\}$={正常, 基本, 病情, 险情}。

（5）目前，我国其他类工程的安全评价缺乏深入研究，尚未制定相应工程的安全等级和评价标准。因此，其他类工程安全评价等级的划分多主要是参照我国大坝安全评价的习惯，依据可靠度概念和相应设计规范，结合工程的实际情况而确定。例如，陈红（2004）提出将堤防工程的安全性分为以下四个等级：安全、较安全、不安全和很不安全，四个等级的确定主要依据各因素的最佳组合（上限）和最不利组合（下限）而确定的。

$$V=\{V_1, V_2, V_3, V_4\}=\{\text{安全, 较安全, 不安全, 很不安全}\}$$

各等级对应的安全性综合评价含义分别如下所述。

安全状态是指堤防工程的实际工况和各种功能达到了现行规程、规范、标准和设计的要求，只需正常的维修养护即可保证其安全运行。

较安全状态指各项监测数据及其变化规律处于正常状态，在设计洪水位下，按照常规的运行方式和维护条件可以保证堤防工程的安全运行。

不安全状态指堤防工程的功能和实际工况不能完全满足现行的规程、规范、

标准和设计的要求，可能影响堤防工程的正常使用，在汛期险情数量较多，需要进行安全性调查，确定对策。

很不安全状态是按现行规程、规范、标准和设计要求，堤防工程存在危及安全的严重缺陷，汛期运行中出现重大险情的数量众多，必须采取除险加固措施。

3.3.2 农村水电站结构安全评价等级的划分

结合已有的水工结构安全评价等级，考虑农村水电站特点和除险加固决策的需要，对农村水电站安全进行综合评价时，采用三级法进行安全分析评价，取评价指标等级为三级，其等级用符号表示为

$$V=\{V_1, V_2, V_3\}=\{\text{A 级(安全), B 级(基本安全), C 级(不安全)}\}$$

各等级对应的安全性综合评价含义分别如下。

安全状态是农村水电站建筑物及设施的实际工况和各种功能达到了现行规范、规程、标准和设计的要求，只需正常的维修养护即可保证其安全运行；对应的等级为（80，100]。

基本安全状态指农村水电站建筑物及设施的实际工况和各种功能不能完全满足现行的规程、规范、标准和设计的要求，可能影响水电站的正常使用，需要进行安全性调查，确定对策，应准备采取对策；对应的等级为（40，80]。

不安全状态是按照现行规范、规程、标准和设计的要求，农村水电站建筑物及设施存在危及安全的严重缺陷，必须立即采取除险加固措施；对应的等级为（0，40]。

当采用模糊集方法进行安全评价时，所得结果是对应于各安全等级的隶属度，然后按照最大隶属度原则或综合评分法确定建筑物的安全等级。研究中评价等级采用如下的隶属度区间划分：

$$V=\{V_1, V_2, V_3\}=\{(0.8, 1], (0.40, 0.80], (0, 0.40]\}$$

3.3.3 中间指标评价赋值

农村水电站评价指标体系中位于中间层的元素具有双重身份，它们一方面是上一层元素的评价指标，另一方面也是下一层元素的研究对象。经过对它们的下层指标的综合评价，可判断出它们的安全等级，同时也得出一个对应的初始安全评价值。

设中间某层指标为 V_1，其下层指标评价值分别为 $V_{11}, V_{12},\cdots, V_{1n}$，相应的权重为 $w_{11}, w_{12},\cdots, w_{1n}$，则 V_1 的安全评价值为

$$V_1 = (V_{11} \times w_{11} + V_{12} \times w_{12} + \cdots + V_{1n} \times w_{1n}) = \sum_{i=1}^{n} V_{1i} \times w_{1i} \tag{3.15}$$

3.3.4　基础指标评价赋值

基础指标是指评价指标体系中不能再进一步分解或不需要进一步分解的指标，包括定性基础指标和定量基础指标，简称定性指标和定量指标。对于定量指标，可以采取数学理论或系统工程方法进行建模评价。而定性指标具有显著模糊、非定量化及不可公度性，一般很难用精确数字来表示，难以进行属性的比较和计算，在评价中需要采用一定的方法，按照一定的标准，对定性指标进行量化。

1. 定量指标量化

农村水电站安全评价指标体系中的定量指标是可以用具体数值度量的，在实际工程中，定量指标可以通过设计资料或技术手段获得其数值。由于定量指标的度量单位（即量纲）和取值范围不尽相同，一般不具有直接可比性，因此，在知道评价指标的实际值后，需要进行无量纲化处理，消除指标间度量单位和取值范围的差异，将实际测值转化为[0，1]内的指标评价值。从本质上讲，指标的无量纲化过程也是求隶属度的过程。由于指标隶属度的无量纲化方法多种多样，因此有必要根据各个指标本身的性质确定其隶属度函数的公式。常用隶属函数分为如表 3.4～表 3.6 所示偏小型、偏大型和中间型三类。

表 3.4　隶属函数及其图像（偏小型）

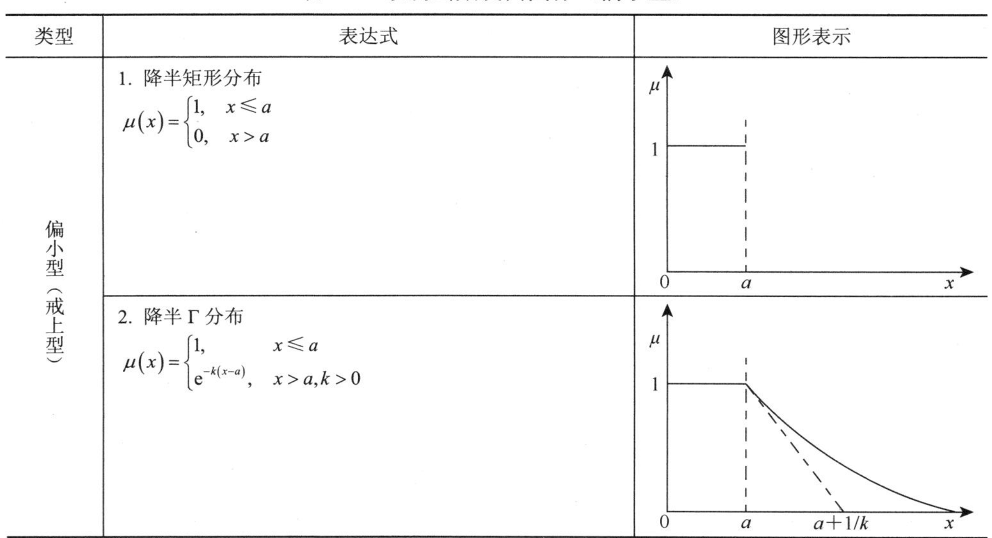

类型	表达式	图形表示
偏小型（戒上型）	1. 降半矩形分布 $\mu(x)=\begin{cases}1, & x \leqslant a \\ 0, & x > a\end{cases}$	
	2. 降半 Γ 分布 $\mu(x)=\begin{cases}1, & x \leqslant a \\ e^{-k(x-a)}, & x > a, k > 0\end{cases}$	

续表

类型	表达式	图形表示
偏小型（戒上型）	3. 降半正态分布 $\mu(x)=\begin{cases}1, & x\leqslant a\\ e^{-k(x-a)^2}, & x>a,k>0\end{cases}$	
	4. 降半柯西分布 $\mu(x)=\begin{cases}1, & x\leqslant a\\ \dfrac{1}{1+\alpha(x-a)^{\beta}}, & x>a,\alpha,\beta>0\end{cases}$	
	5. 降半梯形分布 $\mu(x)=\begin{cases}1, & x<a_1\\ \dfrac{a_2-x}{a_2-a_1}, & a_1\leqslant x\leqslant a_2\\ 0, & a_2<x\end{cases}$	
	6. 降岭形分布 $\mu(x)=\begin{cases}1, & x\leqslant a_1\\ \dfrac{1}{2}-\dfrac{1}{2}\sin\dfrac{\pi}{a_2-a_1}\left(x-\dfrac{a_1+a_2}{2}\right), & a_1<x\leqslant a_2\\ 0, & a_2<x\end{cases}$	

表 3.5　隶属函数及其图像（偏大型）

类型	表达式	图形表示
偏大型（戒上型）	1. 升半矩形分布 $\mu(x)=\begin{cases}0, & x\leqslant a\\ 1, & x>a\end{cases}$	

续表

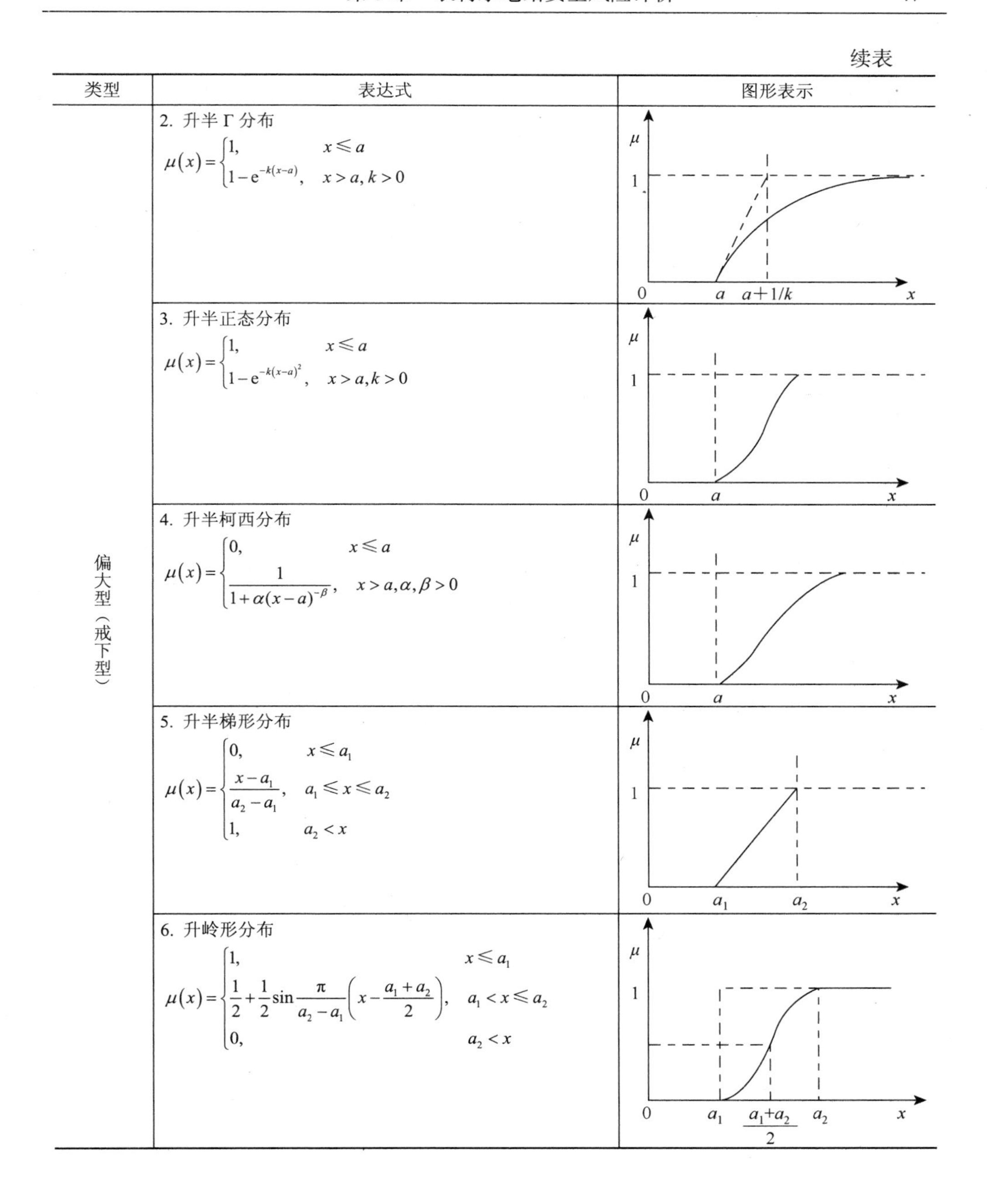

类型	表达式	图形表示
偏大型（戒下型）	2. 升半 Γ 分布 $\mu(x)=\begin{cases}1, & x\leqslant a\\ 1-\mathrm{e}^{-k(x-a)}, & x>a,k>0\end{cases}$	μ, 1, 0, a, $a+1/k$, x
	3. 升半正态分布 $\mu(x)=\begin{cases}1, & x\leqslant a\\ 1-\mathrm{e}^{-k(x-a)^2}, & x>a,k>0\end{cases}$	μ, 1, 0, a, x
	4. 升半柯西分布 $\mu(x)=\begin{cases}0, & x\leqslant a\\ \dfrac{1}{1+\alpha(x-a)^{-\beta}}, & x>a,\alpha,\beta>0\end{cases}$	μ, 1, 0, a, x
	5. 升半梯形分布 $\mu(x)=\begin{cases}0, & x\leqslant a_1\\ \dfrac{x-a_1}{a_2-a_1}, & a_1\leqslant x\leqslant a_2\\ 1, & a_2<x\end{cases}$	μ, 1, 0, a_1, a_2, x
	6. 升岭形分布 $\mu(x)=\begin{cases}1, & x\leqslant a_1\\ \dfrac{1}{2}+\dfrac{1}{2}\sin\dfrac{\pi}{a_2-a_1}\left(x-\dfrac{a_1+a_2}{2}\right), & a_1<x\leqslant a_2\\ 0, & a_2<x\end{cases}$	μ, 1, 0, a_1, $\frac{a_1+a_2}{2}$, a_2, x

2. 定性指标量化

为适应综合评价“从定性到定量的综合集成”的智能化，需按照一定标准，通过适当方法将定性评价指标原始资料转换为[0，1]内的可公度的数值（隶属度），以利于指标之间的相互比较。

目前，定性指标量化处理主要是采用专家评分法和模糊数学法等。

表 3.6　隶属函数及其图像（中间型）

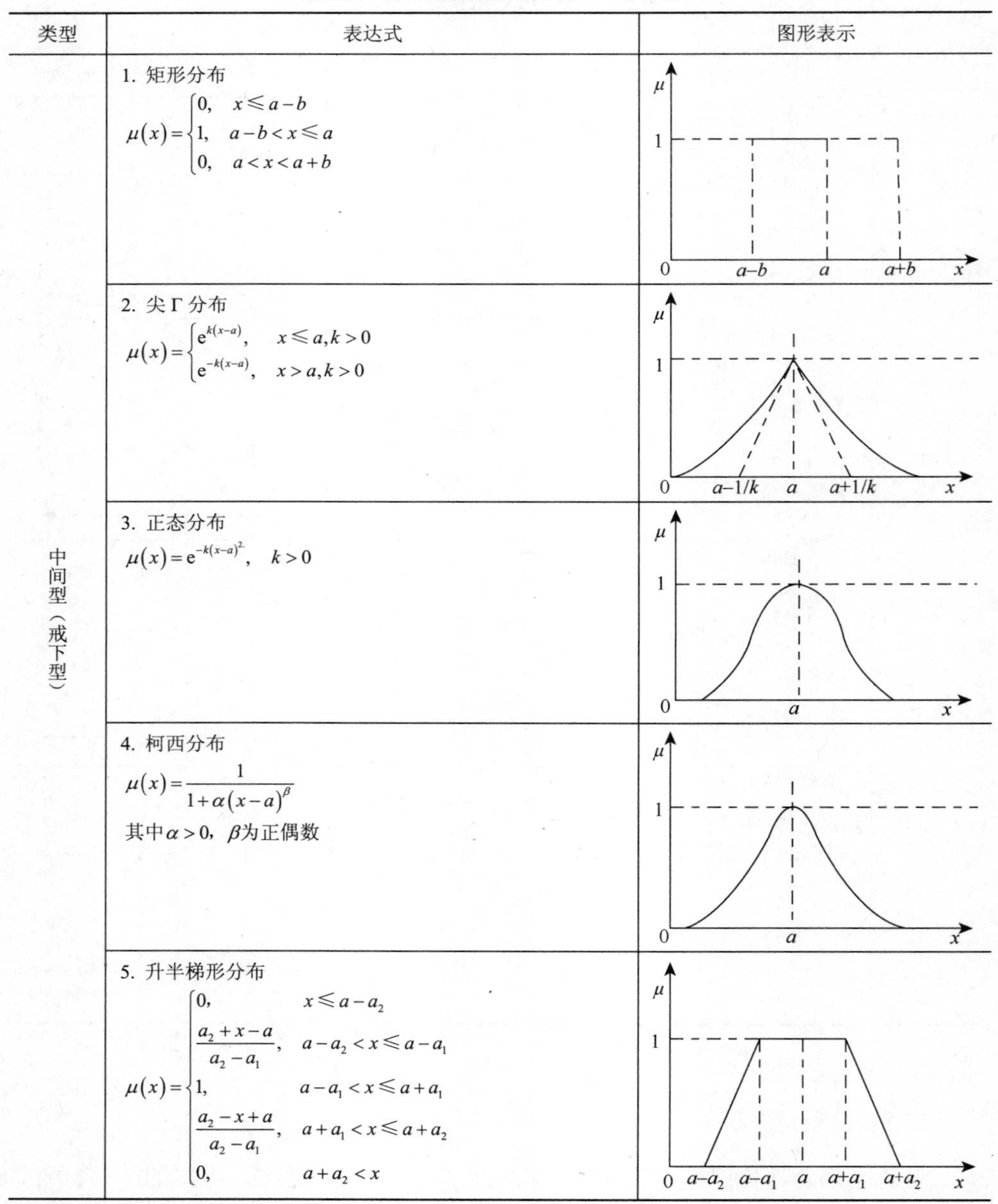

类型	表达式	图形表示
中间型（戒下型）	1. 矩形分布 $\mu(x)=\begin{cases}0, & x\leqslant a-b\\ 1, & a-b<x\leqslant a\\ 0, & a<x<a+b\end{cases}$	μ, 1, 0, a–b, a, a+b, x
	2. 尖Γ分布 $\mu(x)=\begin{cases}e^{k(x-a)}, & x\leqslant a,k>0\\ e^{-k(x-a)}, & x>a,k>0\end{cases}$	μ, 1, 0, a–1/k, a, a+1/k, x
	3. 正态分布 $\mu(x)=e^{-k(x-a)^2},\quad k>0$	μ, 1, 0, a, x
	4. 柯西分布 $\mu(x)=\dfrac{1}{1+\alpha(x-a)^{\beta}}$ 其中$\alpha>0$，β为正偶数	μ, 1, 0, a, x
	5. 升半梯形分布 $\mu(x)=\begin{cases}0, & x\leqslant a-a_2\\ \dfrac{a_2+x-a}{a_2-a_1}, & a-a_2<x\leqslant a-a_1\\ 1, & a-a_1<x\leqslant a+a_1\\ \dfrac{a_2-x+a}{a_2-a_1}, & a+a_1<x\leqslant a+a_2\\ 0, & a+a_2<x\end{cases}$	μ, 1, 0, $a-a_2$, $a-a_1$, a, $a+a_1$, $a+a_2$, x

续表

类型	表达式	图形表示
中间型（戒下型）	6. 升岭形分布 $$\mu(x)=\begin{cases}0, & x\leqslant -a_2\\ \frac{1}{2}+\frac{1}{2}\sin\frac{\pi}{a_2-a_1}\left(x-\frac{a_1+a_2}{2}\right), & -a_2<x\leqslant -a_1\\ 1, & -a_1<x\leqslant a_1\\ \frac{1}{2}-\frac{1}{2}\sin\frac{\pi}{a_2-a_1}\left(x-\frac{a_1+a_2}{2}\right), & a_1<x\leqslant a_2\\ 0, & a_2<x\end{cases}$$	μ, 1, $-a_2$, $-a_1$, 0, a_1, a_2, x

1）专家评分法

专家评分法是一种应用广泛的定性指标定量化方法。主要是根据建筑物安全性态综合评价的特点，无倾向性地聘请若干代表性专家，每位专家根据巡视检查信息和个人的专业知识、实践经验按评价标准给出各评价指标的评价分值，然后对其进行集结。

请 m 位专家对给定的一组指标 $U_1, U_2,\cdots, U_n$（n 个指标）分别给出评价值 $V_j(U_i)$（i=1, 2,⋯, n, j=1, 2,⋯, m），则因素 U_i 的评价值一般通过对 m 位专家的评分进行综合而得到。

目前常用的综合方法有：完全平均法、中间平均法、加权平均法与区间评分法。

（1）完全平均法不考虑专家在认识上的差异，直接将所有专家的评分进行平均，即 $v_i=\frac{1}{m}\sum_{j=1}^{m}V_j(U_i)$。

（2）中间平均法是当专家评分之间出现较大分歧时，舍弃两头取中间进行平均的方法。

（3）加权平均法考虑认识水平越高的专家对指标的评分应该越接近实际，因而他们对定性指标 U_i 的评分在最终专家评分中所占的比例也应该越大，对权威专家赋予较大的权重，设专家的权重分别为 $w_1,\cdots,w_i,\cdots,w_m$，则 $v_i=\frac{1}{m}\sum_{j=1}^{m}w_j\cdot V_j(U_i)$。

（4）区间评分法。

在以上的常用方法中，均要求专家对定性评价指标给出一个确定的分值。这一要求不便于专家充分发表自己的意见，同时对专家的限制过于苛刻。专家在对评价指标进行主观评分时，由于问题的复杂性，信息的不充分或不全面，以及专家本人的认识水平、知识结构等的局限性，难以用一个确定的分值来表达自己的意见。如果允许专家用一个区间来表达自己的意见，则比用一个确定分值来表达要容易得多，在一定程度上也能减轻专家主观因素的影响。

设 m 位专家分别对定性评价指标 U_i 给出的评分区间为 $[a_{ji}, b_{ji}]$（$j=1, 2,\cdots, m$），并记 $m_{ji}=\min\{a_{ji}\}$，$M_{ji}=\max\{b_{ji}\}$。

对区间 $[m_{ji}, M_{ji}]$ 中的每个整小数 N，统计 N 关于各区间的隶属频数 $f_i(N)$，$N\in[a_{ji}, b_{ji}]$，再计算总频数，然后确定各个 N 的隶属频率：$f_i(N)\Big/\sum_{N=m_{ji}}^{M_{ji}} f_i(N)$，计算所有 N 的隶属频率的平均数，即为定性诊断指标 U_i 的最终专家评分值

$$f_i=\sum_{N=m_{ji}}^{M_{ji}} N\times\left[f_i(N)\Big/\sum_{N=m_{ji}}^{M_{ji}} f_i(N)\right] \tag{3.16}$$

专家评分的基本原则和手段是“比较”。这种方法实际上是一个由工作小组所组织的集体交流思想的过程，是在专家个人思考、判断的基础上所展开的一种讨论，这种方法既能集中多数人的才智，又充分发挥每个专家的个人判断和分析能力。

专家评分法的优点包括可以根据具体评价对象，确定恰当的评价项目，并制定相应的评价等级和标准；直观性强，每个等级标准用打分的形式体现；计算方法简单，且选择余地比较大；将能够进行定量计算的评价项目和无法进行计算的评价项目都加以考虑，实现定量与定性相结合，适用于各种定性指标的量化。如果专家选择合适，专家的经验比较丰富，可以得到较高的评价精度，但是要想专家运用知识对指标给出合理的量化数值，必须提供给专家相应的资料。缺点是具有一定的主观性，有时难以聚集足够多的专家来评分。

2）模糊数学法

定性变量（即指标）往往是模糊的，具有亦此亦彼性，由于一些概念外延的模糊性，难以用精确的数学值或数学式来表示。利用模糊数学理论量化主要是采用主观或客观的方法确定评价指标对于评价目标（评语集）的隶属度，然后采用递归计算确定评价值。目前实践中应用最多的是采用专家或专家群组多级模糊综合评判的方法进行量化。

确定隶属度函数的方法很多，一般可分为两类：一类是采用客观的方法来确定，如示范法、子集比较法、统计法、可变模型法、滤波函数法等；另一类是主观的方法给出，如专家评分法、因素加权综合法、二元排序法等。

定性指标的隶属度确定，主要是采取主观经验法。即根据主观认识或个人经验，直接或间接给出元素隶属的具体值，由此确定隶属函数。具体的实现方法有：专家评分法、因素加权综合法与二元排序法等。

（1）专家评分法是综合多数专家的评分来确定隶属函数的方法，这种方法广泛应用于经济与管理的各个领域。

（2）因素加权综合法是考虑模糊概念由若干因素相互作用而成，而每个因素本身又是模糊的，则可综合考虑各因素的重要程度来选择隶属函数。

（3）二元排序法通过对多个事物之间两两对比来确定某种特征下的顺序，由此来决定这些事物对该特征的隶属函数的大致形状。二元对比排序法包括择优比较法、优先关系定序法、相对比较法、对比平均法等。在工程应用中，隶属函数可以通过“学习”逐步形成与完善；还可以通过专家评判给分的方法来确定。一般地，实践效果是检验与调整隶属函数的客观依据。

不同的隶属函数确定方法，有其不同的适用对象，应根据实际情况加以选择。一是适合于多个评语等级的隶属函数或隶属度确定方法，如多相模糊统计法、三分法（三个评语等级）；二是只适合于多个单位在单个评语等级情形之下的隶属度函数确定方法。例如，相对比较法、优先关系定序法、对比平均法等；三是可用于多个模糊评语等级情况，又适用于只有一个单位的单个评语等级情况下隶属度函数的确定，如模糊统计法、增量法、模糊分布等，但是这类方法若要用于多个评语等级的模糊综合评价，还得建立一些基本规则。

根据以上分析，农村水电站基础指标的度量采用定量与定性的结合，即对指标先进行专家赋值，再根据各个指标的模糊隶属分布函数确定隶属度，进而建立模糊关系矩阵，最后通过模糊综合评价模型进行分析评价。

3.4 模糊综合评价

在日常生产生活中，人们常常需要比较各种事物，评价其优劣好坏，以做出相应的处理。而一个事物的状况往往与多种因素有关，在评价时应兼顾各个因素，特别是在生产规划、管理调度等复杂系统中，做出任何一个决策时，都必须对多个相关因素进行综合考虑，这就是综合评价问题。当确定事物性质的各种因素具有模糊性时，这种涉及模糊因素的评判称为模糊综合评价。

模糊综合评价模型是解决多指标综合问题一种行之有效的辅助决策方法。它根据给出的评价准则和实测值，把多个被评价对象不同方面，且量纲不同的统计指标，转化为相对评价值，应用模糊关系合成的特性，从多个指标对被评判事物隶属等级状况进行综合性评判的一种方法。它把被评价事物的变化区间做出划分，又对事物属于各个等级的程度做出分析，这样就使对事物的描述更为深入客观，分析结果更加准确。

3.4.1 模糊综合评价原理

自1965年美国控制论专家Zadeh（1965）教授创立模糊理论以来，模糊理论已广泛应用于社会、经济、军事、工程等众多领域。模糊理论为综合评价问题提供了一种新的方法，模糊综合评价就是以模糊理论为基础，应用模糊关系合成的原理，将一些边界不清、不易定量的因素定量化，然后进行综合评价，可以使定性的评价指标定量化，定量的模糊评价指标向精确性逼近。

设 $U=\{u_1, u_2, \cdots, u_n\}$ 为刻画被评价对象的 n 种评价指标的集合，$V=\{v_1, v_2, \cdots, v_m\}$ 为刻画每一指标所处状态的 m 个评语等级的集合。这里存在两类模糊集，一类是指标集 U 中诸元素在人们心目中重要程度的量，表现为指标集 U 上的模糊权重向量 $w=(w_1, w_2,\cdots, w_n)$；另一类是 $U\times V$ 上的模糊关系，表现为模糊矩阵 R。这两类模糊集都是人们价值观念或偏好结构的反映。对这两类集合施加某种模糊运算，便得到 V 上的模糊子集 $Z=\{z_1, z_2,\cdots, z_m\}$。因此，模糊综合评价是指寻找模糊权重向量 $w\in F$（U），以及一个从 U 到 V 的模糊变换 f，即对每一个指标 u_i 单独做出一个判断 f（u_i）=（$r_{i1}, r_{i2},\cdots, r_{im}$）$\in F$（$V$）（$i=1, 2,\cdots, n$）据此构造模糊矩阵 $R=[r_{ij}]_{n\times m}\in F$（$U\times V$），其中 r_{ij} 表示指标 u_i 具有评语 V_j 等级的程度，即被评价对象从指标 u_i 看对评语等级 V_j 的隶属度。进而求出模糊综合评价 $Z=\{z_1, z_2, \cdots, z_m\}\in F$（$V$），其中 z_j 表示被评价对象对于 V_j 的隶属度。

由此可见，模糊综合评价的数学模型涉及三个基本要素：

（1）评价指标集 $U=\{u_1, u_2,\cdots, u_n\}$；

（2）评语等级集 $V=\{v_1, v_2,\cdots, v_m\}$；

（3）单因素判断 f：$U\rightarrow F(V)$，$u_i\rightarrow f(u_i)=(r_{i1}, r_{i2},\cdots, r_{im})\in F$（$V$）。

由 f 可诱导模糊关系 $R_f\in F(U\times V)$，其中 $R_f(u_i，v_j)=r_{ij}$，进而 R_f 可构成模糊矩阵 R：

$$R=\begin{bmatrix} R_1 \\ R_2 \\ \vdots \\ R_n \end{bmatrix}=\begin{bmatrix} r_{11} & r_{12} & \cdots & r_{1m} \\ r_{21} & r_{22} & \cdots & r_{2m} \\ \vdots & \vdots & & \vdots \\ r_{n1} & r_{n2} & \cdots & r_{nm} \end{bmatrix}_{n\times m}$$

矩阵中，r_{ij} 表示指标 u_i 对于评语 V_j 等级的隶属度，一般是将其归一化，使之满足 $\sum_{j=1}^{m} r_{ij}=1$。

对于指标集 U 上的权重向量 $w=(w_1, w_2,\cdots, w_n)$，通过 R 变换为评语等级集合 V 上的模糊集 $Z=w\circ R$，于是 (U, V, R) 构成一个综合评价模型，它像一个如图 3.8 所示的转换器。若输入一权重分配 $w\in F(U)$，则输出一个综合评价 $Z=w\circ R\in F(V)$。

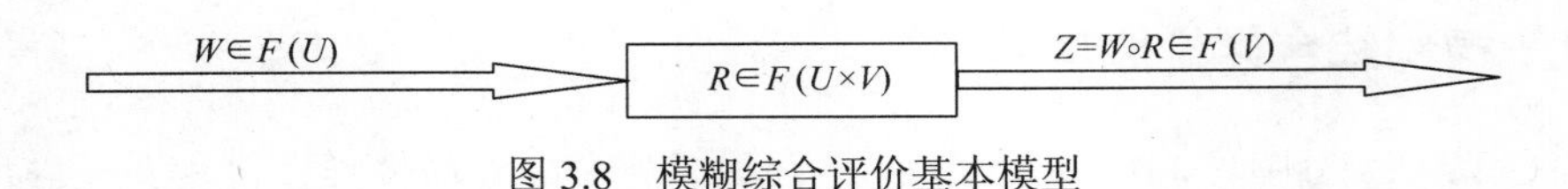

图 3.8　模糊综合评价基本模型

3.4.2　模糊综合评价中的几个重要问题

1. 隶属函数的确定

模糊数学是用精确的数学方法处理现实世界中客观存在的模糊现象，为达到此目的，要建立一个从论域 U 到[0, 1]上的映射，用来反映某对象具有某种模糊性质或属于某种模糊概念的程度，称为隶属函数，确定了隶属函数，就为解决实际问题跨出了最重要的一步。但如何建立隶属函数，至今仍无统一方法可循，主要根据实践经验来选取。确定隶属函数的原则是隶属函数关系要符合客观规律。确定隶属函数一般方法有模糊统计法、三分法、五点法、模糊分布法等。

模糊统计法借用了概率统计的思想，通过模糊统计试验来确定指标对评语级集合的隶属度，当模糊统计试验次数增大时，指标对评语等级集合的隶属频率会呈现稳定性，频率稳定值就称为指标对评语等级集合的隶属度。实际采用模糊统计法计算指标对评语的隶属度时，常用指标对评语的隶属频率来表示其隶属度。设指标 U 中任一指标 u_i，对评语集合 V 的隶属向量为

$$R_i = (r_{i1}, r_{i2}, \cdots, r_{im}),\quad i = 1, 2, \cdots, n \tag{3.17}$$

式中，$r_{i1} = \dfrac{v_{i1}}{\sum\limits_{k=1}^{m} v_{ik}}, r_{i2} = \dfrac{v_{i2}}{\sum\limits_{k=1}^{m} v_{ik}}, \cdots, r_{ij} = \dfrac{v_{ij}}{\sum\limits_{k=1}^{m} v_{ik}}, \cdots, r_{im} = \dfrac{v_{im}}{\sum\limits_{k=1}^{m} v_{ik}}$；$v_{ij}$ 为 u_i 应划归评语 v_j 的频数；r_{ij} 为 u_i 应划归评语 v_j 的频率。

当测试数据较多时，采用这种方法确定隶属度比较准确。

三分法是用随机区间的思想来处理模糊性的试验模型，通过对指标集合的划分将模糊试验转化为随机试验，并利用二维随机变量的概率分布来确定隶属度。该方法需要预先进行调查统计，建立概率分布曲线。

模糊分布法类似概率统计，根据实际情况，选定某些带参数的函数表示某种类型的模糊概念的隶属函数，然后再确定参数，该方法是目前使用较多的隶属函数确定方法。

在评价系统中常用的隶属函数分布类型主要有单值型、三角与半三角分布、矩形与半矩形分布、梯形与半梯形分布、正态分布、柯西分布等，各种隶属函数图像如表 3.4～表 3.6 所示。可根据不同的变量类型来选择隶属函数，目前主要是根据实践经验来选取。

2. 模糊算子

权向量 w 与模糊关系矩阵 R 进行模糊运算，可得到模糊综合评价向量 $Z=w \circ R$

$$z_j=(w_1 \odot r_{1j}) \otimes (w_2 \odot r_{2j}) \otimes \cdots \otimes (w_n \odot r_{nj}), \quad j=1,2,\cdots,m \tag{3.18}$$

式中，“。”为模糊合成算子，“⊙”和“⊗”为模糊运算的两种运算。

模糊合成算子 $M(\odot, \otimes)$由两步运算组成，第一步运算“⊙”用于 w_i 对 r_{ij} 的修正，第二步运算“⊗”用于修正后的 $r_{ij}(i=1, 2,\cdots, n)$的综合。

常用的模糊合成算子有以下四种。

1）主因素决定型 M（∨，∧）算子

这种算子也称 Zadeh 算子，采用取大（∨）和取小（∧）运算。

$$z_j=\bigvee_{i=1}^{n}\left(w_i \wedge r_{ij}\right)=\max_{1\leqslant i\leqslant n}\left\{\min\left\{w_i, r_{ij}\right\}\right\}, \quad j=1,2,\cdots,m \tag{3.19}$$

通常在模糊综合评价模型中总是将 w 作为各因素间权重分配的权向量，并令 $\sum_{i=1}^{n} w_i=1$。

当因素较多，权重分配又较均衡时，上述算子获得的 w_i 值必然很小，这将使得综合评价结果 Z_j 也都很小。这时较小的权值 w_i 通过取小运算而泯灭了所有单因素的评价结果，从而使这一模型得不出有意义的结果。即使在因素较少时，w 作为权向量也使得该模型的决策结果主要由数值最大的主要因素决定，其他因素并不真正起作用，因而掩盖或漏掉了很多有用信息，这在一定程度上失去了综合评价的意义。

2）主因素突出型 M（∨，•）算子

这种算子采用实数乘积和取大运算。

$$z_j=\bigvee_{i=1}^{n}(w_i \cdot r_{ij})=\max_{1\leqslant i\leqslant n}(w_i r_{ij}), \quad j=1,2,\cdots,m \tag{3.20}$$

从式（3.20）可以看出，算子 M（∨，•）和 M（∨，∧）很接近，其区别仅在于算子 M（∨，•）用普通实数乘积 $w_i r_{ij}$ 代替了算子 M（∨，∧）的取小运算 $w_i \wedge r_{ij}$，也就是对 r_{ij} 作用一个小于 1 的系数来代替一个规定上限。但由于在决定 z_j 时采用的是取大算子，并未考虑所有因素的影响，所以这种模型的综合评价是主因素突出型的。

3）不均衡平均型 M（⊕，∧）算子

这种算子是先取小，再进行有界和运算。

$$z_j=\bigoplus_{i=1}^{n}\left(w_i \wedge r_{ij}\right)=\min\left\{1, \sum_{i=1}^{n}\min\left\{w_i, r_{ij}\right\}\right\}, \quad j=1,2,\cdots,m \tag{3.21}$$

式中，“⊕”为有界和运算，即在有界限制下的普通加法运算。

权重分配满足 $\sum_{i=1}^{n} w_i = 1$，因此 $\sum_{i=1}^{n}\left(w_i, r_{ij}\right) \leqslant 1$，则有

$$z_j = \bigoplus_{i=1}^{n}\left(w_i \wedge r_{ij}\right) = \sum_{i=1}^{n} \min\left\{w_i, r_{ij}\right\}, \quad j = 1,2,\cdots,m \tag{3.22}$$

这里运算“⊕”与普通加法运算一致。可以看到 M（⊕，∧）算子也是规定上限 w_i 以修正 r_{ij}，区别在于是对各修正值作有界和运算以求 z_j。形式上这个算子也是一种考虑各种因素的综合评价方法，然而这种有界和运算方法在很多情况下并不理想，因为当各 w_i 取值较大时，重要的一些 z_j 值将等于上界 1；当各 w_i 取值较小时，重要的 z_j 值将等于各 w_i 之和。

4）加权平均型 M（⊕，•）算子

这种算子采用实数乘积与有界和运算。

$$z_j = \bigoplus_{i=1}^{n}(w_i \cdot r_{ij}) = \min_{1 \leqslant i \leqslant n}\left\{1, \sum_{i=1}^{n} \min\{w_i r_{ij}\}\right\}, \quad j = 1,2,\cdots,m \tag{3.23}$$

由于权重分配满足 $\sum_{i=1}^{n} w_i = 1$，则 $\sum_{i=1}^{n}\left(w_i r_{ij}\right) \leqslant 1$，所以有界和运算“⊕”蜕化为一般的实数加法，形成真正的加权平均型算子 M（+，•）。

$$z_j = \sum_{i=1}^{n} w_i r_{ij} \tag{3.24}$$

从式（3.24）可以看出，该模型同时考虑了所有因素的影响，按权重大小均衡兼顾，体现了整体特性。

对于同一个评价对象，采用不同的模糊算子进行评价，评价结果可能不同。因此，在实际评价过程中，应根据被评价对象的特点，来选择合适的模糊算子。

四种算子的特点如表 3.7 所示。

表 3.7　四种算子的特点比较

比较内容＼算子	M(∨，∧)	M(∨，•)	M(⊕，∧)	M(+，•)
体现权数作用	不明显	明显	不明显	明显
综合程度	弱	弱	强	强
利用 R 信息	不充分	不充分	较充分	充分
类型	主因素决定型	主因素突出型	不均衡平均型	加权平均型

如果各因素考虑的重要性差异比较大，也就是说评价指标的主要因素突出，只关心定性结果时，可以选用算子 M(∨，∧)或 M(∨，•)。一般在实际评价中要

对评价结果进行定量分析，采用算子 $M(+,\ \bullet)$ 较为精确，这也是经典的综合评价。由于农村水电站安全评价指标体系中的各指标的重要性存在差异，但并不是非常大，而且也需要知道农村水电站安全综合评价的结果，所以可采用加权平均算子 $M(+,\ \bullet)$ 对农村水电站安全进行综合评价。

3. 模糊综合评价结果的分析

模糊综合评价的结果是被评价对象从属于各评价等级模糊子集的隶属度，它构成了一个模糊向量，而不是一个点值，因而它提供的信息比其他方法更丰富。在实际的评价活动中，往往还需要知道具体的评价值，以便进一步比较分析，这就需要以适当的方法对评价结果向量进行清晰化，也称为集化，常用的方法如下。

1）最大隶属度法

对模糊综合评价结果向量 $z=(z_1, z_2,\cdots, z_m)$，若 $z_r = \max\limits_{1\leqslant j\leqslant m}\left\{z_j\right\}$，则被评价对象从总体上来讲隶属于第 r 等级。这是实际中最常用的方法，但这种方法在许多情况下使用会显得很勉强，没有充分利用模糊综合评价结果带来的信息，损失信息较多，有时还会得出不合理的评价结果，因此应用最大隶属度原则时应考虑它的适用度。

2）中位数法

设 $\theta_j = \sum\limits_{k=1}^{j} z_k (j=1,2,\cdots,m)$，若满足 $r=\min\{j|\theta_j > 0.5\}$，则将被评价对象定为第 r 等级。这种方法利用了部分模糊综合评价结果向量中的信息，但结果不是很精确，有很大的局限性。

3）模糊向量单值化法

将各评价等级赋以具体分值，然后用模糊综合评价结果向量中对应的隶属度用分值加权平均就可以得到一个点值。设给 m 个等级依次赋以分值 $d_1, d_2,\cdots, d_m$，且分值间距相等，则模糊综合评价向量可单值化为

$$F = \sum_{j=1}^{m} z_j d_j \Big/ \sum_{j=1}^{m} z_j \qquad (3.25)$$

由 F 的值可评定被评价对象的级别。通常 d_j 的值可根据实际问题来确定。模糊向量单值化法充分利用了模糊综合评价结果中的信息，兼顾了整体特性。因此可采用模糊向量单值化进行水电站最终等级的确定。

3.4.3　模糊综合评判基本步骤

对一个给定的模糊综合评价模型，实施模糊综合评价的基本步骤如下。

1）确定评价指标集合

根据评价对象的特点，确定评价指标集

$$U=\{u_1,u_2,\cdots,u_n\}$$

2）确定评语等级集合

根据评价对象的特点，将评价指标划分为若干等级，制定相应的等级判定准则，从而将定性指标转化为定量指标。假设评语有 m 个，评语等级集为

$$V=\{v_1,v_2,\cdots,v_m\}$$

3）确定评价指标的权重向量

一般情况下，各评价指标对被评价对象并非同等重要，各个指标对总体表现的影响不同，因此在模糊合成之前要确定权重向量：

$$w=(w_1,w_2,\cdots,w_n)$$

4）建立模糊评价矩阵

利用隶属函数进行单因素模糊评价，建立模糊评价矩阵 R。

5）进行复合运算得到综合评价向量

$$Z=w\circ R\in F(V)=(z_1,z_2,\cdots,z_m) \tag{3.26}$$

式中，z_j 表示被评对象从整体上看对 V_j 等级的隶属程度。

6）对模糊综合评价向量进行分析

利用模糊向量集化方法，确定评价目标的最终等级。

第 4 章　农村水电站金属结构安全风险评价

水工金属结构是水利枢纽工程的重要组成部分，水工金属结构的安全问题对工程整体的安全有着十分重要的影响。在已知的大坝安全问题中，由水工金属结构的主要受力体系失效而引起的结构总体失效在所有失效事例中约占 59.8%，其安全风险关系到整个水利枢纽的安全。目前，对于水工金属结构安全风险分析的理论和方法还比较少，处于探索研究阶段。

本章阐述金属结构安全评价研究体系总体设计的思想方法，着重介绍金属结构安全风险评价指标体系与综合评判模型，提出了金属结构安全风险预测模型，应用上述理论方法对白盆珠水库金属结构进行了安全评价。

4.1　金属结构安全评价研究体系设计

4.1.1　概述

传统水工金属结构安全风险评价主要采用安全系数法。但是，在水工金属结构安全检测中，许多安全评价指标无法直接得到其安全系数，如制造安装质量、锈蚀磨损、使用年限、管理水平等，这些指标大多带有经验性，缺乏严格的分析模型和理论支持，需要由专家进行评判打分，这使得安全系数法存在很大的人为因素影响。因此，安全系数法是一种半理论半经验性质的方法。

失效树分析法较全面地考虑了各种因素对系统总体可靠度的影响，不仅可求解总体系统可靠度问题，转化为寻求其基本部件的可靠度问题，以系统中构件的可靠度通过失效树定量推算出整个系统在若干失效模式下的总可靠度，还可根据失效结果推求失效原因和失效模式，为工程改造和检修维护提供理论依据。但是水工金属结构失效的原因有多种，每种失效又存在多种失效模式，有些失效模式之间还存在很大的关联性，因此，如何在整体系统可靠度分析中将这些原因和模式统一，建立起整体系统分析模型，是一项艰巨而复杂的工程。

子目标安全风险评价方法从安全性和耐久性等方面提出了水工金属结构的安全评价体系，通过分层考虑各个子目标的可靠度，进而得到水工金属结构整个体系的可靠指标。该方法只考虑水工金属结构的可靠性，将其按层次细化为水工金属结构检测的主要项目，给这些项目进行权重分配，通过分析各个项目的可靠度，计算出整个水工金属结构体系的可靠度。对于制造安装质量、锈蚀磨损、使用年限、管理水平等带有经验性指标的可靠度，可以参考水工金属结构可靠度指标表进行确定，大大降低了人为因素的影响。而且该法对水工金属结构的影响因素进行了分层分析，同一层次中的各项指标不存在交叉关联关系，是一项比较完备的指标体系。基于可靠度的子目标安全风险评价法是一种全新的安全评价方法，该法能比较完善地表达出水工金属结构的安全风险信息，能给予水工金属结构统一的安全度评价标准。

4.1.2　研究体系设计

农村水电站金属结构安全评价采用子目标的分析思路，在此基础上加以改进和调整，以水工金属结构安全的主要影响因素作为主框架，以实际运行中容易出现的问题和水工金属结构安全检测的主要项目作为评价指标，以结构的总体可靠度作为评价的总目标，建立评价体系。评价体系将总目标分解为安全性、适用性和耐久性三项子目标。安全性和适用性说明设备运行安全可靠程度及其工作性态，耐久性说明设备的使用寿命情况。每个子目标从上到下又分为一级指标和二级指标两个层次。对闸门、启闭机和压力管分别考虑，设计出三者各自的安全风险评价模型框架。进而考虑时间效应对结构体系引起的差异，引入时间函数和模糊函数对安全风险评价模型进行预测分析，设计出一套比较完整的水工金属结构安全风险评价模型。

水工金属结构安全评价研究内容的体系框架如图 4.1 所示。

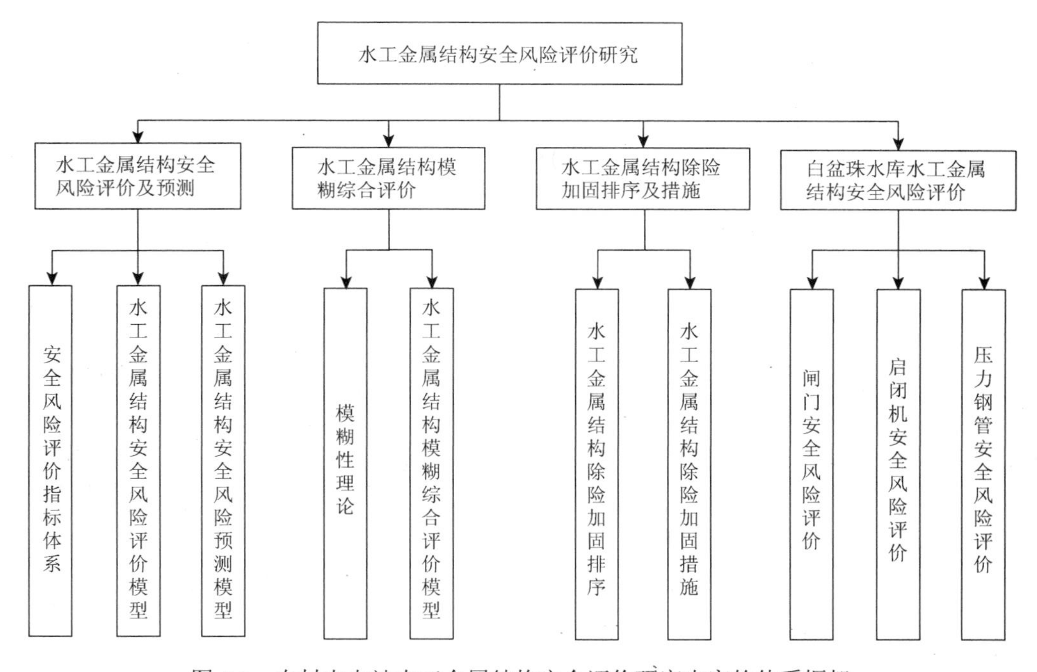

图 4.1　农村水电站水工金属结构安全评价研究内容的体系框架

4.2 金属结构安全风险评价指标体系与综合评判

4.2.1 金属结构安全风险影响因素

闸门、启闭机、压力管等水工金属结构由于荷载变化、运行磨损、锈蚀、意外事故、设计问题、安装质量、运行管理水平等作用，其承载能力会逐渐削弱。建筑物和设备在运行过程中老化、损伤也在所难免。这些都会影响水工金属结构的安全性能。

通过对 21 个工程失事的 44 扇弧形闸门和 8 个工程失事的平面闸门的事故原因的剖析，总结出水工金属结构安全风险的主要影响因素有：设计问题、水力学问题、制造安装质量问题、材质问题、磨损锈蚀、运行管理问题等。另外，结构强度不足、刚度不足、超载运行、支臂失稳、水力学条件恶劣引发气蚀和闸门振动、规章制度不健全等因素也是导致水工金属结构不能正常和安全工作的重要原因。

1. 设计问题

可靠的设计是枢纽安全运行的基本保证。如果结构设计、操作系统设计、相关水工建筑物的过流形式设计、水力学设计等，都符合规范要求，那么水工金属设备就具备了安全运行基础条件。设计错误造成失事的事例以湖南碴滩电站溢洪道闸门最为典型。此闸门直接采用与其水文、水力条件相似的广西达开水库闸门的设计，但是达开水库的闸门已失事，并对设计作了修改。而湖南碴滩电站溢洪道闸门并未做出相应的修改，导致运行中闸门发生了失事。

2. 制造安装质量问题

金属结构的制造应当满足设计要求，主要承重结构以及重要零部件的制造质量均应符合行业标准要求；安装连接牢固，能够正常运转，满足设计要求，是水工金属结构可靠运行的保证。澄碧河水库溢洪道上的闸门因为制造质量差，在低于设计水位开启时发生失事，失事原因为焊缝质量低劣，焊缝成为主要薄弱环节。由于主要受力结构焊缝发生破坏，从而使闸门失事。

3. 运行管理问题

结构设备需要定期进行安全检测与评估，运行过程需要按照操作规程进行。

运行管理问题引起闸门失事以海南万宁水库溢洪道闸门最为典型。调度下令开启闸门时，操作人员工离职，无人操作，延至次日，闸门门顶水深达 1.5m，闸门开启约 30cm 时破坏失事。

4. 磨损锈蚀

运行多年的闸门，会受到磨损锈蚀、运行疲劳等因素的影响，如美国加利福尼亚 Folsom 坝溢洪道 3 号闸门开启时发生失事，闸门首先剧烈振动，试图关闭时，闸门的左支臂扭曲失稳而破坏。经查支臂和闸门锈蚀严重，开启时承载能力不足发生破坏。

以上这些影响因素往往共同起作用，致使金属设备发生事故。

4.2.2　评价指标体系的构建

通过对水工金属结构安全影响因素的分析，结合安全风险评价原则，以水工金属结构整体可靠度为总目标，从性能方面将整体可靠度总目标分解为安全性、适用性和耐久性三项子目标，每个子目标从上到下分解为一级指标和二级指标，从而构造出多层次、多目标的水工金属结构安全风险评价体系框架。

安全性是指水工金属结构设备在正常运行时，在各种可能出现的荷载作用下，或者突发的偶然事件（如地震、洪水等）发生时以及发生后，设备仍然能够满足运行时的必需安全条件。水工金属结构设备的安全性主要从强度、刚度、稳定性和主要零部件的可靠度等方面进行评价。

适用性是指水工金属结构设备在正常荷载作用下，具有良好的工作性能。适用性主要从水工金属结构的振动、上下游流态、空蚀气蚀、制造安装质量、零部件和控制操作系统等方面进行评价。

耐久性是指水工金属结构设备在整个使用过程中，各部分结构的老化、磨损以及锈蚀等情况，不会影响到设备结构耐久使用条件。耐久性主要从水工金属结构的磨损、锈蚀、运行年限、管理水平等方面进行评价。

水工金属结构设备主要包括闸门、启闭机和压力钢管，按照以上要求，综合以往水工金属结构设备的检测资料，查阅相关规范，按照层次分析法的要求构建水工金属结构设备的指标体系框架，具体内容如图 4.2～图 4.4 所示。

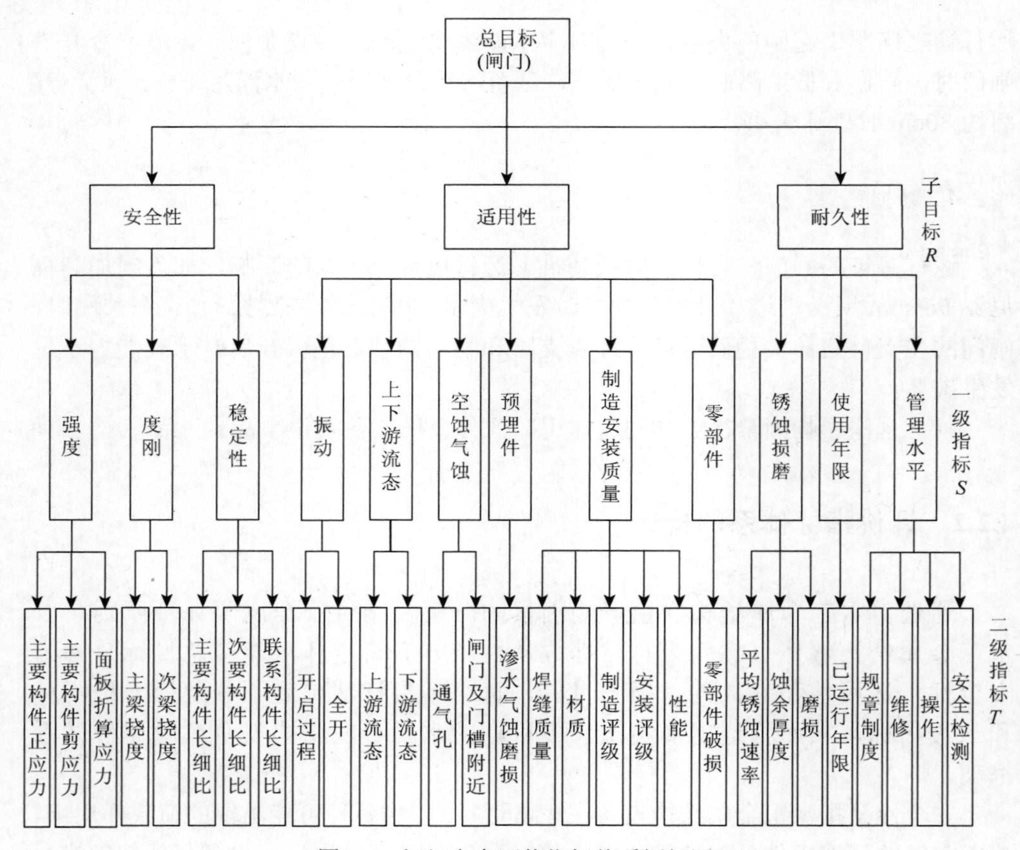

图 4.2　闸门安全评价指标体系框架图

4.2.3　评价指标权重分配

1. 子目标权重

对于子目标的权系数，主要是根据影响水工金属结构安全诸因素的重要性，综合专家的经验和意见，直接进行拟定，也可以采用层次分析法加以确定。

2. 一级、二级指标权重分配

一级、二级评价指标的权重赋值方法可采用 AHP 法、Delphi 法、专家评判法、频数统计分析法。

本书水工金属结构物各指标的计算均采用基于 Delphi 设计层次分析法的计算程序。

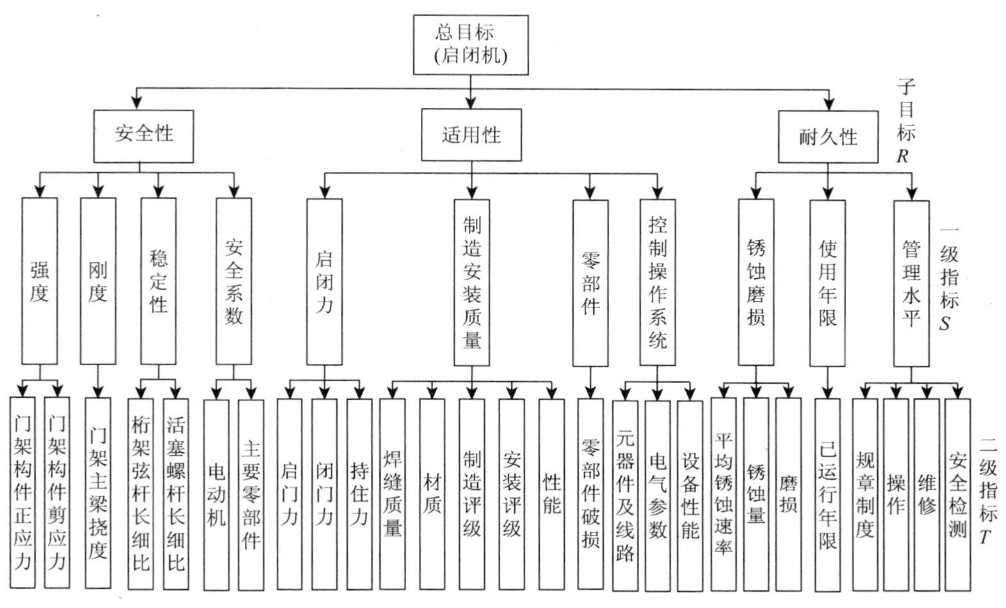

图 4.3　启闭机安全评价指标体系框架图

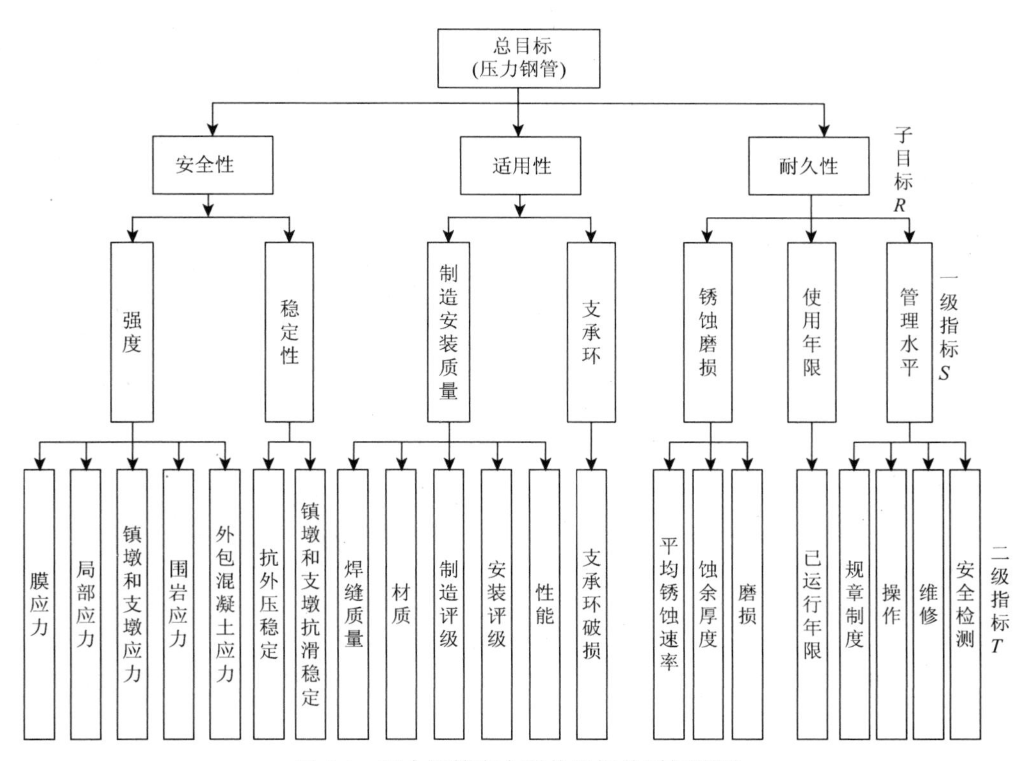

图 4.4　压力钢管安全评价指标体系框架图

4.2.4　指标可靠度等级划分

水工金属结构安全风险评价系统在子目标、一级和二级指标的权重确定后，二级指标可靠度的计算将是整个评价体系的重中之重。目前工程结构可靠度的计算方法主要有蒙特卡罗法、均值一次二阶矩法、JC 法、随机有限元法和概率法等。水工金属结构的强度、刚度、稳定性等可靠指标的计算可采用 JC 法、随机有限元法等，但是，其适用性和耐久性目前还没有成熟的计算方法，在资料充足时，可以采用频数统计法，其他情况下只能参照设计规范和行业标准将二级指标划分出相应等级标准，本书将金属结构可靠度等级划分为三个级别，即 A 级（安全）、B 级（基本安全）、C 级（不安全），将各指标等级的上下限分别与其相应的可靠度对应，进而通过直观的等级评价换算出相应二级指标的可靠度。

1. 定量指标可靠度等级计算

定量指标可靠度可以利用随机有限元法进行结构分析，计算指标的可靠度值，由等级标准确定指标的可靠度等级。随机有限元法可分为两类：一类是统计的方法，就是通过大量的随机抽样，对结构反复进行有限元计算，并对其结果进行统计分析，进而得到该结构的失效概率或可靠度，这种方法称为蒙特卡罗随机有限元法；另一类是分析的方法，以数学、力学分析作为工具，找出结构系统的响应与输入信号之间的数学关系，并据此计算得到结构内力、应力和位移的统计规律，进而换算出结构的失效概率或可靠度。

2. 定性指标可靠度等级计算

定性指标可靠度等级计算主要采用等级评分法。等级评分法主要是通过专家打分或参考经验数据对二级指标划分相应等级标准，每个等级标准与相应的可靠度对应，将定性指标转换为相应的可靠度计算。

3. 指标可靠度等级划分

参考《水利水电工程结构可靠度设计统一标准》（GB 50199—1994），依据破坏类型和结构安全级别的可靠度等级标准（表 4.1），对水工金属结构二级指标可靠度等级进行划分。

表 4.1　结构可靠度等级标准

结构安全级别		Ⅰ级	Ⅱ级	Ⅲ级
破坏类型	第一类破坏	3.7	3.2	2.7
	第二类破坏	4.2	3.7	3.2

表 4.1 中，第一类破坏是指非突发性的破坏，破坏前能见到明显征兆，破坏过程缓慢；第二类破坏是指突发性的破坏，破坏前无明显征兆，或结构一旦发生事故难于补救或修复。

根据结构破坏类型和结构安全级别，将水工结构设施的二级指标可靠度划分为三个级别。当二级指标可靠度值为 $\beta \geqslant 3.7$ 时，指标可靠度等级定为 A 级；当指标可靠度值为 $3.7 > \beta \geqslant 2.7$ 时，可靠度等级定为 B 级；当指标可靠度值为 $\beta < 2.7$ 时，可靠度等级定为 C 级。

依据设计规范和行业标准将闸门、启闭机和压力钢管的二级指标可靠度划分出三个相应的等级，其中 B 级介于 A 级、C 级之间。如表 4.2～表 4.4 所示。

表 4.2　闸门安全评价指标等级标准

一、安全性				
一级指标	二级指标		可靠度等级	
			A	C
1. 强度	主要构件 $\sigma/[\sigma]$		＜1.00	＞1.03
	主要构件 $\tau/[\tau]$		＜1.00	＞1.05
	面板折算应力 $\sigma/[\sigma]$		＜1.00	＞1.05
2. 刚度	主梁	潜孔式工作和事故闸门	≤1/750	＞1.03/750
		露顶式工作和事故闸门	≤1/600	＞1.03/600
		检修闸门和拦污栅	≤1/500	＞1.03/500
	次梁		≤1/250	＞1.03/250
3. 稳定性	受压构件的容许长细比	主要构件	≤120	＞120×1.03
		次要构件	≤150	＞150×1.03
		联系构件	≤200	＞200×1.03
	受拉构件的容许长细比	主要构件	≤200	＞200×1.03
		次要构件	≤250	＞250×1.03
		联系构件	≤300	＞300×1.03
二、适用性				
1. 振动		开启过程	无明显振感	有强烈振感
		全　开	无明显振感	剧烈、轰鸣
2. 水力学条件		上游流态	平顺	立轴旋涡夹气
		下游流态	平顺	严重打击闸门
3. 气蚀		通 气 孔	面积及位置满足要求	无通气孔
		闸门及门槽附件	无	严重气蚀破坏

续表

二、适用性				
4. 埋件	渗水、气蚀、磨蚀		无	严重破坏
5. 制造安装质量	焊缝质量		优良	不合格
	材质		全部符合要求	不符合要求
	制造评级		优良	不合格
	安装评级		优良	不合格
	性　能		达到设计要求	达不到
6. 零部件	零 部 件		完好	丢失不完整
三、耐久性				
1. 锈蚀	平均锈蚀速率/(mm/a)		≤0.03	＞0.08
	蚀余厚度/mm		≥1.5	＜1.0
	锈蚀面积/m^2		≤1	＞3
2. 年限	已运行年限	大型	≤5	＞30
		中小型	≤5	＞20
3. 管理	规章制度		齐全	大部分没有
	操作		遵守规程	操作随意 有误操作
	维修		定期维修	仅能保养
	安全检测		定期检测	不检测

表 4.3　启闭机安全评估指标等级标准

一、安全性				
一级指标	二级指标		可靠度等级标准	
			A	C
1. 零部件安全系数	电动机		≥1.4	＜1.2
	卷扬	制动器	≥2.5	＜2.1
		开式齿轮	≥1.4	＜1.2
		减速器	≥1.4	＜1.2
		钢丝绳	≥1.4	＜1.2
	螺杆	连杆	≥1.4	＜1.2
		螺杆	≥1.4	＜1.2
	液压	液压泵	≥1.4	＜1.2
		液压缸	≥1.4	＜1.2
		活塞杆	≥1.4	＜1.2

续表

一、安全性				
2. 强度刚度稳定性	机架构件 $\sigma/[\sigma]$		<1.00	>1.03
	门架主要构件 $\sigma/[\sigma]$		<1.00	>1.03
	门（桥）架主梁挠度 Δl/l		<1.00/600～1.00/750	≥1.02/600～1.02/750
	门（桥）架稳定 K		≤5	>11
二、适用性				
1. 启闭力	启门力 F 额/F 启		≥1.4	<1.2
	闭门力 F 额/F 闭		≥1.3	<1.1
	持住力 F 额/F 持		≥1.3	<1.1
2. 制造安装质量	焊缝质量		优良	不合格
	材质		全部符合要求	不符合要求
	制造评级		优良	不合格
	安装评级		优良	不合格
	性能		达到设计要求	达不到
3. 零部件	零部件破损		无	严重破损
4. 操作系统	元器件及线路		完好	严重老化
	电气参数		满足要求	不满足要求
	设备性能		达到设计要求	达不到
三、耐久性				
1. 锈蚀磨损	锈蚀		轻微	严重
	磨损		轻微	严重
2. 年限	已运行年限	大型	≤5	>30
		中小型	≤5	>20
3. 管理	规章制度		齐全	大部没有
	操作		遵守规程	操作随意有误操作
	维修		定期维修	仅能保养
	安全检测		定期检测	不检测

表 4.4　压力钢管安全评价指标等级标准

一、安全性				
二级指标	三级指标	可靠度等级标准		
		A		C
1. 强度	膜应力 $\sigma/[\sigma]$	明钢管	≤0.55	>1.00
		地下埋管	≤0.67	>1.00
		坝内埋管	≤0.67	>0.90
	局部应力（明钢管）	（轴力）	≤0.67	>1.00
		（弯矩）	≤0.85	>1.05
	镇墩、支墩应力安全系数	≥2.0		<1.6
	外包混凝土应力安全系数	≥2.0		<1.6

续表

一、安全性			
2. 稳定	抗外压稳定安全系数	≥2.0	<1.6
	镇墩、支墩抗滑稳定安全系数	≥1.5	<1.3
二、适用性			
1. 制造安装质量	焊缝质量	优良	不合格
	材质	全部符合要求	不符合要求
	制造评级	优良	不合格
	安装评级	优良	不合格
	性能	达到设计要求	达不到
2. 支承环	支承环破损	完好	丢失不完整
三、耐久性			
1. 锈蚀	平均锈蚀速率/(mm/a)	≤0.03	>0.08
	锈坑深度/mm	≤0.5	>3.0
	锈蚀面积（与钢管面积比）	≤5%	>25%
2. 使用年限	已运行年限	≤5	>40
3. 管理	规章制度	齐全	大部没有
	操作	遵守规程	操作随意，有误操作
	维修	定期维修	仅能保养
	安全检测	定期检测	不检测

4.2.5　金属结构模糊综合评价

1. 隶属函数

金属结构安全评价指标的隶属函数采用梯形与半梯形分布隶属函数，如图 4.5 所示。

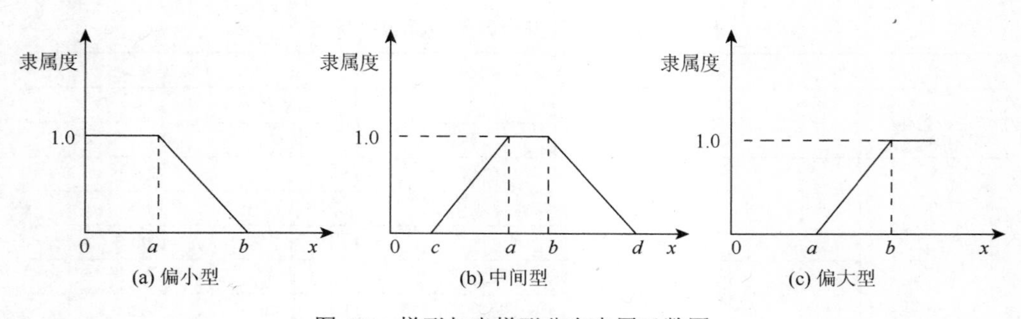

图 4.5　梯形与半梯形分布隶属函数图

（1）偏小型模糊分布，x 越大，则隶属度越小，采用降半梯形分布

$$\mu(x)=\begin{cases}1, & x\leqslant a\\ \dfrac{x-a}{b-a}, & a< x\leqslant b\\ 0, & x>b\end{cases} \tag{4.1}$$

（2）中间型模糊分布，采用梯形分布

$$\mu(x)=\begin{cases}0, & x\leqslant c\\ \dfrac{x-c}{a-c}, & c< x\leqslant a\\ 1, & a< x\leqslant b\\ \dfrac{x-b}{d-b}, & b< x\leqslant d\\ 0, & x>d\end{cases} \tag{4.2}$$

（3）偏大型模糊分布，x 越大，则隶属度越大，采用升半梯形分布

$$\mu(x)=\begin{cases}0, & x\leqslant a\\ \dfrac{x-a}{b-a}, & a< x\leqslant b\\ 1, & x>b\end{cases} \tag{4.3}$$

2. 模糊算子

金属结构安全评价的模糊算子选取主因素突出型 M（∨，•）算子。

3. 评价结果

金属结构安全评价结果采用最大隶属度原则。

4.3　金属结构安全风险预测分析模型

4.3.1　安全风险计算模型

由层次分析法计算出相关指标的权重后，考虑二级指标的可靠度，可构建水工金属结构安全风险评价系统的数学模型，如式（4.4）所示。

$$[\beta]=\sum_{i=1}^{n}\sum_{j=1}^{m}\sum_{k=1}^{p}w_i w_{ij} w_{ijk}\beta_{ijk} \tag{4.4}$$

式中，n 为子目标数；m 为第 i 子目标的一级指标数，其随 i 的变化而变化；p 为第 i 子目标第 j 一级指标的二级指标数，其随 i，j 的变化而变化；w_i 为子目标 i 的权重；w_{ij} 为子目标 i 下一级指标 j 的权重；w_{ijk} 为子目标 i 下一级指标 j 的二级

指标 k 的权重；β_{ijk} 为子目标 i 下的一级指标 j 的二级指标 k 的可靠度。

式（4.4）给出的水工金属结构安全风险评价数学模型，采用了底层指标的可靠度和各级指标的权重，既反映了水工金属结构设施各个构件的可靠性能，又充分体现了不同构件在整个水工金属结构设施中占有的不同分量，把所有影响水工金属结构设施安全的因素都放入了计算模型中进行评价，较之传统的安全系数法更加全面、更加科学。

4.3.2　评价标准

通过水工金属结构安全风险评价模型计算，可得到金属结构设施的总目标可靠度。当总目标可靠度值$[\beta]\geqslant 3.7$ 时，水工金属结构设施的安全级别定为 A 级；当总目标可靠度值为 $3.7>[\beta]\geqslant 2.7$ 时，结构设施的安全级别定为 B 级；当总目标可靠度值为$[\beta]<2.7$ 时，结构设施的安全级别定为 C 级。

A 级水工金属结构设备，一般可安全运行，结构不会发生破坏；B 级设备，应根据可靠度分析寻找最主要的不安全因素，进行加固、维修等处理；当设备为 C 级时，则应对是否继续使用做出论证，当部分构件更新改造后，能达到安全标准时（B 级以上），可以继续使用。如果达标改造方案不经济，则可考虑更新设备，或进行工程报废处理。

4.3.3　时变效应风险预测模型

在水利工程结构物服役运行期内，影响其安全性能的各种因素会发生缓慢变化。这种变化可能是结构的，也可能是非结构的。在整个设计基准期内，影响水工金属结构安全的因素也是动态变化的，其可靠度在整个生命周期内并不是一成不变的，在长期使用过程中，影响其安全性的诸多因素将会随时间变化产生相应的改变，导致水工金属结构的可靠性下降。一方面，金属结构的荷载作用随时间变化，如闸门上下游水头、启闭机启闭力、压力钢管内水压力、温度荷载等；另一方面，结构的抗力也随时间动态变化，如材料随着时间的增长其性能不断的下降、混凝土的损伤、金属结构的腐蚀，钢材的疲劳等，即水工金属结构的安全可靠度具有明显的时变特征。本书主要考虑时变效应对水工金属结构运行安全的影响，将水工金属结构安全影响因素的时变效应引入到水工金属结构可靠度计算中，通过现有资料对水工金属结构安全风险进行预测。

1. 时变效应

时变效应对水利工程安全性的影响十分显著。现有安全风险分析方法，未考虑水利工程长期使用过程中可靠度逐步降低的影响，对不同使用环境和条件下水利工程运行状态的差异也不能给出定量的分析，这种缺陷随着我国众多水利工程 50 年设计基准期临近逐渐显现出来。因此，在对水利工程中的水工金属结构安全风险进行评价时，必须考虑时变效应对安全风险的影响。

时变效应在水工金属结构安全中的影响，体现在两个方面：一是以设计基准期为时间域，反映了水工金属结构设施在长期使用过程中，由于环境等因素的影响，其安全性能发生的缓慢变化，通常按“年”计算；二是以一次洪水或地震等过程为时间域，反映了金属结构在一个相对较短的时段内，由于洪水、地震等突发作用的影响，其安全性能的陡然变化，常以“小时（或秒）”计算。这两种时变特性，即“缓变性”和“陡变性”对水工金属结构设施安全的影响都极为显著，但这两者也是相对独立的，可分别进行考虑。陡变性对水工金属结构设施安全的影响，主要表现在每一次的洪水或地震等作用过程中，相对于以整个设计基准期，陡变性影响所导致的时间可靠度可以理解为时点可靠度。泄洪闸门老化和常年冲刷、磨损作用，会降低其安全性能，这些缓变作用，无疑会使水工金属结构设施在整个运行期中失事风险率逐步增长，因此，称为时变可靠度。

在以往的水利工程安全可靠度研究中，通常只考虑一次洪水或地震等过程中的陡变性影响，很少涉及以“年”计的缓变性作用，这显然是不合理的。因此，将时变效应引入水工金属结构安全风险评价体系中，构建农村水电站水工金属结构安全风险预测评价模型是科学研究农村水电站水工金属结构设施安全可靠性的必然选择。

时变可靠度的作用在于，它能给出定量和一致的概率预测标准，衡量各种时变不确定性因素对结构安全的影响，衡量水工金属结构在运行期不同时段的安全性能，并为进一步安全维护、改造措施的决策提供科学依据。近年来，时变可靠度研究在建筑结构等领域取得了一些进展，本书将反映时变效应的数学函数引入到水工金属结构安全风险评价模型中，建立农村水电站水工金属结构安全风险预测模型。

2. 时变效应安全风险预测模型

在水工金属结构运行中，不仅底层指标的可靠度会随着时间发生变化，结构层次中的子目标、一级、二级指标的权重也会随着时间的变化而发生改变，如金属结构完建时其安全性权重相对高些，运行一段时间以后，其耐久性权重有所上升。

假设权重和可靠度变化规律符合某一时间函数，则水工金属结构安全风险评价的时效模型可以在式（4.4）的基础上修改为式（4.5）所示

$$[\beta]=\sum_{i=1}^{n}\sum_{j=1}^{m}\sum_{k=1}^{p}w_i(t)w_{ij}(t)w_{ijk}(t)\beta_{ijk}(t) \tag{4.5}$$

式中，$w_i(t)$, $w_{ij}(t)$, $w_{ijk}(t)$, $\beta_{ijk}(t)$分别为子目标、一级指标、二级指标权重和指标可

靠度的时间函数。

3. 时间动态函数

1）指标的时间动态函数

式（4.5）中的子目标、一级指标和二级指标权重的时间动态函数 $w_i(t), w_{ij}(t), w_{ijk}(t)$在水工金属结构运行期内，变化幅度不大，变化过程缓慢，在实际工程计算中，可以参考专家意见和已有相似工程的相关资料进行拟定。

2）可靠度的时间动态函数

一般来说可靠度 β_{ijk}（t）随时间变化是一维或多维的随机非平稳过程，本书采用较为简单的随机过程模型，则可靠度时间函数 $\beta_{ijk}(t)$可以简化为下式：

$$\beta_{ijk}(t) = -\Phi^{-1}\left(P_f(t)\right) = -\Phi^{-1}\left(P_f\right) \times \varphi_{ijk}(t) = \beta_{ijk}\varphi_{ijk}(t) \tag{4.6}$$

式中，$\varphi_{ijk}(t)$为某一时间函数。

时变效应可靠度随时间变化，可能会出现如图 4.6 所示三种情况，即缓慢减小、线性减小和加速减小。进行可靠度的时变效应分析时，可根据实际工程情况，选择合适的衰减函数，其形式一般可以取线性函数、指数函数、幂函数和双曲线函数等。

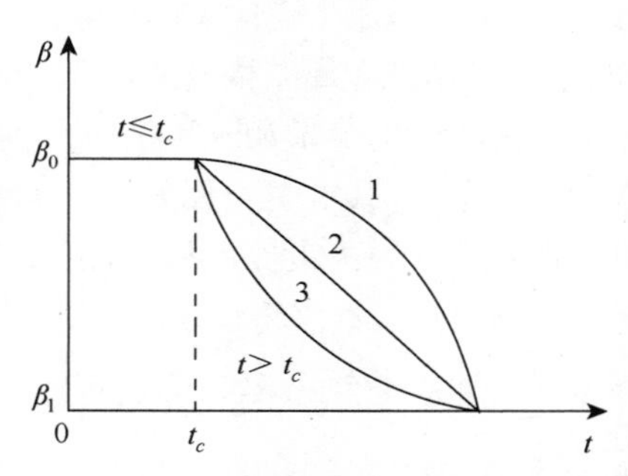

图 4.6　三种时变效应可靠度曲线

苏怀智等（2008）在计算重力坝抗滑稳定风险率时，取混凝土容重 γ_c 的时间衰减函数为式（4.7），抗拉、抗压强度时间衰减函数为式（4.8）。

$$\varphi_{\gamma_c}(t) = \mathrm{e}^{-0.0005t} \tag{4.7}$$

$$\varphi(t) = 1 - 8\times10^{-7}t^3 \tag{4.8}$$

杨波等（2008）在考虑钢结构抗力的时变模型构造出的时间衰减函数为式（4.9）。

$$\varphi(t) = \left\{1 - \left[0.7\times(t-t_c)^3/10000\right]\times0.04\times\alpha\times\varepsilon\right\}\times\left(1-t^2\times r^2\right) \tag{4.9}$$

式中，t为工程结构从建完之日到计算点的时间，单位：年；t_c为不同防腐措施的有效作用时间，单位：年；α为普通钢与耐候钢防腐蚀性能区分系数，普通钢α=1，耐候钢α=0.7；ε为环境影响系数，干燥农村大气ε=0.6，城市大气ε=0.75，海洋大气ε=0.8，工业大气ε=0.85，污染严重工业大气ε=1；r为静载与反复荷载区分系数，静荷载r=0，反复荷载r=0.005。

周建方等（2003）在提出钢闸门的时变抗力模型及其可靠度计算方法时，构建出拉压、受弯构件的时变衰减函数为式（4.10）。

$$\varphi(t)=\begin{cases}1, & 0\leqslant t\leqslant t_c \\ 1-\dfrac{v(t-t_c)}{d_0}, & t\geqslant t_c\end{cases} \tag{4.10}$$

式中，t_c为防腐措施的有效作用时间，单位：年；v为平均腐蚀速率，单位：mm/a；d_0为构件的初始厚度，单位：mm。

强度、刚度、稳定性、安全系数和启闭力等可以采用数学方法进行指标计算，其可靠度时间衰减函数可以考虑采用类似式（4.6）～式（4.9）的形式，其中的参数可以采用现有的检测资料进行反推确定。

材质、制造评级、安装评级等因素的可靠度不会随时间发生变化，其值保持不变。

电气参数、规章制度、操作、维修和安全检测等定性因素随时间的变化可以取为较为简单的如式（4.11）所示线性函数。

$$\varphi(t)=1-a\times t \tag{4.11}$$

平均锈蚀速率和锈蚀量可以选用类似式（4.11）的形式，实际工程中由于存在许多的复杂因素，故一般其可靠度时间动态函数计算式可选用如式（4.12）所给形式。

$$\varphi(t)=\begin{cases}1, & t<t_c \\ \left(1-\dfrac{v(t-t_c)}{d_0}\right)^n, & t\geqslant t_c\end{cases} \tag{4.12}$$

式中，n为根据具体情况而定的参数。

4.4　白盆珠水库金属结构安全评价

4.4.1　工程概况

白盆珠水库位于东江一级支流西枝江上游惠东县境内，是一座以防洪为主，兼有发电、灌溉、航运等效益的综合性水利枢纽工程，正常蓄水位 75.0m，相应库容5.75亿m^3。设计洪水位83.90m，相应库容9.70亿m^3。水库校核洪水位87.90m，相应库容11.90亿m^3。

白盆珠水库枢纽主要建筑物包括混凝土坝、土坝、坝下输水涵管和坝后式电站厂房等。金属结构主要有混凝土坝溢洪道弧形闸门及启闭机、放空底孔平面事故闸门及启闭机，放空底孔出口弧形闸门及启闭机、机组压力引水钢管等。图 4.7 为白盆珠水库主坝图片。

图 4.7　白盆珠水库主坝

混凝土坝溢洪道共有两孔，孔口尺寸 12m×9m（宽×高），堰顶高程 73.0m，设两扇 12m×9.3m 露顶式弧形钢闸门，闸门作用水头 9m，闸门启闭设备为两台 2×315kN 固定卷扬式启闭机。

电站压力钢管共有两条，直径 3.4m，进水口中心高程 58.70m，机组安装高程 32.62m。

白盆珠水库金属结构投入运行已 20 年，金属结构一直运行正常，未发生重大事故。

4.4.2　闸门安全评价

1. 闸门基本资料

溢洪道闸门为露顶式双主横梁斜支臂圆柱铰弧形钢闸门，板梁结构，等高布置。由于规章制度齐全，运行、维护管理措施得当，溢洪道二扇闸门整体外观形态完好，门体无明显损伤，止水装置齐全完好，连接螺栓无松动和脱落，闸门侧导轮完好，焊缝外观质量较好。

2. 可靠度等级分析

1）强度分析

闸门面板、主横梁、纵梁、边梁、小横梁、顶底梁所用钢材的容许应力为 $[\sigma]$=160MPa，$[\tau]$=95MPa。闸门支臂所用钢材的容许应力为 $[\sigma]$=150MPa，$[\tau]$=90MPa。根据《水利水电工程钢闸门设计规范》（DL/T 5013—1995）和《水利水电工程金属结构报废标准》（SL 226—1998）规定，其容许应力的修正系数 k=0.95×0.95=0.9025。由于组合梁同时受较大正应力和剪应力作用，面板本身在局部弯曲的同时还随主（次）梁受整体弯曲的作用，计算中校核折算应力为 1.1×1.5$[\sigma]$，因此，修正后的闸门各主要构件材料的容许应力列于表 4.5。

表 4.5 闸门各主要构件的折算应力容许值（单位：MPa）

应力种类	支臂		其他构件	
	原值	折算值	原值	折算值
抗拉、抗压和抗弯$[\sigma]$	150.0	223.4	160.0	238.3
抗剪$[\tau]$	90.0	134.0	95.0	141.4

在计算水位下，面板最大折算应力为 104.7MPa，小于面板的折算应力容许值，由表 4.2 闸门安全评价指标等级标准分析，其可靠度等级为 A。

上、下主横梁各计算应力为 127.4MPa，小于材料相应的容许应力值，依据表 4.2，其可靠度等级为 A。

纵梁最大折算应力为 89.1MPa，小于材料相应的容许应力。小横梁最大正应力为 81.7MPa，小于材料的容许应力，依据表 4.2，其可靠度等级为 A。

2）刚度分析

在计算水位下，闸门主横梁最大挠度值如表 4.6 所示。

表 4.6 闸门主横梁挠度值（单位：mm）

梁号	上主横梁	下主横梁
挠度值	2.59	3.14

白盆珠水库泄洪闸门为露顶式工作闸门，闸门主横梁跨度为 7600mm，其容许的最大挠度为 12.67mm，在计算水位下，上下主横梁的最大挠度值均小于主横梁挠度的容许值，闸门主横梁满足刚度要求。依据表 4.2，其可靠度等级为 A。

3）支臂稳定分析

由于闸门为露顶式弧形钢闸门，支臂的稳定在闸门系统中占据主要地位，且闸门运行正常，未发生重大事故，拉压构件未出现明显变形、磨损等情况，所以白盆珠水库泄洪闸门稳定性可靠度分析指标通过支臂稳定分析确定。

支臂失稳形态有两种可能：一是在弯矩作用平面内失稳；二是垂直于弯矩作用平面内弯扭变形失稳。

在计算水位下，上支臂的最大稳定计算应力为 71.6MPa，下支臂的最大稳定计算应力为 79.4MPa，均小于容许应力，稳定性可靠度等级定为 A。

4）锈蚀分析

闸门面板、主横梁和纵梁平均锈蚀量为 0.77～0.99mm，支臂和小横梁的平均锈蚀量为 1.23～1.26mm。闸门各主要构件局部平均锈蚀量达到 1.8～2.9mm，闸门平均锈蚀速率分别为 0.055mm/a 和 0.049mm/a；各主要构件的平均锈蚀速率为 0.039～0.063mm/a，局部最大平均锈蚀速率为 0.09～0.115mm/a。

检测结果表明，面板、主横梁、纵梁锈蚀相对略轻，而支臂和小横梁锈蚀相对较重。依据前面所给出标准，表明闸门各构件局部存在严重锈蚀，锈蚀速率可靠度等级定为 C，蚀余厚度和锈蚀量可靠度等级定为 A。

5）焊缝分析

闸门焊缝超声波探伤结果表明，面板对接焊缝有一处存在超标的制造缺陷（未熔合）；主横梁腹板与后翼缘 T 形连接焊缝有一处存在超标的单个气孔制造缺陷；支臂腹板与翼缘板 T 形连接焊缝、翼缘板连接焊缝有四处存在超标的制造缺陷（夹渣、气孔）；边梁腹板与面板 T 形连接焊缝有一处存在未焊透缺陷。所有受检焊缝均未发现裂纹缺陷，焊缝质量可靠度等级定为 B。

6）其他可靠度分析

白盆珠水库金属结构投入运行已有 20 年，由于工程管理单位的精心维护，金属结构一直运行正常，未发生重大事故。根据《水利水电工程金属结构报废标准》（SL 226—1998）规定，闸门的折旧年限为 20 年，已达到折旧年限，需要进行检修、维护，所缺资料的评价指标按 B 级处理。

3. 闸门安全风险评价

选用本章建立的水工金属结构安全风险评价模型，对白盆珠水库进行安全风险评价计算。指标权重按照层次分析法计算，重要性判断矩阵选用 5 名水工结构专业的研究人员给出的判断，按照层次分析法的计算步骤，确定闸门指标的权重，一级指标下只有一项二级指标的权重直接记为 1；总可靠度采用代数相乘求和的方法计算。具体计算结果如表 4.7 所示。

由表 4.7 计算结果可知，白盆珠水库泄水闸门整体可靠度为 3.55，闸门安全风险评价等级为 B 级，根据上面可靠度等级计算，对 A 级指标可暂不做处理，对 C 级构件需进行更新改造或加固、维修等处理，即对闸门进行涂层等防腐处理，降低锈蚀速率，加固有缺陷的焊缝。

原报告评价结果为：溢洪道闸门整体外观形态较好，门体无明显损伤和变形；闸门表面涂层完好，门体上基本无新的锈蚀，主要为老锈坑，构件局部存在严重锈蚀；闸门主要受力焊缝局部存在少量的制造缺陷，但未发现裂纹缺陷；在设计水位下，闸门主要构件的强度、刚度和稳定均满足安全运行要求。现有闸门可安全使用。溢洪道闸门主要构件均存在因积水和淤积而局部严重锈蚀现象，建议尽快解决构件局部积水和淤积情况。

由以上分析表明，本书构造的水工金属结构安全风险评价模型与传统的强度、刚度等计算分析具有一致性，是一种可靠的计算方法，可用于小水电水工金属结构安全风险的评价。

表 4.7　闸门安全风险评价计算表

	子目标	一级指标	一级权重	二级指标	二级权重	可靠度	计算可靠度
可靠度 3.55	安全性 0.731	强度	0.709	主要构件正应力	0.623	3.700	1.190
				主要构件剪应力	0.258	3.700	0.490
				面板折算应力	0.119	3.700	0.230
		刚度	0.129	主梁挠度	0.845	3.200	0.290
				次梁挠度	0.155	3.700	0.050
		稳定性	0.163	支臂稳定性	1.000	3.700	0.440
	适用性 0.143	振动	0.256	开启过程	0.742	3.200	0.090
				全开	0.259	3.200	0.030
		上下游流态	0.221	上游流态	0.426	3.200	0.040
				下游流态	0.575	3.200	0.060
		空蚀气蚀	0.184	通气孔	0.267	3.200	0.020
				闸门及门槽附近	0.734	3.200	0.060
		预埋件	0.054	渗水气蚀磨损	1.000	3.200	0.020
		制造安装质量	0.239	焊缝质量	0.342	2.700	0.030
				材质	0.143	3.200	0.020
				制造评级	0.120	3.200	0.010
				安装评级	0.085	3.200	0.010
				性能	0.312	3.200	0.030
		零部件	0.049	零部件破损	1.000	3.200	0.020

续表

	子目标	一级指标	一级权重	二级指标	二级权重	可靠度	计算可靠度
可靠度 3.55	耐久性 0.127	锈蚀磨损	0.615	平均锈蚀速率	0.310	2.200	0.050
				蚀余厚度	0.342	3.700	0.100
				磨损	0.349	3.700	0.10
		工程年龄	0.092	已运行年限	1.000	2.200	0.03
		管理水平	0.293	规章制度	0.094	3.200	0.01
				维修	0.271	3.200	0.03
				操作	0.380	3.200	0.05
				安全检测	0.255	3.200	0.03

4. 闸门安全风险预测

由闸门安全检测资料可知其平均锈蚀速率 v=0.08mm/a，d_0=25mm，取初始状态各项指标的可靠度为 3.7，选取 10 年、20 年、30 年和 40 年进行时变效应计算。

子目标、一级指标和二级指标权重范围变化不大，为了便于计算，仍采用初始值。

根据《水利水电工程金属结构报废标准》（SL 226—1998），闸门的折旧年限为 20 年。将材质、制造评级、安装评级、规章制度、操作、维修和安全检测等项目随时间的变化取为线性变化。

强度、刚度、稳定性的动态可靠度计算选用式（4.9）。

平均锈蚀速率和锈蚀量选用式（4.12），检测到泄洪闸门的主要构件 20 年的腐蚀深度为 0.77～0.99mm。取其中的 t_c=5 进行计算，得 n=0.0005。

焊缝质量、零部件的破损、磨损、已达运行年限等项目随时间变化会越来越大，计算中采用指数函数 $\theta_{ijk}(t)=\mathrm{e}^{at}$，由于给出的数据不充分，借鉴已有的混凝土容重衰变函数中的系数，取 a=0.0005 进行计算。

根据以上给定的检测结果和选取的函数，以完建时为起点，选取 10 年、20 年、30 年和 40 年进行时变效应计算，得 β_{10}=3.69，β_{20}=3.52，β_{30}=3.31，β_{40}=2.97，则考虑时变效应的闸门安全可靠度-时间曲线如图 4.8 所示。

图 4.8 中标注为 1，2，3 的曲线的后续曲线趋势近似于线性，与实际情况不符。标注为 4 的曲线的后续曲线趋势逐渐减小，与实际工程中可靠性能随时间加速减小的情况相符合，因此选取该曲线作为闸门可靠度与时间变化曲线如图 4.9 所示，其表达式为

$$y=-5\times10^{-7}x^4+4\times10^{-5}x^3-0.001x^2+0.009x+3.696 \tag{4.13}$$

分析图 4.9 及式（4.13）可知，随着闸门运行年限的增长，其安全可靠度加速减小；在 t=47 年时，其可靠度达到 2.7，即闸门需要进行更新维护；t=51 年时，其可靠度达到规范规定的最小值 2.2，闸门寿命为 51 年，在 51 年左右时闸门就要报废，需要进行报废处理或闸门更新。根据《水利水电工程金属结构报废标准》（SL 226—1998），闸门的折旧年限为 20 年，考虑中期维护等情况，闸门使用寿命

为 51 年与实际工程也是相符的。

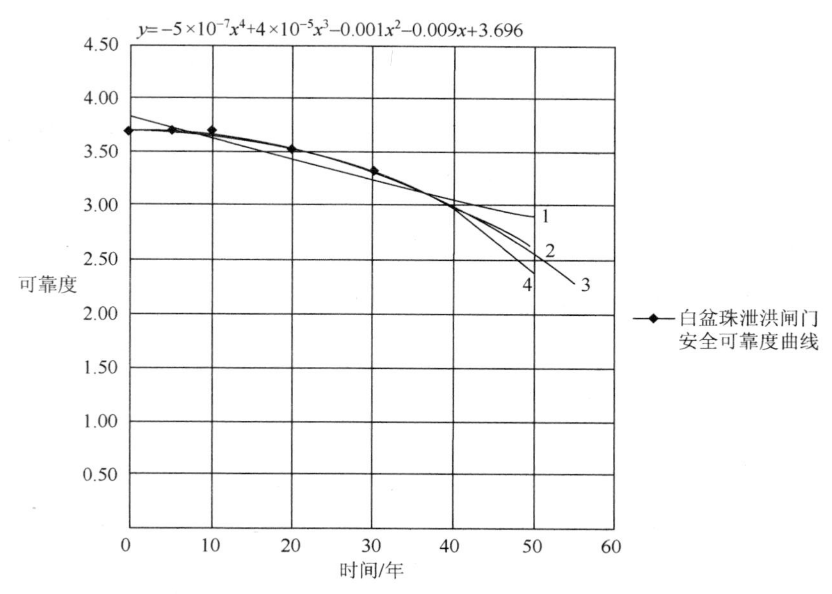

图 4.8　考虑时变效应的闸门可靠度-时间拟合曲线图

通过以上水工金属结构安全风险预测模型的计算，可以实时观测闸门的安全可靠度，可为闸门安全运行、检修、寿命评估和更新改造提供依据。

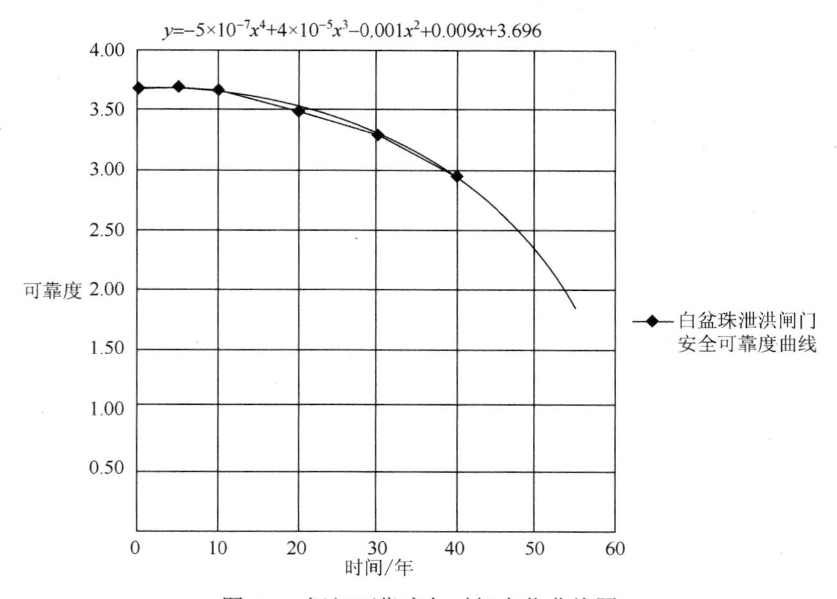

图 4.9　闸门可靠度与时间变化曲线图

5. 闸门模糊综合评价

采用模糊评价法对白盆珠水库泄洪闸门进行模糊综合评价，隶属度函数选用梯形与半梯形分布，根据前面可靠度分析数据进行计算。

1）一级指标层模糊综合评价

由前面介绍知，面板最大折算应力为 104.7MPa，面板折算应力容许值为238.3MPa，则 104.7/238.3=0.439，由表 4.2 确定梯形与半梯形分布中的参数 a=1.02，b=1.05，c=0，d=1.1。面板折算应力的隶属度函数分布如图 4.10 所示。

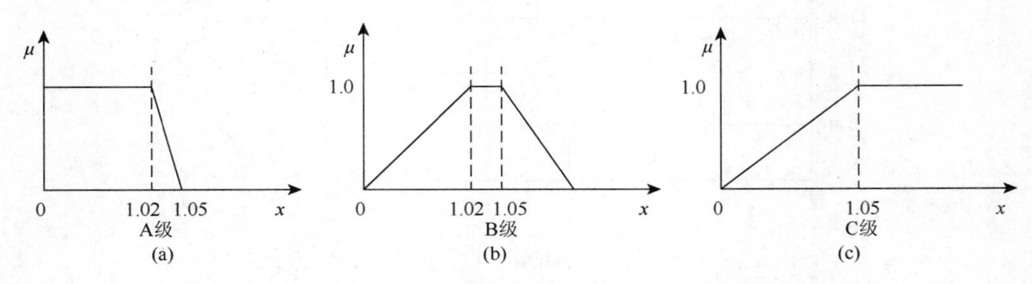

图 4.10　面板折算应力隶属度函数分布图

面板折算应力的隶属度矩阵为

$$R_1=(r_{11},r_{12},r_{13})=(1.000,0.430,0.418)$$

同理，主要构件正应力隶属度矩阵为

$$R_2=(r_{21},r_{22},r_{23})=(1.000,0.393,0.384)$$

主要构件剪应力隶属度矩阵为

$$R_3=(r_{31},r_{32},r_{33})=(1.000,0.458,0.444)$$

由表 4.7 和前面闸门系统安全风险评价知强度的权重矩阵为

$$W=(w_1,w_2,w_3)^{\mathrm{T}}=(0.623,0.258,0.119)^{\mathrm{T}}$$

由此可得出强度的综合安全评价隶属度矩阵与指标权重运算矩阵为

$$Z=W\circ R$$

由于水工金属结构设施指标划分时，根据独立性原则充分考虑了同级指标之间的关联性，各指标之间的关系尽可能的相对独立。上述矩阵的模糊算子需要尽量体现权数的作用，此处采用主因素突出型 M（∨，•）算子，则强度的综合安全评价矩阵为

$$Z=(z_1,z_2,z_3)=(0.623,0.268,0.260)$$

归一化处理后为

$$Z=(z_1,z_2,z_3)=(0.541,0.233,0.226)$$

据前面集化处理方法，采用最大隶属度法判别，闸门强度的模糊综合评价结果为 A 级。

按照同样的方法对其他定量化一级指标进行模糊综合计算，结果列于表 4.8。

表 4.8　定量化一级指标模糊综合计算归一化向量值表

一级指标	模糊综合计算归一化向量值		
	A	B	C
强度	0.486	0.294	0.220
刚度	0.606	0.294	0.100
稳定性	0.488	0.344	0.168
锈蚀	0.305	0.430	0.265
运行年限	0.206	0.437	0.357

由表 4.8 可知，刚度、稳定性的模糊综合评价结果为 A 级，锈蚀、运行年限的模糊综合评价结果为 B 级。

2）定性指标计算

定性指标的梯形参数区间选用等值分布，其隶属度矩阵为阶梯形分布。例如，第 i 项指标可靠度等级定为 C，则其隶属度矩阵 $R=(r_{i1}, r_{i2}, r_{i3})=(0.6, 0.8, 1.0)$，对应定性化一级指标模糊综合计算值如表 4.9 所示。

表 4.9　定性化一级指标模糊综合计算归一化向量值表

一级指标	模糊综合计算归一化向量值		
	A	B	C
闸门振动	0.308	0.384	0.308
上下游流态	0.308	0.384	0.308
空蚀气蚀	0.308	0.384	0.308
预埋件	0.308	0.384	0.308
制造安装质量	0.350	0.333	0.417
零部件	0.308	0.384	0.308
管理水平	0.308	0.384	0.308

由表 4.9 可知，闸门振动、上下游流态、空蚀气蚀、预埋件、零部件和管理水平的模糊综合评价结果为 B 级。制造安装质量的模糊综合评价结果为 C 级。

3）子目标层模糊综合评价

由上面得到的一级指标模糊综合评价结果，结合一级指标层的权重，采取同样的方法对子目标层进行模糊综合评价。模糊算子仍然采用主因素突出型 M（∨，•），隶属度矩阵采用上面计算得到的归一化矩阵，得到的子目标层模糊综合计算值如表 4.10 所示。

表 4.10　子目标层模糊综合计算归一化向量值表

子目标	模糊综合计算归一化向量值		
	A	B	C
安全性	0.486	0.294	0.220
适用性	0.308	0.384	0.308
耐久性	0.305	0.430	0.265

由表 4.10 可知，闸门安全性的模糊综合评价结果为 A 级，适用性、耐久性的模糊综合评价结果为 B 级。

4）总目标层模糊综合评价

依据上面得到的子目标层模糊综合评价结果，结合子目标层的权重，采取同样的方法对总目标层进行模糊综合评价。总目标层模糊综合计算矩阵为

$$Z=(Z_1,Z_2,Z_3)=(0.355,0.215,0.160)$$

归一化处理后，为 $Z=(Z_1, Z_2, Z_3)=(0.486, 0.294, 0.220)$。

据前面集化处理方法，采用最大隶属度法，得到泄洪闸门的模糊综合评价结果为 A 级。

5）模糊综合评价分析

根据上面的模糊综合评价过程分析知，白盆珠水库泄洪闸门的模糊综合评价结果为 A 级，即闸门可继续安全运行。由于制造安装质量的模糊综合评价结果为 C 级，所以，需要对闸门做一次老化程度和裂缝的检查，将老化、磨损严重的构件进行相应更新改造或维修处理，对影响闸门安全的裂缝进行加固处理。上述金属结构评价结果和处理建议与原报告的评定结果相似，与闸门的实际情况比较符合，因此本书提出的水工金属结构模糊综合评价模型及方法是合理、可行的。

4.4.3　启闭机安全风险评价

1. 启闭机基本资料

启闭机为 2×315 kN 固定卷扬式启闭机，共计 2 台，一机一门启闭两扇弧形闸

门。启闭机主要由电动机、弹性联轴器、传动轴、制动器、减速器、开式齿轮、卷筒、钢丝绳、转向滑轮、滑轮组，以及行程控制器等组成。由于管理制度齐全，管理措施到位，运行规范，养护及时，虽经 20 年运行，启闭机整体状况依然良好。

检查发现，启闭机存在以下一些问题：启闭机缺少过负荷保护装置；启闭机缺少闸门开度指示装置；减速器润滑油过于浓稠；室外钢丝绳润滑不良；2 台启闭机电动机的绝缘电阻均满足规程规定的要求；2 台启闭机电动机和制动器电磁铁的各项电气参数均满足安全运行要求。

2.可靠度等级分析

（1）电动机静功率复核值为 20.5kW，过载功率校验值为 16.4kW，均小于电动机的额定功率（22kW）。电动机能够满足安全运行要求。由表 4.3 启闭机安全评价指标等级标准分析，电动机可靠度等级为 B 级。

（2）制动器安全系数复核值为 1.25，小于其要求值 1.75，制动器不能满足安全运行要求，减速器不能满足安全运行要求，可靠度等级为 C 级。开式齿轮能够满足安全运行要求，可靠度等级为 B 级。

（3）全运行要求，可靠度等级为 C 级。

（4）其他可靠度分析，根据《水利水电工程金属结构报废标准》（SL 226—1998）规定，启闭机的折旧年限为 20 年，已达到设计使用年限，需要进行检修、维护，因此，根据白盆珠水库金属结构运行时间，启闭机安全评价中所缺资料的评价指标按 B 级处理。

3. 启闭机安全风险评价

选用本章建立的水工金属结构安全风险评价模型，对白盆珠水库溢洪道启闭机进行安全风险评价计算，具体计算过程与白盆珠水库溢洪道闸门安全风险评价计算类似，计算结果如表 4.11 所示。

由表 4.11 计算可知，白盆珠水库泄水闸门启闭机整体可靠度为 2.92，启闭机安全风险评价等级为 B 级，由可靠度等级分析可知，需要对其电动机、制动器、减速器、开式齿轮、钢丝绳等构件进行改造、维护，必要时可进行更新改造处理。

原报告评价结果是溢洪道启闭机管理、维护、保养良好，启闭机外观形态较好，启闭机各项电气参数均满足安全运行要求；但启闭机缺少过负荷保护装置和闸门开度指示装置，启闭机减速器高速轴承润滑不满足要求；经复核计算，启闭机减速器、制动器、钢丝绳均不满足安全运行要求，应更换。改变钢丝绳的规格，则启闭机的卷筒相应地需要更换。根据《水利水电工程金属结构报废标准》的相关规定，为确保闸门启闭机的安全运行，现有启闭机应报废更新。

建议完善启闭系统的辅助设备，提高系统的自动化程度，以适应水利工程现代化管理的需要。

表 4.11　启闭机安全风险评价计算表

	子目标	一级指标	权重	二级指标	权重	可靠度	计算可靠度
可靠度 2.92	安全性 0.721	强度	0.458	门架构件正应力	0.708	3.200	0.750
				门架构件剪应力	0.292	3.200	0.310
		刚度	0.203	门架主梁挠度	1.000	3.20	0.470
		稳定	0.110	桁架弦杆长细比	0.708	3.200	0.180
				活塞螺杆长细比	0.292	3.200	0.070
		安全系数	0.229	电动机	0.733	2.200	0.270
				主要零部件	0.267	2.200	0.100
	适用性 0.193	启闭力	0.583	启门力	0.591	2.200	0.150
				闭门力	0.202	2.200	0.050
				持住力	0.207	2.200	0.050
	适用性 0.193	制造安装质量	0.216	焊缝质量	0.387	3.200	0.050
				材质	0.190	3.200	0.030
				制造评级	0.174	3.200	0.020
				安装评级	0.174	3.200	0.020
				性能	0.075	3.200	0.010
		零部件	0.075	零部件破损	1.000	3.200	0.040
		控制操作系统	0.126	元器件及线路	0.185	3.200	0.010
				电气参数	0.123	2.700	0.010
				设备性能	0.692	3.200	0.050
	耐久性 0.086	锈蚀磨损	0.597	平均锈蚀速率	0.461	3.200	0.080
				锈蚀量	0.124	3.200	0.020
				磨损	0.415	3.200	0.070
		使用年限	0.113	已运行年限	1.000	3.200	0.030
		管理水平	0.290	规章制度	0.063	3.200	0.010
				操作	0.290	3.200	0.020
				维修	0.260	3.200	0.020
				安全检测	0.387	3.200	0.030

由以上分析表明，本章的评价结论与鉴定结果大体一致，说明了构造的模型有较广泛的适用性。

4.4.4　压力钢管安全风险评价

1. 钢管基本资料

压力钢管厂房明管段整体外观形态较好，未发现局部明显变形和损伤。通过检查发现，压力钢管厂房明管段主要存在以下问题：钢管管壁外表面有分散的锈蚀斑和锈包，局部密集成片分布，钢管下半部锈斑分布较多，坑深多为 1.5～2.5mm；钢管管壁内表面刚刚进行过防腐处理，但管壁表面仍可见分散的老锈坑，局部锈坑密集成片分布；钢管底部老锈坑较多，坑深多为 1.5～2.5mm，最深约 3.5mm；压力钢管排水管与阀门联结部位存在锈蚀，表面分布有锈蚀斑，连接螺栓也锈蚀。

2. 可靠度等级分析

1）强度分析

压力钢管抗拉、抗压、抗弯强度设计值 f_s=300MPa，在最大作用水头 60.0m 时，考虑作用于钢管的内水压力、钢管自重及弃负荷时的水锤压力，计算整体膜应力为 155.0MPa，局部应力（轴力）为 225.4MPa。应力比分别为 0.517 与 0.75。由表 4.4 压力钢管安全评价指标等级标准分析得，膜应力可靠度等级为 A，局部应力可靠度等级为 B。

2）锈蚀分析

钢管明管段管壁的平均锈蚀量为 1.33mm，最大锈蚀量为 1.60mm，平均锈蚀速率为 0.067mm/a。管壁原厚为 18mm，管壁蚀余厚度为 16.40mm，则平均锈蚀速率可靠度等级为 B，锈坑深度可靠度等级为 B。

3）焊缝质量分析

钢管管壁焊缝超声波探伤表明，管壁环焊缝和纵焊缝均未发现超标的缺陷；所有受检焊缝均未发现裂纹缺陷，故焊缝质量可靠度等级为 A。

4）其他可靠度分析

根据《水利水电工程金属结构报废标准》（SL226—1998）规定，压力钢管折旧年限为 50 年，已达到中期检修维护时间，需要进行检修、维护，因此，根据白盆珠水库金属结构运行时间，压力钢管评价中所缺资料的评价指标按 B 级处理。

3. 压力钢管安全风险评价

选用本章建立的水工金属结构安全风险评价模型，对白盆珠水库厂房明管段压力钢管进行安全风险评价计算，具体计算过程与白盆珠水库溢洪道闸门安全风险评价计算类似，计算结果列于表 4.12。

表 4.12 压力钢管安全风险评价计算表

	子目标	一级指标	权重	二级指标	权重	可靠度	计算可靠度
可靠度 3.39	安全性 0.725	强度	0.809	膜应力	0.608	3.700	1.320
				局部应力	0.392	3.200	0.740
		稳定	0.191	抗外压稳定	0.633	3.200	0.280
				镇墩、支墩抗滑稳定	0.367	3.200	0.160
	适用性 0.168	制造安装质量	0.683	焊缝质量	0.387	3.700	0.160
				材质	0.190	3.200	0.070
				制造评级	0.174	3.200	0.060
	适用性 0.168	制造安装质量	0.683	安装评级	0.174	3.200	0.060
				性能	0.075	3.200	0.030
		支承环	0.317	支承环破损	1.000	3.200	0.170
	耐久性 0.107	锈蚀磨损	0.597	平均锈蚀速率	0.461	2.700	0.080
				蚀余厚度	0.124	3.200	0.030
				磨损	0.415	3.200	0.080
		使用年限	0.113	已运行年限	1.000	3.200	0.040
		管理水平	0.290	规章制度	0.063	3.200	0.010
				操作	0.290	3.200	0.030
				维修	0.260	3.200	0.030
				安全检测	0.387	3.200	0.040

由表 4.12 可知，白盆珠水库压力钢管整体可靠度为 3.39，压力钢管安全风险评价等级为 B 级，需要对其进行相应的加固、维修等处理。

原报告评价结果为：压力钢管外观形态较好，无明显损伤和局部变形；管壁表面涂层基本完好，整体一般锈蚀，局部存在较重锈蚀、钢管焊缝外观和内部质量均较好，未发现有超标缺陷存在；在计算水位下，钢管的最大作用效应计算值均小于相应的抗力限值。现有压力钢管可安全使用。腐蚀是造成结构应力增加的主要原因。建议对压力钢管明管段管壁外表面进行一次全面的防腐蚀处理，并严格按规范执行。

以上分析表明，本章的评价结论与安检报告结论基本一致。

第5章　农村水电站电气设备安全风险评价

电气设备是农村水电站工程的重要组成部分，电气设备的安全问题对水电站工程整体的安全运行十分重要。水电站电气设备很多，如何准确、及时地诊断出电气设备的隐患和病害，对电气设备的安全性做出合理科学的评价意义重大。

本章对电气设备安全评价进行概述，重点介绍农村水电站电气设备概率安全评价中的故障树分析法，应用上述理论方法对雅溪一级水电站电气设备进行安全评价。

5.1　电气设备安全评价概述

电气设备安全性一般采用确定性指标表示，例如，最常采用N-1准则，以及在某一特定故障下能否维持稳定或正常供电等。现在也有学者在进行概率性安全指标的研究。我国《电力系统安全稳定导则》《电力系统技术导则》《电力系统设计技术规程》等文献中均有电力系统安全准则规定条文，主要内容有：

（1）发电系统的总备用容量不得低于系统最大发电负荷的20%～25%。

（2）输电系统任一电网设备（变压器、线路、母线）事故切除时，其他元件不应超过事故符合的要求；对于受端主干网络，当失去任一元件时，应保持系统稳定和正常供电；电源接入系统的送电回路失去一回路时，一般应能保持系统稳定和正常送电，对于长距离的超高压重负荷送电回路，必要时允许采取措施以保证事故后的系统稳定；向弱电源终端地区供电的同级电压网络二回路及以上线路中失去任一回路后，应分别保证地区负荷为70%～80%。

（3）电力系统在运行中应有足够的静态稳定储备，要求在正常运行方式或正常检修运行方式下，按功角判据计算的静态稳定储备系数K_p%≥（15%～20%），按无功电压判据计算的静态稳定储备系数K_v%≥（10%～15%），在事故后运行方式和特殊运行方式下，K_p%≥10%，K_v%≥8%。

此外，在整个系统或某一局部系统失去主要电源，或因解列产生有功功率不平衡，均不得导致频率崩溃。在负荷集中地区，当突然失去外部电源或本地区大机组跳闸或失磁时，均不得因缺少无功功率而导致电压崩溃。

在电力系统中有可能出现各种干扰，如雷击等自然灾害、设备缺陷造成的设备故障、负荷突然增加等。这些干扰都会给系统的安全运行造成威胁。所以，一个好的电力系统必须具有经受一定程度干扰和事故的能力。

值得注意的是，在讨论电力系统安全性时，都是相对于某些特定的运行方式和某些特定事故形式而言的，因为要求在所有可能出现的事故下都保证安全性是不可能的，或者要求很高的经济代价。

电力企业安全性评价的着眼点是安全基础，反过来说就是危险因素。它不是围绕已经发生的事故进行分析和评价，而是对“系统”现存的有可能导致特大、重大事故和恶性频发事故的危险因素及其严重程度进行辨识和评价，因此它可以具体、全面地反映基层企业安全生产的薄弱环节，从而提高企业对事故的预见性和超前控制事故的能力。安全性评价是企业在安全生产上改善微观管理的一个重要手段。

5.2　农村水电站电气设备概率安全评价

故障树分析是概率安全评价中进行系统分析的一个图形化的方法，采用系统可靠性评价技术和概率风险评价技术对复杂系统中各种可能发生的事故及进程进行全面分析，从事故发生概率和造成的影响进行综合考量，是进行系统可靠性分析和安全性分析的一个重要途径。

本节运用基于故障树分析的概率安全评价方法建立农村水电站电器设备安全评价模型。

5.2.1　故障树定义

所谓故障树分析就是把不希望发生的系统状态（不希望事件或故障树的顶事件）作为系统失效的分析目标，然后寻找直接导致这一事件发生的各种可能因素，再找出造成下一级事件发生的各种直接因素，直至无须再研究的事件称为“底事件”，介于顶事件与底事件之间的一切事件称为“中间事件”，并用相应的符号代表这些事件，再用适当的逻辑门把顶事件、中间事件和底事件联结成树形图，这种树形图即称为“故障树”。以故障树为工具，对系统进行评价，以找出导致系统的某种失效状态的各种可能原因的方法称为故障树分析法。

故障树是一种特殊的倒立的树状逻辑因果关系图，它用一套事件符号、逻辑门符号描述系统中各种故障事件之间的逻辑关系。这些故障事件的某些组合将导致预先定义的系统不希望事件的发生，它们可能是部件的硬件故障、人员失误，以及会导致不希望事件发生的其他任何有关事件。因此，故障树描述了导致不希望事件（即故障树的顶事件）发生的底事件之间的内在逻辑关系。

5.2.2 故障树的基本单元和符号

1. 事件及其符号

在故障树分析中，各种故障状态或不正常情况皆称故障事件，各种完好状态或正常情况皆称成功事件。两者均可简称为事件。

1）底事件

底事件是故障树分析中会导致其他事件的原因事件。底事件位于所讨论的故障树的底端，它总是某个逻辑门的输入事件而不是输出事件。

底事件分为基本事件与未探明事件。

基本事件是在特定的故障树分析中无需探明其发生原因的底事件。它意味着已达到了适当的分解极限。基本事件用圆形符号表示，如图 5.1(a)所示。

未探明事件是原则上应进一步探明其原因，但暂时不必或暂时不能探明其原因的底事件。未探明事件也称不展开事件。不展开原因是对事件本身推论的不够彻底，或是缺少与该事件有关的信息。未探明事件用菱形符号表示，如图 5.1(b)所示。

2）结果事件

结果事件是故障树分析中由其他事件或事件组合所导致的事件。结果事件总位于某个逻辑门输出端。结果事件用长方形符号表示，如图 5.1(c)所示。

结果事件分为顶事件与中间事件。

顶事件是故障树分析所研究的结果事件。顶事件位于故障树的顶端，它总是所分析的故障树中逻辑门的输出事件而不是输入事件。

中间事件是位于底事件和顶事件之间的结果事件。中间事件既是某个逻辑门的输出事件，同时又是另一个逻辑门的输入事件。

3）特殊事件

特殊事件指在故障树分析需用特殊符号表明其特殊性或引起注意的事件。开关事件是在正常工作条件下必然发生或者必然不发生的特殊事件。开关事件用房形符号表示，如图 5.1(d)所示，它可以是故障事件，也可以是成功事件（正常事件）。

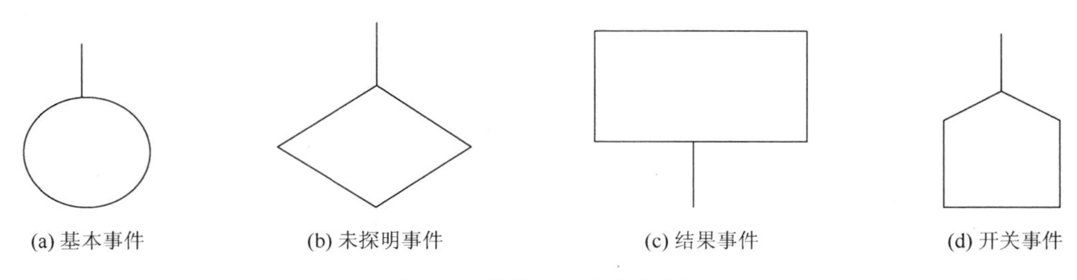

图 5.1　故障树事件符号图

2. 逻辑门及其符号

在故障树中，有许多逻辑门，这些门起着传递故障逻辑关系的作用。它们表明造成高级事件发生的低一级事件之间的关系。高一级事件是门的输出，低一级事件是门的输入。门的符号表示造成输出事件的那些输入事件之间的关系的类型。符号如图 5.2 所示。

1）与门

与门表示仅当所有输入事件发生时，输出事件才发生。

2）或门

或门表示至少一个输入事件发生时，输出事件就发生。

3）表决门

表决门表示仅当 N 个输入事件中有 K 个或 K 个以上事件发生时，输出事件才发生。实际上，或门和与门都是表决门的特例，或门是 $K=1$ 的表决门，与门是 $K=N$ 的表决门。

4）非或门

非或门表示仅当所有输入事件均不发生时，输出事件才发生。

5）非与门

非与门表示至少有一个输入事件不发生时，输出事件才发生。

6）异或门

异或门表示仅当单个输入事件发生时，输出事件才发生。异或门是或门的一种特殊情况。

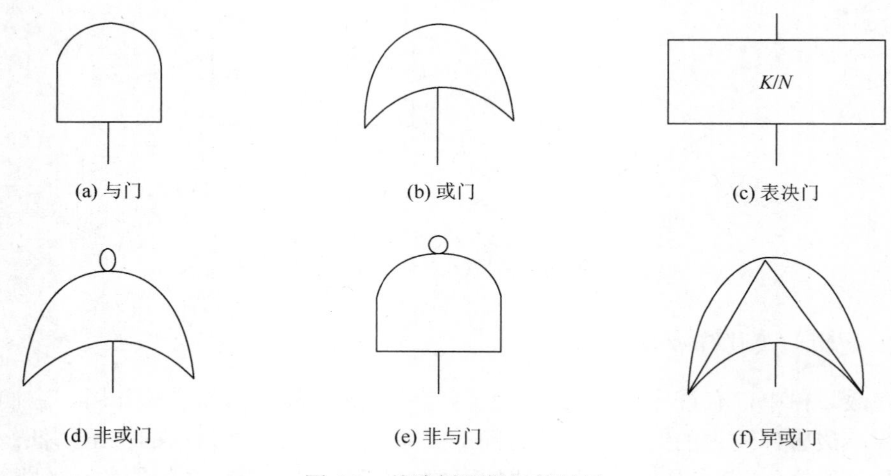

图 5.2　故障树逻辑门符号图

3. 转移符号

转移符号又称为转移门，是为了避免绘制故障树时重复和使图简明而设置的符号。

相同转移符号用以指明子树的位置及连接关系。相同转移符号是配对使用的。转向符号表示“下面转到该代号所指的子树去”。转此符号表示“由该代号处转到这里来”。实际上“转向”符号是代替故障树的一棵子树，而该子树将在同标记的“转此”符号处展开。符号如图 5.3 所示。

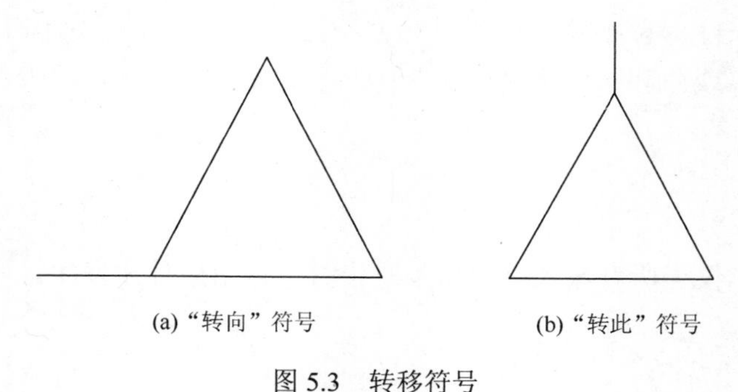

图 5.3　转移符号

5.2.3　故障树分析的基本内容和步骤

1. 建造故障树的基本内容

故障树分析的基本内容包括以下六个方面。

1）定义系统及故障树分析准备

定义系统的功能及组成，确定系统的边界，进行故障树分析准备。

2）确定故障树顶事件

根据分析的目的、系统的故障判据和对系统的了解，明确定义所分析系统的不希望事件，即顶事件。

3）建造故障树

完成上述准备工作并确定了顶事件后，根据系统的实际情况，从确定的顶事件出发，遵循建立故障树的基本规则与方法和系统实际情况，建造出所需的故障树。

4）故障树规范化、简化和模块分解

为了对故障树做统一的描述和分析，必须将建造出来的故障树规范化，使之成为仅含有底事件、结果事件及与、或、非三种逻辑门的故障树。

5）故障树分析

故障树分析包括故障树定性分析和定量分析。在故障树定性分析中，可用上行法、下行法或用故障树分析程序求出故障树的所有最小割集，即导致顶事件发生的各种底事件的组合。若有足够数据，能估计出故障树中各底事件发生的概率，则可进行故障树定量分析，求出顶事件发生概率和各种重要度的值。

6）编写故障树分析报告

2. 建造故障树的步骤与方法

建造故障树的步骤与方法如下：

（1）根据选定的一个系统故障事件作为分析的目标（顶事件），将这已确定的顶事件写在顶部矩形框内；

（2）找出引起顶事件发生的全部必要而又充分的直接原因事件，将它们置于相应事件符号中，放在故障树的第二排，再根据实际系统中这些直接原因事件与顶事件之间的逻辑关系用适当的逻辑门将它们连接起来，这样就建成了故障树的第二层。

（3）找出第三层各故障事件的必要而又充分的直接原因事件，类似上面中所述画在故障树第三层，用适当的逻辑门将这些直接原因事件（第三排）与该故障事件（第二排）连接，如此遵循建树规则和系统的实际情况逐层向下展开，直到所有原因事件均为底事件为止。这样就由演绎法建成了所分析系统的给定顶事件的故障树。

在建立故障树时必须强调的是，故障树演绎过程中首先要寻找的是直接原因事件而不是基本原因事件。

3. 顶事件的确定

1）不希望事件（顶事件）

不希望事件通常是指系统失去某种预定功能的事件。故障树分析就是针对某一特定的不希望事件所进行的演绎分析，它提供了一种寻找这一不希望事件发生原因的方法。这一不希望事件便构成了系统故障树的顶事件。对于故障树分析而言，顶事件的选择与确定很重要。故障树的结构以及分析结果随顶事件的不同而不同。尤其是在概率安全评价中，顶事件的确定必须与事件树分析相一致。

系统的不希望事件往往有多个，根据分析的目的、系统的故障判据和对系统的了解，确定本次分析的不希望事件。不希望事件需要有明确的定义，它是故障树分析的中心。

2）确定顶事件的原则

顶事件的确定需遵守以下的原则：①顶事件要有确切的定义，并有具体、完整、清晰的说明，要与分析的目的相一致，不能模棱两可；②顶事件要能分解，以便分析顶事件与下一层中间事件的关系，并层层分解，一直分析到与底事件之间的关系；③顶事件要能度量，以便进行定量分析；④顶事件要有代表性，以便揭示系统的可靠性特征和设计上的薄弱环节，得出有意义的结果。

3）确定顶事件的步骤

确定顶事件的步骤如下：①明确定义系统的正常状态，确定系统的成功准则；②明确定义系统的故障状态，确定系统的故障判据，并要做准确的表述，只有故障判据确切，才能辨明什么是故障，从而准确确定导致该故障的全部原因；③根据分析目的和故障判据确定本次分析的顶事件。

5.2.4 故障树最小割集计算

割集是导致故障树顶事件发生的基本事件的组合，而最小割集是导致故障树顶事件发生的数目不可再减少的基本事件的组合。任何故障树都是由有限数目的最小割集组成，它们对给定的故障树的顶事件来说是唯一的。

单个事件组成的最小割集，表示该事件一旦发生，那么顶事件就必然发生。双重事件组成的最小割集，表示这两个事件只有都发生的时候，顶事件才会发生。而由 n 个事件组成的最小割集，则只有这 n 个事件一同发生，才会导致顶事件的发生。

由最小割集的定义，可以得出最小割集就是系统发生传导干扰故障时的最根本原因的组合。每个最小割集都是顶事件故障发生的一种可能，故障树中有几个最小割集，顶事件故障发生就有几种可能。最小割集越多，那么系统故障解决起来也就越麻烦。求出故障树的最小割集，实际上就掌握了传导干扰故障发生的各种可能原因，这对系统故障进行诊断，寻找系统故障发生的原因是非常有益的，而且从理论上来说，只要能使这些最小割集都恒有一个基本事件不发生，那么此种系统传导干扰故障就恒不会发生，因此它对以后防范发生类似故障也具有重大意义。

如果系统发生故障的最小割集中，有含有 n 个事件的最小割集，那么当对其进行修复时就必须非常小心，因为我们有可能只修复了其中一个元件就使系统恢复正常，就以为自己完成了修复任务，其实未必。最小割集的定义就明确表示当且仅当最小割集中的基本事件全部发生时，才会导致顶事件的发生，因此只要其中一个基本事件不发生，那么顶事件就不会发生。所以，我们还应该继续检查同一割集中的其他元件，直至全部修复为止，减小系统再次发生故障的可能性。

5.2.5　故障树建立

1. 建造故障树的基本规则

建造故障树的基本规则如下。

1）明确建树边界条件，确定简化系统图

建树前应根据分析目的明确定义所要分析的系统，以及它和其他系统（包括环境）的接口。同时要给定一些必要的合理的假设，从而由真实系统图得到一个主要逻辑关系等效的简化系统图。这简化系统图即是建树的出发点。一个系统的部件数及部件之间的连接数可能很多，但其中有些对于给定的顶事件没有什么贡献，因此为了减小树的规模以及突出重点，可将那些不重要的部件及事件（其发生概率极低或影响极小）舍去。这条规则主要说明一棵故障树不能也不必建得过大。其次这条规则说明树的边界应和系统的边界相一致，树的接口应和系统的接口相一致，以避免遗漏或出现不应有的重复。

2）严格定义故障事件

为了正确确定故障事件的全部必要而又充分的直接原因，各级故障事件均需严格定义，应明确表述是怎样的故障以及是在什么条件下发生的故障，即同时明确部件的状态和系统的状态（包括环境状态）。这条规则强调事件尤其是顶事件必须严格定义，否则建出来的故障树可能不正确。对事件的表述，不要受方框大小的限制而随意删节。用词可以压缩，但绝不能省略掉主要概念。故障事件必须严格定义，必须只有一种解释，切忌多义性，切忌模棱两可含糊不清。严格定义故障事件对于持续时间较长或前后由不同的人进行的故障树建造尤为重要。同时，这样也便于工作的归档、交流、核查、评审，这也是工作的可追溯性所要求的。

3）一次推进一步，寻找直接原因

在建造故障树时，分析人员首先定义一个系统，然后选择某个特定的系统故障模式，即所要建的故障的顶事件进行分析。下一步就是确定导致这个顶事件发生的直接的、必要的和充分的原因。需要强调的是，这里所说的并不是顶事件的基本原因，而是其直接原因，或者说是直接机理。这些直接原因构成某些子系统的故障模式，并将组成故障树的第二级。建树过程中对某个结果事件的原因进行展开时，要寻找其全部必要且充分的直接原因，在确定直接原因时，一次只向前推进一步。然后将这故障原因事件看作为故障模式事件，再逐级向下找其直接原因。按照这种寻找直接原因的方式一步步向前推进，一直到部件故障模式，这些部件故障模式就是由故障树分解极限所定义的基本原因。这条规则的目的是保证在整个建树过程中不漏掉任何故障事件及逻辑上的正确性。

4）从上向下逐级建树，逐层分解展开

建树应从上向下逐级进行。在同一逻辑门的全部必要而充分的直接输入未列出之前，不得进一步展开其中任何一个输入。这个规则又称为完整门规则，它要求必须对本级分析完毕后才能考虑向下一级展开。一棵庞大的故障树，一个逻辑门的输入数可能很大。而每一个输入都可能仍是一棵庞大的子树。若在将所有输入事件（中间事件）全部列出之前就急于去展开其中某一个中间事件，则等这一中间事件展开完后（这种展开工作可能也很费时、费神），可能会遗漏该逻辑门的其他输入事件。这条规则在采用图形编辑的故障树分析时尤其要注意遵守。

5）避免门与门直接相连

建树时不得不经过结果事件而将门与门直接相连。每一个门的输入和输出都应当是严格定义的故障事件。此规则是为了防止建树时不从文字上对中间事件下定义即去展开该子树。在规则上面中强调故障事件的定义要严格，否则将会导致建造故障树出错，倘若建树时出现门与门相连而又不进行严格定义，则更易出错。其次门与门相连的故障树可读性差，不便于用户的理解及同行的交流，也不便于审查者判断其是否正确。

6）用直接事件逐步取代间接事件

为了使故障树能向下展开，必须用等价的具体的直接事件逐步取代抽象的间接事件。这样，在建树时有可能出现不经任何逻辑门的事件——事件串。在应用这条规则时，更注意事件与被取代的事件两者必须是等价的。

7）正确处理相同事件

若某个故障事件在故障树的不同分支中出现，甚至在不同的故障树中出现，则不同地方出现的该事件必须使用同一个事件编码。若该相同事件不是底事件则故障树不同分支处的该事件必须使用相同编码的转移符号来表示。当这种相同事件出现在有某种相关性的不同系统（例如，两个系统公用同一个电源或冷却水支持系统，甚至公用同一个阀门或管路）中时，尤其需要注意遵守这一规则。不得在一个系统的故障树中该事件采用了某一编码，而在另一个系统的故障树中这同一个事件采用了另一个编码。同一共因失效组中不同部件的共因事件也是一种相同事件。

8）区分并处理部件故障状态与系统故障状态

对每个中间事件，要分析“该故障事件是否能由部件故障组成”，如果回答“能”，则将该事件归为“部件故障状态”，如果回答“否”，则将该事件归入“系统故障状态”。如果这个故障事件归为“部件故障状态”，则就在该事件下面加一个或门，并寻找原发故障、诱发故障和指令故障模式，如果这个故障事件归为“系统故障状态”，则寻找其最简捷的、充分而必要的直接原因。

以上这些规则在开始建树时应严格遵循。所建成的故障树还应该请有实际工程经验、熟悉系统又有可靠性知识的人员独立进行审核，经审核并修正后的故障树才能成为故障树分析的依据。

故障树是故障树分析的对象。为了使这一分析工作得以进行必须对故障树中的基本事件和逻辑门按一定规则进行命名，必须建立一套标准化的、统一的编码系统，并严格遵循编码规定开展工作。编码系统的质量会直接影响故障树分析工作的进度和质量，因此必须予以充分重视。

2. 故障树编码系统

1）编码的基本原则

制定故障树编码系统，主要考虑编码的唯一性、一致性、完备性和可读性等基本原则。

（1）编码的唯一性和一致性是指每一个设备的任何一种失效模式对应的故障事件，有且仅有一种编码与其对应。该原则在涉及不同系统的共用设备时要特别注意，事先确定其系统的归属，以确保唯一性。

（2）编码系统完备性是指编码系统一般应能涵盖概率安全分析中所遇到的所有情况。但由于分析的复杂性，在遵循唯一性和一致性的原则下，在分析过程中不断地对编码系统进行补充和完善，以便尽量包含所有情况。

（3）编码的可读性是指编码应能很好地表达所对应事件的物理含义，并能直接反映所包含的信息。

2）编码的规则

（1）编码长度的最大编码为20个字符，共因事件组最大编码长度为16个字符。

（2）编码字符包括26个大写英文字符（A～Z）、10个阿拉伯数字（0～9）、短横线（-）以及下划线（_）共38个字符。

（3）系统和设备的编码应尽量与系统流程图上的编码一致。

3）设备及其子分类编码

电气设备及其子类编码如表5.1所示。

4）设备失效模式编码

电气设备失效模式编码如表5.2所示。

表5.1　设备及其子分类编码

设备类型	设备编码	设备编码说明	设备子分类编码	设备子分类编码说明
断路器/接触器	JA	实现电路接通和断开功能	D	220V/380V 交流断路器
			E	6.0kV 接触器/断路器
			G	＞6.0kV 断路器

续表

设备类型	设备编码	设备编码说明	设备子分类编码	设备子分类编码说明
辅助用变压器	TA	电压等级转换	N	220kV/6.0kV
电力变压器	TR		N	20kV/6.0kV 变压器
发电机	AP	产生电能	T	主发电机组

表 5.2　设备失效模式编码

失效模式编码	失效模式的英文描述	失效模式	定义及其应用范围
FW	Failed during Work	运行失效	在要求的任务时间内，设备不能连续运行；适用于所有通过连续运行来完成其功能的设备
FD	Failed on Demand	需求失效	要求动作而没有动作的设备，要求设备触发时不能触发
RC	Refuse to Close	拒关（合）	设备未能运动到闭合位置。适用于闭合是该设备完成功能必须环节的设备；闸门为拒关；对于接触器/断路器为拒合
RO	Refuse to Open	拒开	设备未能运动到开启位置，与拒关相反

3. 故障树编码分析

故障树编码主要涉及可靠性参数、设备基本事件、共因失效组、逻辑门、房形事件以及待发展事件等。

1）设备基本事件的命名规则

基本事件的命名共 12 位字符（特殊情况下为 13 位），其整个编码格式为：SYSNNNTYT_FM。前三位为基本系统名称，以系统流程图中设备所属的系统为准，对于系统编码，一般是 3 位字母，但有时不能完全区分，此时增加一位字母以示区别；第 4 位到第 6 位为系统设备完整的三位数字编码，编码第一位为 0，不能省略；第 7 位和第 8 位为设备分类；第 9 位为设备的子分类编码；第 10 位为分隔符“_”；第 11 位和第 12 位为设备的失效模式编码。

2）共因失效组的命名规则

在共因组的命名时，编码长度不应超过 12 个字符。

（1）同一系统设备的共因失效组编码。

同一系统设备的共因失效组编码：CnSYSTYTN_FM。C 为共因事件；n 为共因事件阶数；SYS 为系统编码；TY 为部件分类代码；T 为部件子分类代码；N 为同一系统中同类部件同失效模式序号；FM 为失效模式。

（2）不同系统设备的共因失效组编码。

涉及两个系统的共因失效组，其编码仍遵循 5.2.4 节所述规则，系统编码为按字母顺序排列在前的系统。

（3）接触器/断路器。

同一系统中的电动阀、泵、风机的接触器/断路器，其共因失效组的编码：CnSYSTYTN_FM。

分属两个系统的电动阀、泵、风机的接触器/断路器，其共因失效组编码为：CnSYSJATN_FM，T 为部件类型，而非子部件类型，根据设备的不同而变化，P 为泵，Z 为风机，V 为阀门，C 为压缩机。

在接触器/断路器的共因失效组的描述中应该具体说明对应的开关柜号，以便于检查和以后的应用。

（4）逻辑门编码。

逻辑门的编码通常为 8 位，具体格式为：SYSPNNNN。其中前 3 位字符代表所分析的系统的名称；第 4 位为字符“P”，代表逻辑门；后 4 位是逻辑门的序列号，通常取 4 位。其中，前两位为故障树在系统分析中的序号；第 3 位为逻辑门在故障树中所处的层数，按从上到下，从小到大的顺序排列；最后一位是逻辑门在该层中的位置，按从左到右，从小到大的顺序排列。

需要注意的是由转移门而来的子故障树按其在系统分析中的序号重新编码。故障树顶门的后两位编码为 00。菱形事件（待发展事件）一般出现在建单独故障树或暂不处理的事件中，其编码格式与逻辑门的格式相同。

（5）房形事件编码。

房形事件通常被当成故障树中的开关使用，因此房形事件与相应要被控制的逻辑门或基本事件密切相关。对于控制逻辑门的房形事件，取相应的逻辑门编码为房形事件编码的主体，后面再加“_HS”说明是房形事件；对于控制基本事件的房形事件，直接将相应基本事件的设备子分类编码去掉，同时失效模式编码更换为“_HS”即可。

房形事件必须是一个开关事件，用于控制选择故障树是否参与计算；它可作为边界条件、逻辑门和基本事件的输入，以满足特定的要求。主要用于故障树分析中，在模型基本形式不变的情况下实现多种可能的分析。

（6）设备基本事件可靠性编码。

设备基本事件可靠性参数的类型共有 7 种：需求失效概率 q、失效率（失效密度）r、发生频率 f、平均维修时间 Tr、试验周期 Ti、任务时间 Tm 及首次试验时间 Tf。为了使编码的长度统一，编码时将参数 q，r 和 f 分别表示成 QQ，RR 和 FF，其他参数的表示长度相同。整个编码格式：SYSTYT_FM-QQ。参数编码的系统名称，对于普遍性的参数，直接用“SYS”代替设备所属的系统，而对于特定可靠性数据则用该设备所属系统名称代替“SYS”。这样做的目的是，便于数据的维护。若设备子分类编码相同而设备编码不同的设备的数据具有普遍性，则可以用特殊的编码，如止回阀拒开编码 SYSVXC_RO-QQ，其中，VX 为设备编码，而不再区分 VD，VB 等。若设备编码相同而设备子分类编码不同的设备数据具有普遍性，也可以用特殊的编码，如泵破裂编码：SYSPOX_RU-QQ，其中 X 为设备子分类编码，不再区分 M，P。

（7）共因失效参数。

有 3 种共因模型的参数可以输入：Beta 因子模型、MGL 模型和 Alpha 因子模型。本书仅采用 MGL 模型，因此仅规定 MGL 模型的共因失效参数编码。

MGL 模型的参数按照希腊字母的排列顺序出现。整个编码长度为 11 位，编码形式：MGL_TYT-N-F。第 1 位至第 3 位字符为字母 MGL，代表 MGL 模型，后跟分隔符_；第 5 位至第 6 位字符为设备的类型编码；第 7 位为设备子分类编码；第 9 位为 1 位数字，代表共因设备总数；分隔符-后是各因子的首字母，如 β 为 B、γ 为 G、δ 为 D 等。

4. 事件树分析编码

在事件树建造过程中，针对所应用的计算软件建造事件树的特点，涉及始发事件编码、题头事件编码、基本事件编码以及相应基本事件的可靠性参数编码等。

1）始发事件编码

始发事件编码由 4 位字符 ITNS 组成，如表 5.3 所示。第 1 位字符 I 代表始发事件族，第 2 位字符 T 代表子始发事件，第 3 位字符 N 代表同一子始发事件在相同工况下的子始发事件的序号；第 4 位字符 S 用于表示始发事件发生的工况。

表 5.3　始发事件族和子始发事件编码

始发事件族	始发事件族编码	子始发事件编码	描述
丧失支持类	O	A	丧失交流电源
		D	丧失直流电源
特殊瞬态	T	S	丧失厂外电源

2）题头事件编码

事件树的题头事件主要涉及安全功能、操作员对相应规程的实施等内容。题头事件的命名采用流水号的形式分类进行。一个题头事件的命名为 XNN，其中 X 为题头事件类的编码，NN 为序列号，从 01 开始，逐次增加。具体表示如表 5.4 所示。

表 5.4　事件树题头事件类的编码

代码类	代码描述
D	电源支持类
I	相关报警指示信号
X	除电源以外的恢复

3）事件树中的基本事件编码

建立概率安全分析模型中，对于事件树中的始发事件和题头事件，都需要输入对应的基本事件或逻辑门；逻辑门是选择模型中已有的，而基本事件需要一对一输入，这样就需要确定每一对应基本事件的编码。在事件树中，涉及的基本事件有：始发事件的基本事件、人因事件的基本事件及功能基本事件。具体编码如表 5.5 所示。

表 5.5　事件树中基本事件编码

名称	编码	备注
始发事件的基本事件	IE-XXXX	IE 表示始发事件，XXXX 表示始发事件编码
人因事件的基本事件	HE-XXXX	HE 表示人因事件，XXXX 表示人因事件编码
功能基本事件	FE-XXX	FE 表示功能事件，XXX 表示相应的题头功能事件编码

4）参数编码

参数是与基本事件相对应，其编码对应地做出如表 5.6 所示规定。

表 5.6　事件树中参数编码

名称	编码	备注
始发事件的基本事件参数	XXXX-FF	XXXX 表示始发事件编码，FF 表示参数类型是频率
人因事件的基本事件参数	XXXX-QQ	XXXX 表示人因事件编码，QQ 表示参数类型是概率
功能基本事件	XXX-QQ	XXX 表示相应的功能事件编码，QQ 表示参数类型是概率

5. 人因事件编码

在概率安全分析中涉及始发事件前人误事件和始发事件后人误事件两种类型，而且人因是作为故障树和事件树的基本输入，因此需要对人因事件及其参数进行编码，以便于识别和应用。

1）始发事件前人误事件编码

事件前人误是由于维修或试验，操作人员忘记恢复设备到正常状态，而造成的设备不可用或失效，表现类型有：忘记打开、忘记关闭、开关柜未置于工作位，以及定值错误等。这些失误的特点都是针对某一设备，因此对于此类人因事件的编码与设备基本事件的编码命名规则类似，为 SYSTYT_FM-QQn。其中失效模式编码是人误类型，n 为参数值分类，对于普遍性参数，直接用 SYS 代替设备所属的系统，可用 VX 代替设备分类，X 代替设备子分类。

2）始发事件后人误事件编码

事件后人误主要是指在事故发生后，要求操纵员执行规程或实施某项操作时，发生的失误导致某一设备不可用或某一功能丧失。

如果人因事件作为事件树题头事件出现，人因参数编码格式：HEn-QQ， HEn 为题头事件人因编码，QQ 为参数类型，如第 21 个事件后人误题头事件的参数编码为：HE21-QQ。

在事故后，设备在自动信号作用下没有启动（泵）、关闭/开启（阀门）和调节，这时需要人员去干预，以达到要求的设备状态。这种人误的编码格式与设备基本事件编码相似，如 SYSNNNTYT_FM，但是对 FM 定义不同，在编码中 FM 以 HE 出现。

6. 边界条件编码

在故障树和事件树建造过程中，会对始发事件、题头事件和故障树的顶事件设定某种限制条件；因此有必要对这种限制条件进行规定，以便于识别和可追溯，其命名规则如表 5.7 所示（BC 为边界条件）。

表 5.7　边界条件编码

项目	编码形式	说明
始发事件	BC-IE	IE 是对应的始发事件编码
题头事件	BC-TE	TE 是对应的题头事件编码
故障树	BC-SYSNN	SYS 是系统名称，NN 是此系统中的边界条件的序号

7. 特殊事件编码

根据标准化故障树的建树原则，对于在同一故障树中，把具有共性的基本事件处理为一个基本事件，对于这些编码的规则如下：SYS-N-TYN_FM。第 1 位至第 3 位为基本系统名称；第 4 位为分隔符；第 5 位为根据归并基本事件个数形成的指示数；第 6 位为分隔符；第 7 位和第 8 位为部件分类代码；第 9 位为序号；第 10 位为分隔符；第 11 位和第 12 位为失效模式代码。

5.3　雅溪一级水电站电气设备安全评价实例分析

5.3.1　雅溪一级水电站系统组成

浙江省雅溪一级小型水电站装机 4×1600kW，有 35kV 和 10kV 两种出线电压级，35kV 连接外电网，当发电单元故障时可以通过倒送电来维持厂用电。选用两台厂用变压器（互备用），其中一台引自发电机电压母线，与母线电压互感器合用一面高压开关柜，另一台引自 10kV 出线端。400V 厂用电母线分为两段，采用一台主变压器。6.3kV 发电机电压侧采用单母线接线，35kV 升高电压侧一回出线，采用变压器-线路单元接线。10kV 升高电压侧主要供电近区和厂坝区，采用变压器-母线式接线，屋外配电装置。由于发电机电压母线引接的 1 号厂变是主要电源，所以接有较多的负荷。当 1 号厂变检修或故障时，可由 2 号厂变供电。

水电站主接线由发电机、变压器、断路器、隔离开关、互感器、母线、电力电缆、输电线路等一次设备依照实际顺序连接起来组成的电气回路，并用统一规定的图形符号和文字符号表示发变供电电路图。主接线对于水电站电气设备的选择和布置、继电保护方式的制订，以及电站运行的经济性、灵活性和可靠性，有十分重要的直接影响。

主接线的基本要求：①应满足电力系统、用户对供电可靠性和电能质量的要求，电能质量的主要指标是电压频率和可靠性。对于重要用户，应采用两个独立的电源供电。②应具有一定的运行灵活性，能适应各种运行方式的变化，不但在正常时能保证供电，而且在部分设备检修时，保证对重要用户的连续供电。③主接线操作应简便，各种电气设备的检修要方便、安全。④应具有合理的经济性，在满足技术要求的基础上，应尽量节省投资，降低运行费用。

浙江省雅溪一级水电站的电气主接线图如图 5.4 所示。由于电源来自坝顶配电室，所以本次研究对象为：①坝顶配电室在汛期内发生不能恢复供电的概率。②坝顶配电室由厂用电供电，向厂用电供电的系统包括 35kV 供电系统（包括 35kV 主外电网、厂内 35kV 升压站）、水力发电系统（包括 01～04 号水力发电机、01～04 号发电机出口断路器及 6kV 母线等）、10kV 供电系统（包括厂内 10kV 升压站），以及厂用变电站（包括 1 号厂用变电站、2 号厂用变电站及投切开关）。

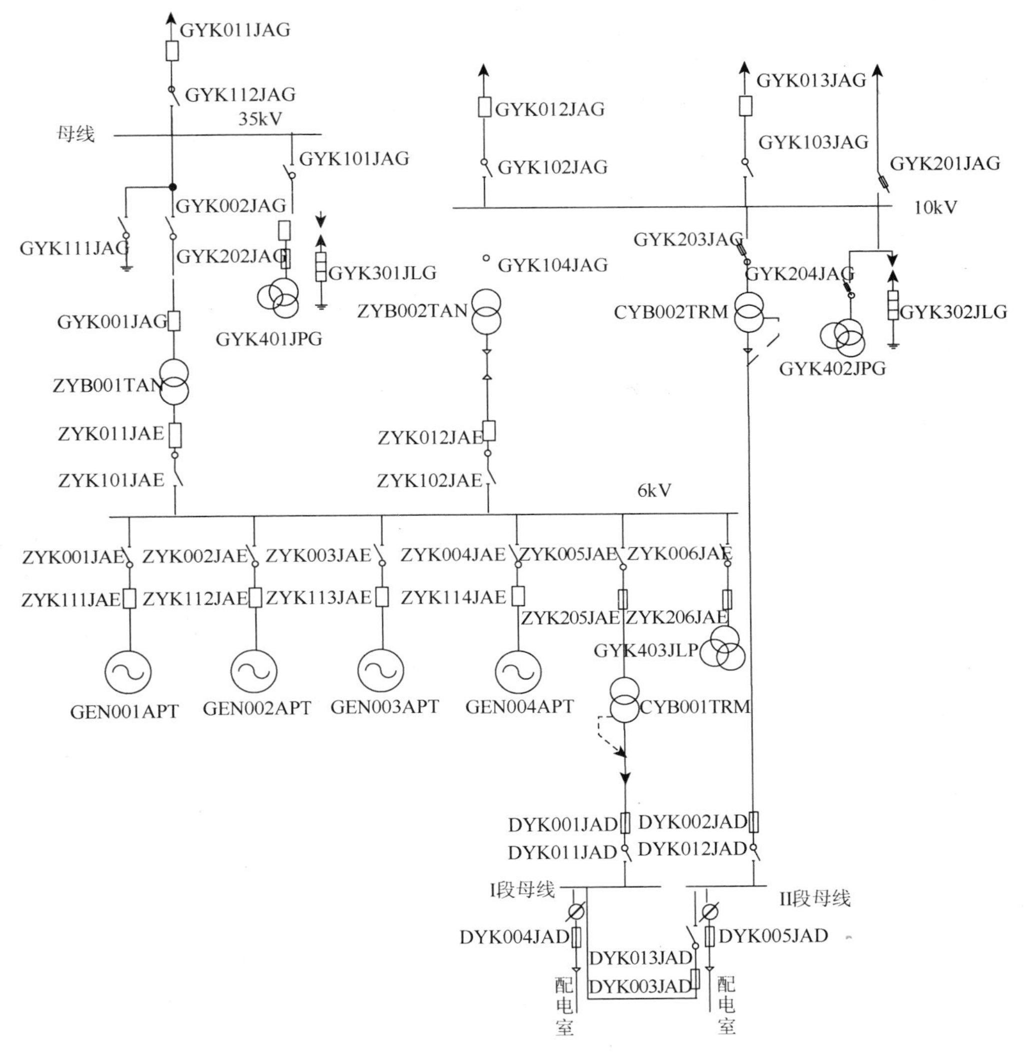

图 5.4　浙江省雅溪一级水电站电气主接线图

5.3.2　雅溪一级水电站电气系统故障树的构建

在完成收集资料、熟悉系统等准备工作，并确定系统故障树的顶事件后，即可从确定的顶事件出发，按照构建故障树的基本规则和方法，以及系统的实际情况，构建出所需的故障树。

1. 建模总体假设

本系统分析中主要的假设如下：①所有的系统被考虑为不可修复系统；②当发

电机组运行正常时，全厂由发电机组和 35kV 电网共同供电；③当发电机组停机时，全厂由 35kV 电网倒送电；④当 35kV 电网因故障停电时，全厂由发电机组供电；⑤当全厂停电时，由 35kV 电网倒送电；⑥故障树模型中不考虑附加柴油发电机组；⑦主变压器、高压厂用变压器、发电机出口断路器的支持系统（含保护和控制）在本系统分析中均未考虑，这些支持系统的故障已体现在由统计得到的故障数据中。

2. 系统设备

故障树分析中系统设备信息表如表 5.8～表 5.12 所示。

表 5.8　系统设备信息表（35kV 供电系统）

设备编码	设备名称	位置	功能	状态说明	失效模式	失效影响	是否在故障树考虑	对共因的考虑
GYK011JAG	35kV 升压站断路器	电气厂房	连接 35kV 外电网和 35kV 母线，控制电流通断	正常运行：关闭	运行失效	升压站故障，无法倒送电	是	无
GYK001JAG	1 号主变高压断路器	发电机厂房外侧	连接 35kV 母线和主变，控制电流通断	正常运行：关闭	运行失效	升压站故障，无法送电	是	无
GYK112JAG	隔离开关	电气厂房	隔离电源，安全检修	正常运行：关闭	运行失效	升压站故障，无法倒送电	是	无
ZYK011JAE	1 号主变低压断路器	发电机厂房外侧	连接 6kV 母线和主变，控制电流通断	正常运行：关闭	运行失效	升压站故障，无法送电	是	无
GYK002JAG	电压互感器断路器	发电机厂房外侧	连接 35kV 母线和电压互感器	正常运行：关闭	运行失效	监测站故障，无法监测	否	无
ZYB001TAN	1 号主变压器	发电机厂房外侧	将发电机出口电压 6kV 升压为 35kV	正常运行	运行失效	升压站故障，无法送电	是	无
GYK111JAG	带接地刀隔离开关	发电机厂房外侧	连接 35kV 母线和断路器，控制电流通断	正常运行：关闭	运行失效	升压站故障，无法送电	是	无
GYK202JAG	限流式熔断器	发电机厂房外侧，电压互感器高压侧	限制短路电流，保护电压互感器	正常运行：关闭	运行失效	高压互感器损坏，无法监视与测量	否	无
GYK301JLG	阀型避雷器	发电机厂房外侧	防止变压器雷击损坏，保护主变压器	正常运行：关闭	运行失效	升压站故障，无法送电	否	无

续表

设备编码	设备名称	位置	功能	状态说明	失效模式	失效影响	是否在故障树考虑	对共因的考虑
GYK401JPG	电压互感器	发电机厂房外侧	监测升压站电压	正常运行	运行失效	继电保护装置的电压降低或消失，保护装置误动或拒动	否	无
GYK101JAG	隔离开关	发电机厂房外侧	隔离电源，安全检修	正常运行：关闭	运行失效	监测站故障，无法监测	否	无
ZYK101JAE	隔离开关	发电机厂房外侧	隔离电源，安全检修	正常运行：关闭	运行失效	升压站故障，无法送电	是	无

表 5.9　系统设备信息表（10kV 供电系统）

设备编码	设备名称	位置	功能	状态说明	失效模式	失效影响	是否在故障树考虑	对共因的考虑
GYK012JAG	10kV 升压站断路器	电气厂房	连接 10kV 外电网和 10kV 母线，控制电流通断	正常运行：关闭	运行失效	升压站故障，无法送电	否	无
GYK013JAG	10kV 升压站断路器	电气厂房	连接 10kV 外电网和 10kV 母线，控制电流通断	正常运行：关闭	运行失效	升压站故障，无法送电	否	无
GYK102JAG	隔离开关	电气厂房	隔离电源，安全检修	正常运行：关闭	运行失效	外电网故障，无法送电	否	无
GYK103JAG	隔离开关	电气厂房	隔离电源，安全检修	正常运行：关闭	运行失效	外电网故障，无法送电	否	无
GYK201JAG	开关熔断器	电气厂房	连接 10kV 母线与外电网	正常运行：关闭	运行失效	外电网故障，无法送电	否	无
GYK104JAG	隔离开关	发电机厂房外侧	隔离电源，安全检修	正常运行：关闭	运行失效	升压站故障，无法送电	是	无
GYK402JPG	电压互感器	发电机厂房外侧	进行电压监测	正常运行	运行失效	无法进行电压监视与测量	否	无
GYK204JAG	电压互感器开关熔断器	发电机厂房外侧	连接 10kV 母线与电压互感器	正常运行：关闭	运行失效	无法进行电压监视与测量	否	无
GYK302JLG	阀型避雷器	发电机厂房外侧	防止雷电造成的变压器过电压损坏，保护变压器	正常运行：关闭	运行失效	升压站故障，无法送电	否	无

续表

设备编码	设备名称	位置	功能	状态说明	失效模式	失效影响	是否在故障树考虑	对共因的考虑
ZYB002TAN	近区变压器	发电机厂房外侧	将发电机出口电压 6kV 升压为 10kV	正常运行	运行失效	升压站故障，无法倒送电	是	无
ZYK012JAE	近区变断路器	发电机厂房外侧	连接 6kV 母线和近区变，控制电流通断	正常运行：关闭	运行失效	升压站故障，无法倒送电	是	无
ZYK102JAE	隔离开关	发电机厂房外侧	隔离电源，安全检修	正常运行：关闭	运行失效	升压站故障，无法送电	是	无

表 5.10　系统设备信息表（发电机供电系统）

设备编码	设备名称	位置	功能	状态说明	失效模式	失效影响	是否在故障树考虑	对共因的考虑
GEN001APT	1 号发电机组	发电机厂房	发电	正常运行，热备用	运行失效 需求失效	无法供电	是	无
GEN002APT	2 号发电机组	发电机厂房	发电	正常运行，热备用，冷备用	运行失效 需求失效	无法供电	是	无
GEN003APT	3 号发电机组	发电机厂房	发电	正常运行，热备用，冷备用	运行失效 需求失效	无法供电	是	无
GEN004APT	4 号发电机组	发电机厂房	发电	正常运行，热备用，冷备用	运行失效 需求失效	无法供电	是	无
ZYK111JAE	1 号发电机出口断路器	发电机厂房	连接发电机组和主变、厂变，控制电流通断	正常运行时：闭合 备用：打开	运行失效 需求失效	无法供电	是	无
ZYK112JAE	2 号发电机出口断路器	发电机厂房	连接发电机组和主变、厂变，控制电流通断	正常运行时：闭合 备用：打开	运行失效 需求失效	无法供电	是	无
ZYK113JAE	3 号发电机出口断路器	发电机厂房	连接发电机组和主变、厂变，控制电流通断	正常运行时：闭合 备用：打开	运行失效 需求失效	无法供电	是	无
ZYK114JAE	4 号发电机出口断路器	发电机厂房	连接发电机组和主变、厂变，控制电流通断	正常运行时：闭合 备用：打开	运行失效 需求失效	无法供电	是	无
ZYK001JAE	隔离开关	发电机厂房内侧	隔离电源，安全检修	正常运行：关闭	运行失效	无法供电	否	无

续表

设备编码	设备名称	位置	功能	状态说明	失效模式	失效影响	是否在故障树考虑	对共因的考虑
ZYK002JAE	隔离开关	发电机厂房内侧	隔离电源，安全检修	正常运行：关闭	运行失效	无法送电	否	无
ZYK003JAE	隔离开关	发电机厂房内侧	隔离电源，安全检修	正常运行：关闭	运行失效	无法送电	否	无
ZYK004JAE	隔离开关	发电机厂房内侧	隔离电源，安全检修	正常运行：关闭	运行失效	无法送电	否	无

表 5.11　系统设备信息表（厂用电系统）

设备编码	设备名称	位置	功能	状态说明	失效模式	失效影响	是否在故障树考虑	对共因的考虑
ZYK205JAE	1 号厂变高压侧熔断器	发电机厂房外侧	防止短路事故和连续过负荷，保护变压器	正常运行：闭合	运行失效	1 号厂用变故障，无法向 I 段母线供电	是	无
CYB001TRM	1 号厂用变压器	发电机厂房外侧	6kV 降压为 0.4kV	正常运行	运行失效	无法向 I 段母线供电	是	无
DYK001JAD	1 号厂变低压侧熔断器	发电机厂房外侧	连接 1 号厂变和 I 段母线，控制电流通断	正常运行：闭合	运行失效	无法向 I 段母线供电	是	无
GYK203JAG	2 号厂用变开关熔断器	发电机厂房外侧	连接 10kV 母线和 2 号厂用变，对厂变短路保护或过载保护	正常运行：关闭	运行失效	厂用升压站故障，无法向 II 段母线供电	是	无
CYB002TRM	2 号厂用变压器	发电机厂房外侧	10kV 降压为 0.4kV	正常运行	运行失效	无法向 II 段母线供电	是	无
DYK002JAD	2 号厂变低压侧熔断器	发电机厂房外侧	连接 2 号厂变和 II 段母线，控制电流通断	正常运行：闭合	运行失效	无法向 II 段母线供电	是	无
DYK003JAD	I，II 段母联熔断器	厂变开关站	连接 I、II 段母线并列运行	备用：打开	拒关	无法并列运行	是	无
ZYK005JAE	隔离开关	发电机厂房外侧	隔离电源，安全检修	正常运行：关闭	运行失效	无法向 I 段母线送电	否	无
ZYK006JAE	隔离开关	发电机厂房外侧	隔离电源，安全检修	正常运行：关闭	运行失效	无法送电	否	无
DYK011JAD	I 段母线投切开关	1 号厂变开关站	连接厂变和 I 段母线	正常运行：关闭	运行失效	无法向 I 段母线供电	是	无

续表

设备编码	设备名称	位置	功能	状态说明	失效模式	失效影响	是否在故障树考虑	对共因的考虑
DYK012JAD	II段母线投切开关	2号厂变开关站	连接厂变和II段母线	正常运行：关闭	运行失效	无法向II段母线供电	是	无
DYK013JAD	I、II段母联投切开关	厂变开关站	连接I、II段母线并列运行	备用：打开	拒关	无法并列运行	是	无
DYK004JAD	配电室I号进线熔断器	1号厂变开关站	连接I段母线与配电室	正常运行：闭合	运行失效	无法向配电室送电	是	无
DYK005JAD	配电室II号进线熔断器	2号厂变开关站	连接I段母线与配电室	正常运行：闭合	运行失效	无法向配电室送电	是	无
ZYK206JAE	电压互感器熔断器	发电机厂房外侧	过电压保护	正常运行：闭合	运行失效	无法送电	否	无
GYK403JLP	电压互感器	发电机厂房外侧	进行电压监测	正常运行	运行失效	无法进行电压监视与测量	否	无

表 5.12　设备可靠性参数

序号	部件名		失效模式	λ	γ	参数编码
				运行失效率/（1/h）	需求失效概率	
1	发电机类	水轮发电机组	运行失效	2.00×10^{-5}		GENAPT_FW-RR
			需求失效		5.80×10^{-5}	GENAPT_FD-QQ
2	电器开关类	35kV 开关	运行失效	9.40×10^{-6}		GYKJAG_FW-RR
			拒开		3.00×10^{-3}	GYKJAG_RO-QQ
		6kV 开关	拒关		1.70×10^{-4}	ZYKJAE_RC-QQ
			拒开		1.70×10^{-4}	ZYKJAE_RO-QQ
			运行失效	8.40×10^{-7}		ZYKJAE_FW-RR
		10kV 开关	运行失效	8.40×10^{-7}		GYKJAG_FW-RR
			拒开		1.70×10^{-4}	GYKJAG_RO-QQ
		400V、220V 交流开关	拒关		5.20×10^{-4}	DYKJAD_RC-QQ
			拒开		5.20×10^{-4}	DYKJAD_RO-QQ
			运行失效	2.00×10^{-7}		DYKJAD_FW-RR

续表

序号	部件名		失效模式	λ	γ	参数编码
				运行失效率/（1/h）	需求失效概率	
3	变压器类	35kV/6kV 主变压器	运行失效	6.00×10^{-6}		ZYBTAN_FW-RR
		6kV/380V 厂用变压器 1	运行失效	2.30×10^{-7}		CYBTRN_FW-RR
		10kV/6kV 近区变压器	运行失效	6.00×10^{-6}		ZYBTAN_FW-RR
		10kV/380V 厂用变压器 2	运行失效	2.30×10^{-7}		CYBTRN_FW-RR
4	外电网类	35kV 主外电网	运行失效	8.88×10^{-4}		MAIN_BUS_FW-RR

3. 故障树顶事件的确定

本系统分析中考虑的顶事件如表 5.13 所示。

表 5.13　坝顶配电系统故障树顶事件及其失效准则表

顶事件编码	顶事件说明	失效准则	调用该顶事件的事件树名/故障树名	备注
BDPP0000	配电室供电失效	进线开关故障，或 I、II 段母线失电，或变压器开关拒开导致投切开关拒关致全厂失电		
MAIN_BUS_FW	35kV 主外电网失电	35kV 架空线故障或天气原因故障		
YSAP0000	I 段母线失电	I 段母线上游线路失电，且 I、II 段母联开关拒关	BDPP0000	
YSBP0000	II 段母线失电	II 段母线上游线路同时失电，且 I、II 段母联开关拒关	BDPP0000	
SYAP0000	I 段母线上游线路失电	1 号厂变线路运行故障，或 6kV 母线失电	YSAP0000	
SYBP0000	II 段母线上游线路失电	2 号厂变线路运行故障，或 10kV 母线失电	YSBP0000	
SYAP0002	6kV 母线失电	发电单元失电或母线上游线路失电	YSAP0000	
SYBP0002	10kV 母线失电	近区变线路失电 6kV 母线失电	YSAP0000	
FDAP0000	发电单元运行失效	发电单元热备用失效，或发电单元冷备用失效，或发电单元运行失效	SYAP0000	
GDSP0000	35kV 供电系统故障	35kV 母线失电，或主外电网故障	SYAP0000 SYBP0000	
CBYP0000	厂变开关拒开导致全厂失电	1 号、2 号厂用变压器失效，且主变与近区变开关同时拒关导致全厂失电	BDPP0000	

续表

顶事件编码	顶事件说明	失效准则	调用该顶事件的事件树名/故障树名	备注
ZBYP0000	主变开关拒开导致全厂失电	主变压器失效且主变开关同时拒关导致全厂失电	BDPP0000	
ZBXP0000	近区变开关拒开导致全厂失电	近区变压器失效且近区变开关同时拒关导致全厂失电	BDPP0000	

4. 人员可靠性分析

由于本系统分析所考虑的系统在机组正常运行时处在运行状态，一旦由于人员失误造成系统不可用，有较严重后果，主控制室有相关报警或指示，能够及时发现，所以故障树中不考虑始发事件前人误事件。

5. 试验和维修不可用

假设每年的检修计划安排在非汛期，因此故障树中不考虑设备因试验和维修导致不可用的概率。

6. 电气与控制

电气与控制设备相关性矩阵如表 5.14 所示。

表 5.14 设备相关性矩阵表

设备信息		变压器		
设备编码	设备名称	1 号	2 号	3 号
GYK001JAG	35kV 主变断路器	ZYB001TAN		
ZYK011JAE	6kV 主变断路器	ZYB001TAN		
ZYK111JAE	6kV 发电机出口断路器	ZYB001TAN	ZYB002TAN	
ZYK112JAE	6kV 发电机出口断路器	ZYB001TAN	ZYB002TAN	
ZYK113JAE	6kV 发电机出口断路器	ZYB001TAN	ZYB002TAN	
ZYK114JAE	6kV 发电机出口断路器	ZYB001TAN	ZYB002TAN	
ZYK012JAE	6kV 近区变断路器		ZYB002TAN	

7. 雅溪一级水电站故障树详图

图 5.5～图 5.13 列出了雅溪一级水电站故障树详图。

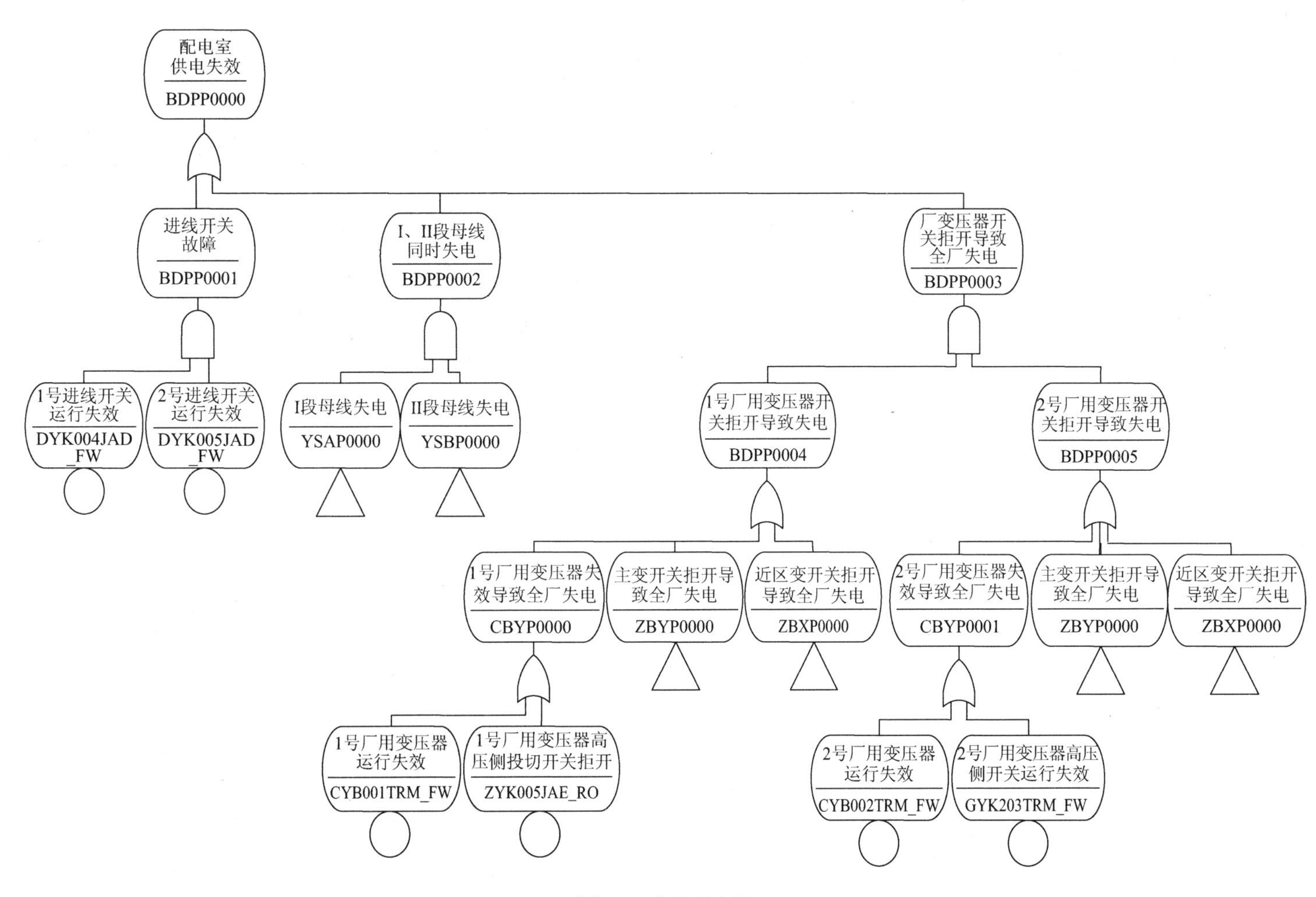
配电室
供电失效
BDPP0000
进线开关
故障
BDPP0001
I、II段母线
同时失电
BDPP0002
厂变压器开
关拒开导致
全厂失电
BDPP0003
1号进线开关
运行失效
DYK004JAD
_FW
2号进线开关
运行失效
DYK005JAD
_FW
I段母线失电
YSAP0000
II段母线失电
YSBP0000
1号厂用变压器开
关拒开导致失电
BDPP0004
2号厂用变压器开
关拒开导致失电
BDPP0005
1号厂用变压器失
效导致全厂失电
CBYP0000
主变开关拒开导
致全厂失电
ZBYP0000
近区变开关拒开
导致全厂失电
ZBXP0000
2号厂用变压器失
效导致全厂失电
CBYP0001
主变开关拒开导
致全厂失电
ZBYP0000
近区变开关拒开
导致全厂失电
ZBXP0000
1号厂用变压器
运行失效
CYB001TRM_FW
1号厂用变压器高
压侧投切开关拒开
ZYK005JAE_RO
2号厂用变压器
运行失效
CYB002TRM_FW
2号厂用变压器高压
侧开关运行失效
GYK203TRM_FW

图 5.5　故障树主树

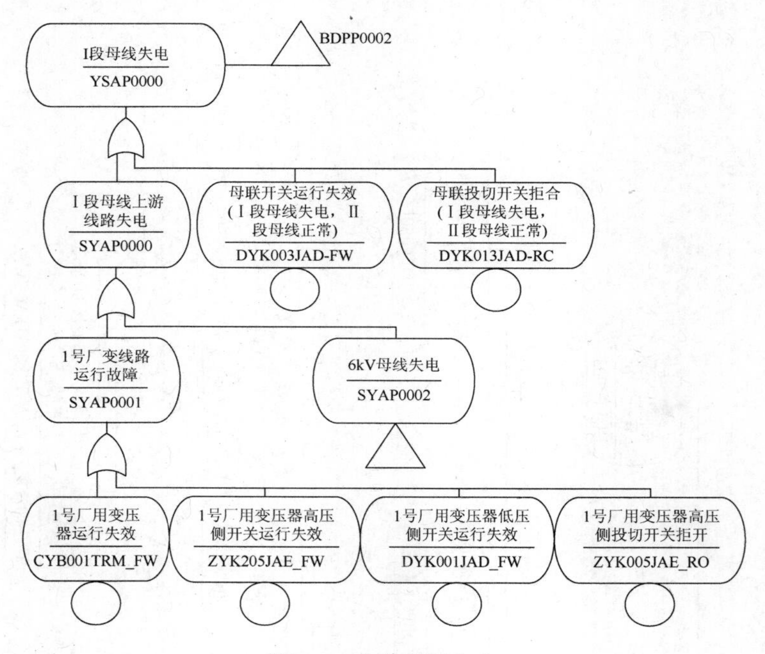

图 5.6　I 段母线失电

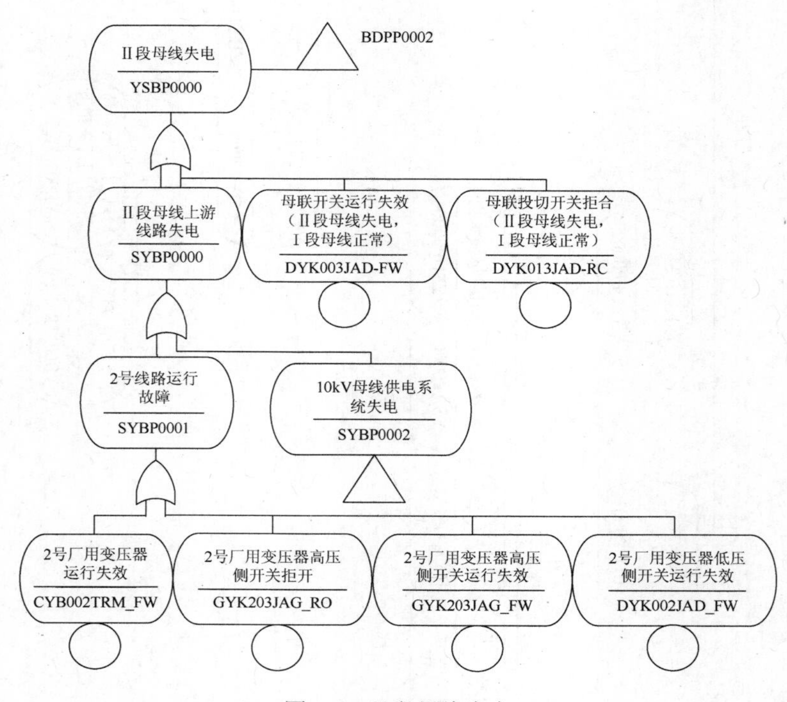

图 5.7　II段母线失电

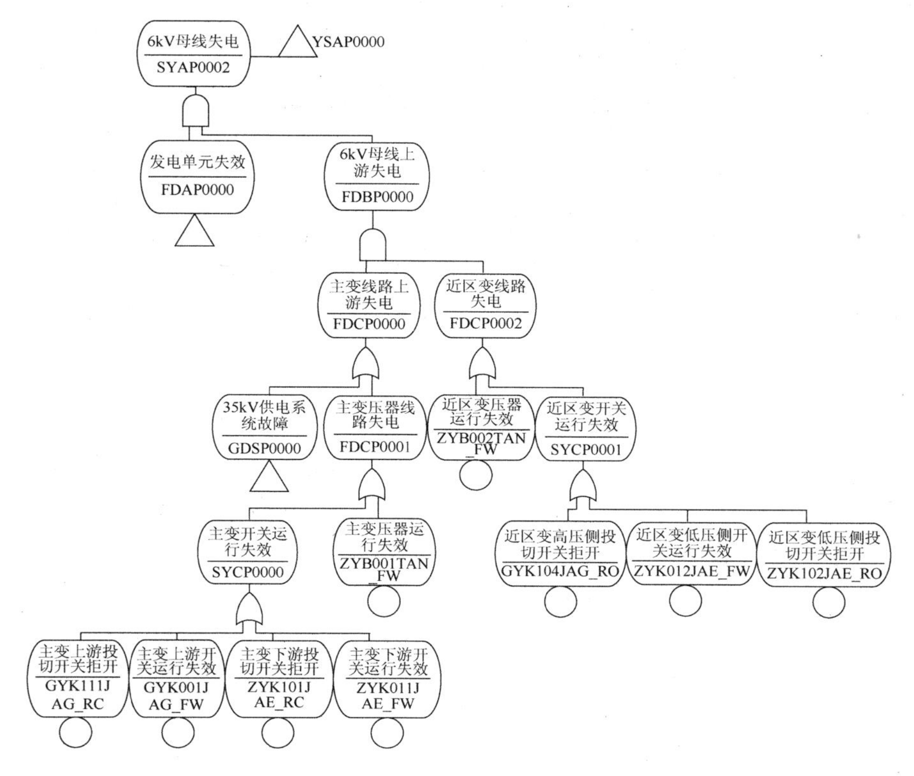

图 5.8　6kV 母线失电

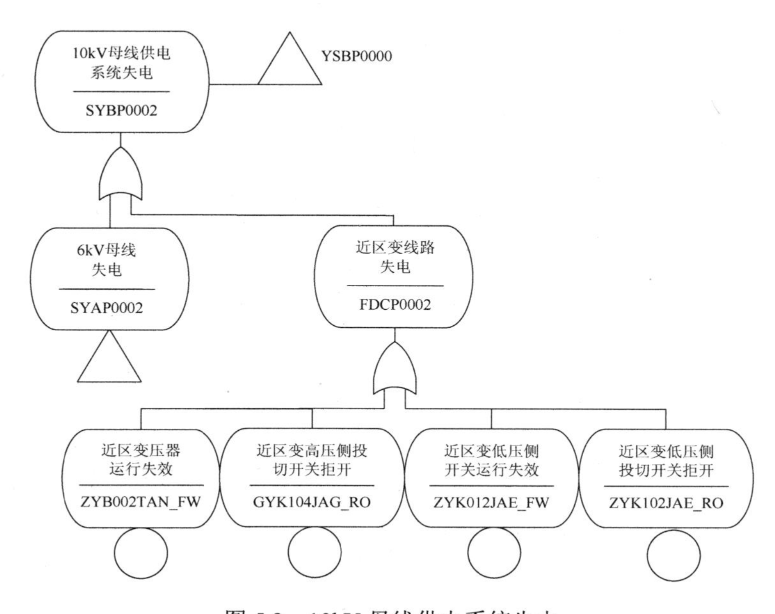

图 5.9　10kV 母线供电系统失电

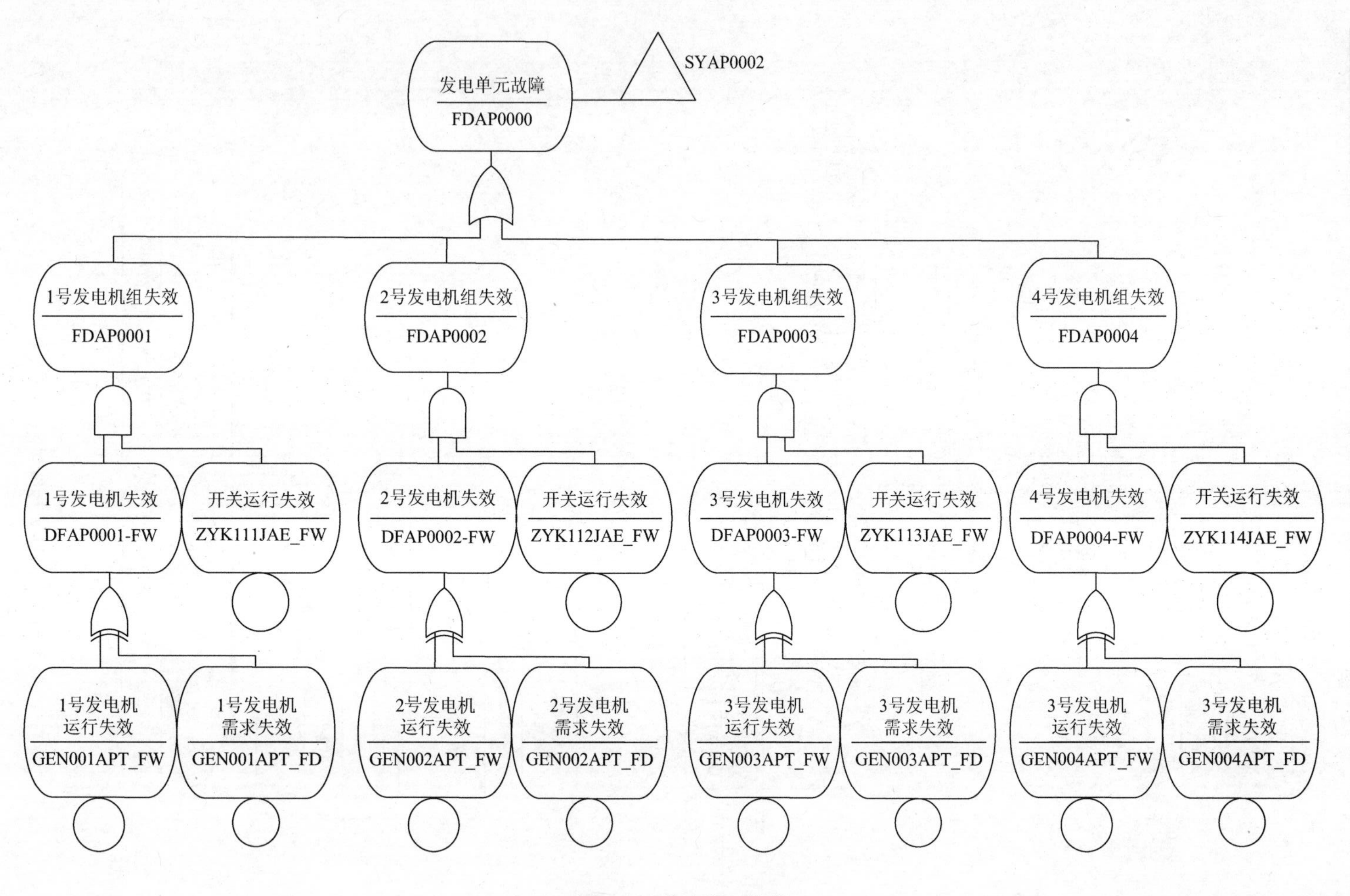

SYAP0002
发电单元故障
FDAP0000
1号发电机组失效
FDAP0001
2号发电机组失效
FDAP0002
3号发电机组失效
FDAP0003
4号发电机组失效
FDAP0004
1号发电机失效
DFAP0001-FW
开关运行失效
ZYK111JAE_FW
2号发电机失效
DFAP0002-FW
开关运行失效
ZYK112JAE_FW
3号发电机失效
DFAP0003-FW
开关运行失效
ZYK113JAE_FW
4号发电机失效
DFAP0004-FW
开关运行失效
ZYK114JAE_FW
1号发电机
运行失效
GEN001APT_FW
1号发电机
需求失效
GEN001APT_FD
2号发电机
运行失效
GEN002APT_FW
2号发电机
需求失效
GEN002APT_FD
3号发电机
运行失效
GEN003APT_FW
3号发电机
需求失效
GEN003APT_FD
3号发电机
运行失效
GEN004APT_FW
3号发电机
需求失效
GEN004APT_FD

图 5.10　发电单元故障

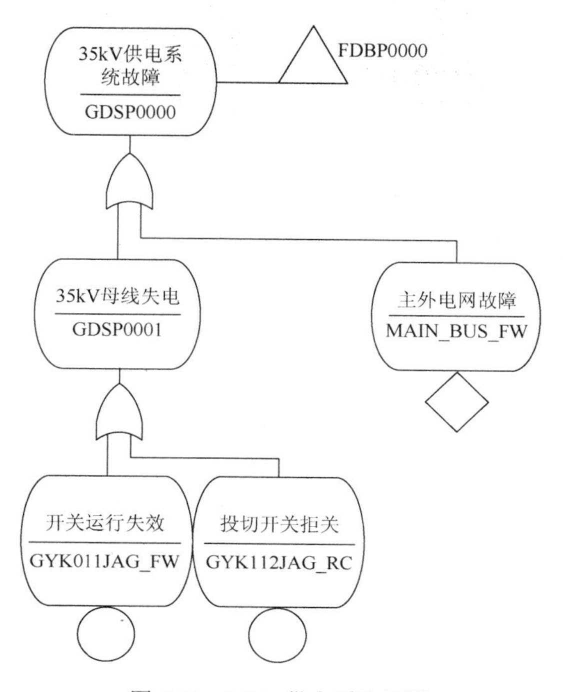

图 5.11　35kV 供电系统故障

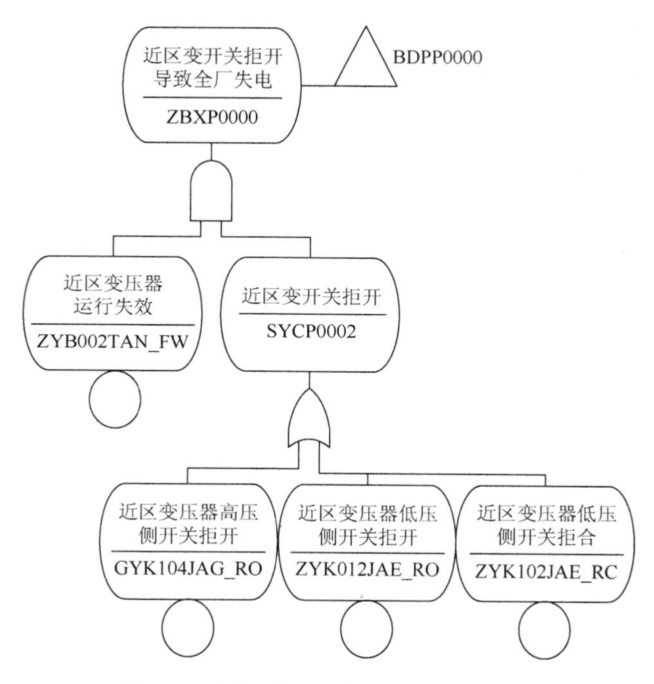

图 5.12　近区变开关拒开导致全厂失电

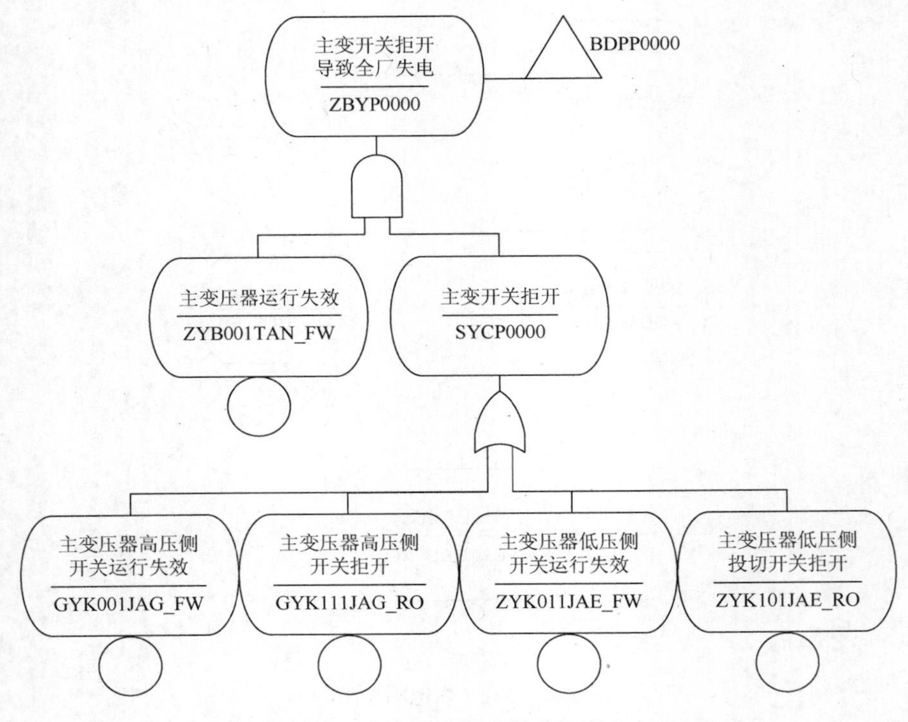

图 5.13　主变开关拒开导致全厂失电

5.3.3　雅溪一级水电站电气设备评价

依据上述构建的雅溪一级水电站故障树详图，对于顶事件配电室供电失效(BDPP0000)，表 5.15 给出了系统主要的定量分析结果和支配性最小割集，顶事件发生概率为 7.18×10^{-7}。

表 5.15　最小割集定量计算表

序号	发生概率	百分比/%	最小割集	描述
1	8.84×10^{-8}	12.31	ZYK005JAE_RO DYK013JAD_FW	母联开关运行失效 1 号厂变高压侧投切开关拒开
2	8.84×10^{-8}	12.31	GYK203JAG_RO DYK013JAD_FW	母联开关运行失效 2 号厂变高压侧投切开关拒开
3	8.84×10^{-8}	12.31	DYK013JAD_FW GYK104JAG_RO	母联开关运行失效 近区变高压侧投切开关拒开
4	8.84×10^{-8}	12.31	DYK013JAD_FW ZYK102JAE-RO	母联开关运行失效 近区变低压侧投切开关拒开

第6章　农村水电站水工建筑物安全风险评价

农村水电站水工建筑物种类繁多，科学合理地进行相关建筑物的安全性评价，不仅影响建筑物自身评价结论，而且会影响到对水电站整体的安全评价。农村水电站水工建筑物安全性是一个外延不太明确而内涵丰富的概念，建筑物的“安全”与“不安全”之间，在质上没有十分严格的定义，在量上也没有一个明确的界限，它们之间实际上存在着一个模糊渐变过程。

本章依据农村水电站建筑物构成体系，介绍农村水电站水工建筑物分类、安全评价指标体系及指标的判定标准，构建水电站单个建筑物及整体模糊安全评价模型，应用所构建模型对三个水电站工程实例进行相关水工建筑物及整体安全评价。

6.1　水工建筑物分类及安全评价指标体系

6.1.1　水工建筑物分类

农村水电站水工建筑物种类繁多，按照水电站从上游到下游的建筑物构成体系（不同类型电站示意图参见图3.1～图3.3），农村水电站建筑物一般有挡水坝、溢洪道、进水口、引水渠、压力前池、日调节池、压力管道、厂房、开关站、泄水道、压力隧洞、调压室、尾水渠等。

6.1.2　水工建筑物安全影响因素及评价指标体系

1. 挡水坝

挡水坝的作用是拦截河道水流蓄水、抬高水位，形成一定的库容，以满足防洪、灌溉、发电等要求。农村水电站中挡水坝主要有混凝土坝、土石坝以及闸坝。以土石坝为多，大坝失事的数量也以土石坝居多，故以土石坝的安全评价指标体系为例进行分析研究。土石坝需考虑如下问题：①失稳，由于土石坝坝体土料为散粒体，抗剪强度小，坝坡失稳会影响土坝的正常工作；②渗漏，土坝蓄水以后，在水压力作用下，水流会沿着坝身土料、坝基、土体和坝端两岸地基中的孔隙渗向下游，造成坝身、坝基或绕坝的渗漏，渗漏在土石坝事故中所占的比例很大；

③冲刷，土石坝抗冲能力低下，上下游坝坡需采取有效的防冲保护及坝面排水措施，以免受风浪、雨水甚至动物作穴等有害影响而导致坝破坏；④沉降，过大的不均匀沉降会引起坝体开裂，甚至形成漏水通道，威胁大坝的安全；⑤地震，地震会增加坝坡坍塌的可能性，当坝体或坝基土层是均匀的中细砂或粉砂时，强震容易引起液化破坏。参考 SL 258—2000《水库大坝安全评价导则》可建立如图 6.1～图 6.3 所示大坝安全评价指标体系。

2. 溢洪道

溢洪道是一种常见的泄水建筑物，用于宣泄规划库容所不能容纳的洪水，防止洪水漫顶，是保证大坝安全的重要工程措施。其不安全影响因素有：①变形（闸室水平位移和闸室竖向位移）；②渗流（底板扬压力和绕闸渗流）；③溢洪道进水段有无坍塌、崩岸、淤堵或其他阻水现象，流态是否正常；④堰顶或

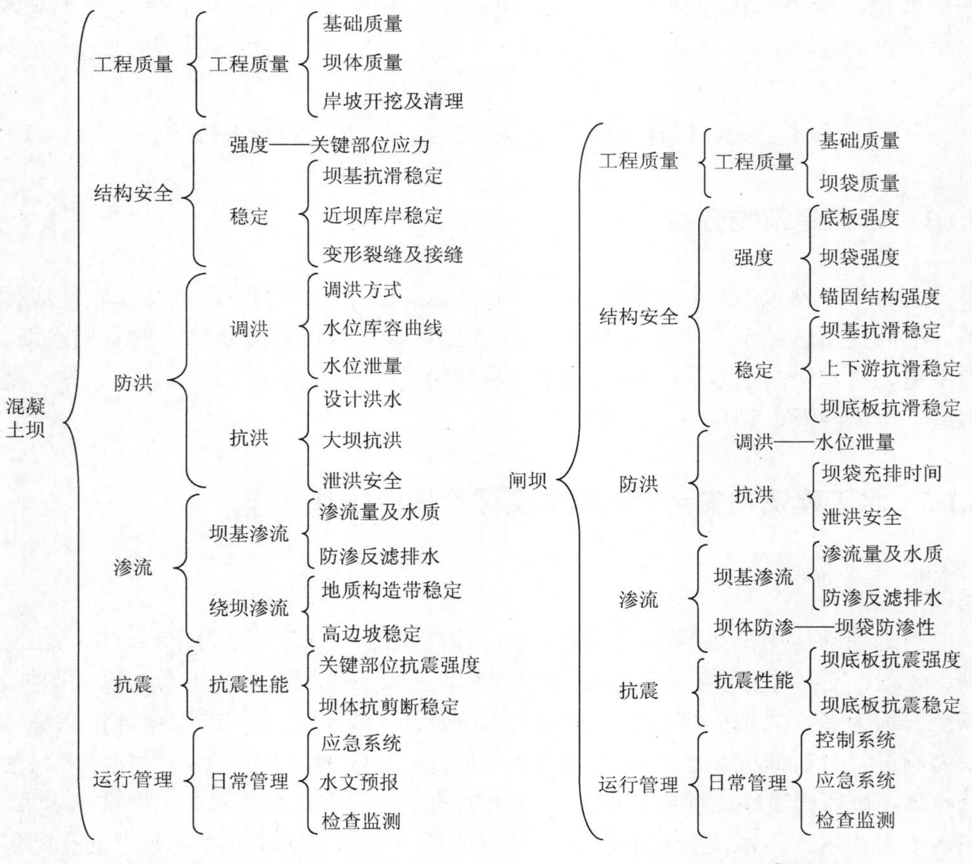

图 6.1　混凝土坝评价指标体系图　　图 6.2　闸坝评价指标体系图

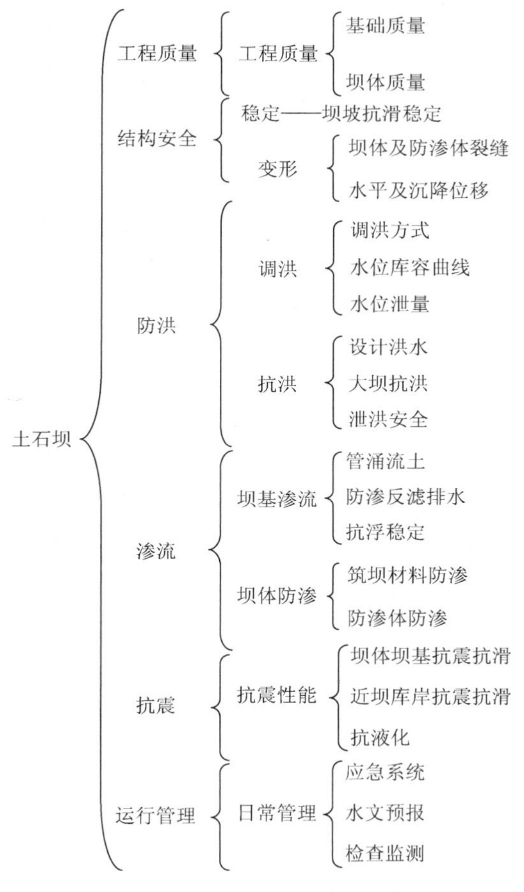

图 6.3　土石坝评价指标体系图

闸室、闸墩、胸墙、边墙、溢流面、底板有无裂缝、渗水剥落、冲刷、磨损、空蚀等现象；⑤伸缩缝、排水孔是否完好；⑥消能工有无冲刷或砂石、杂物堆积等现象；⑦工作桥是否有不均匀沉陷、裂缝、断裂等现象。参考 SL 253—2000《溢洪道设计规范》可建立如图 6.4 和图 6.5 所示溢洪道安全评价指标体系。

3. 进水口

水电站进水口位于引水系统的首部。其功用是按照发电要求将水引入水电站的引水道。为满足水电站功用，进水口需要有足够的进水能力，水质要符合要求，可控制流量，以及满足水工建筑物的一般要求。从已建水电站进水口的运行情况看，其不安全影响因素主要有：污物堵塞拦污栅、进水口淤积、前缘水域不同程度地发生旋涡等。参考 DL/T 5398—2007《水电站进水口设计规范》可建立如图 6.6 和图 6.7 所示进水口安全评价指标体系。

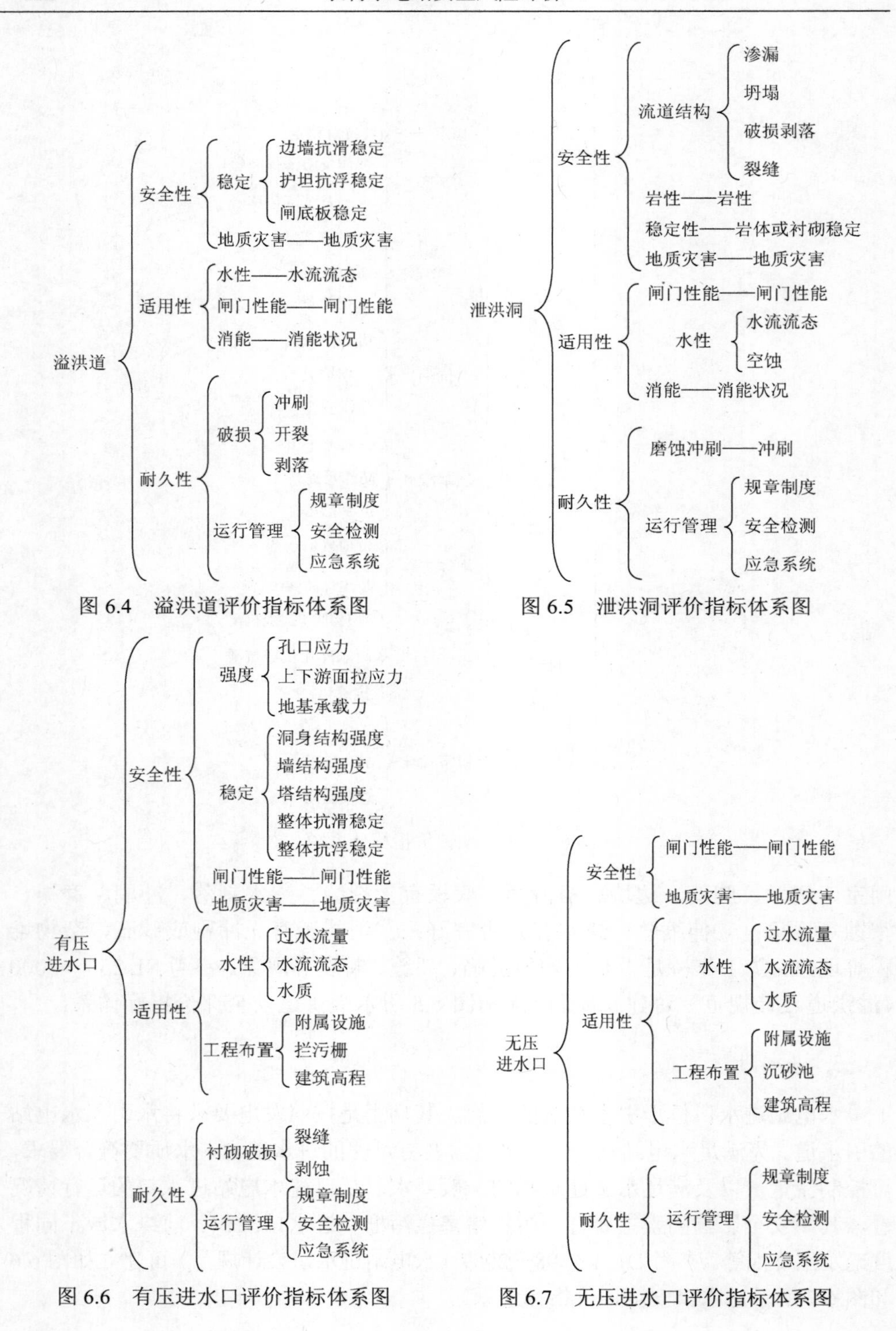

图 6.4　溢洪道评价指标体系图

图 6.5　泄洪洞评价指标体系图

图 6.6　有压进水口评价指标体系图

图 6.7　无压进水口评价指标体系图

4. 引水渠

引水渠一般断面较小，护砌较好，通常不承担防洪任务，发生破坏的可能性较小，冲刷、渗漏和边坡坍塌是其可能的不安全状态。其不安全影响因素主要有：①堤身的滑坡、裂缝、塌坑、洞穴、雨淋沟等；②堤肩及集水槽砌体的破损，勾缝完整性；堤顶路面的塌陷坑坎；③过水断面砌体的破损丢失、塌陷隆起；变形缝填料有无破损丢失；④渠上桥梁有无砌体破损、剥落漏筋等。引水渠需要划分单元进行评价。参考 SL/T 4—1999《农田排水工程技术规范》以及 SL/T 246—1999《灌溉与排水工程技术管理规程》可建立如图 6.8 所示引水渠安全评价指标体系。

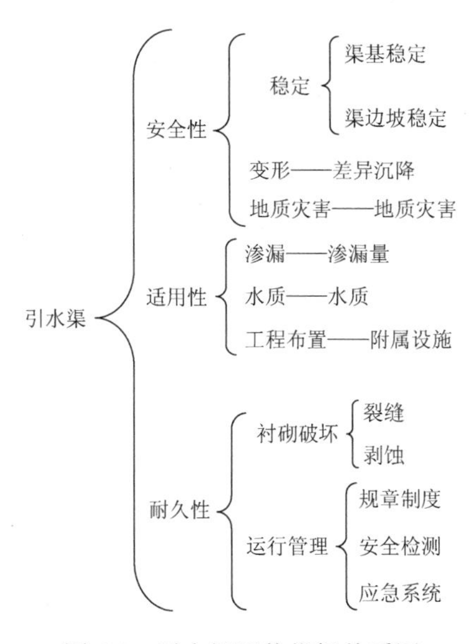

图 6.8　引水渠评价指标体系图

5. 压力隧洞

隧洞工程作为一种地下工程，施工条件复杂，运行期影响安全的不稳定因素也较多，塌方是隧洞工程的主要破坏形式，此外还有衬砌裂缝、剥落及渗水等不安全状态。造成事故的原因往往不是单一因素引起的，而是由外因和内因的叠加促成的，包括①设计时洞线选择不当、覆盖层深度不够、结构强度不够；②施工质量差、未能及时支护；③隧洞内边墙、顶拱混凝土是否有裂缝、脱落、麻面；④底板是否有冲坑、鼓起现象；⑤是否有渗水点、排水孔是否堵塞、消能设施是否有破坏；⑥护坡是否完好等。参考 DL/T 5195—2004《水工隧洞设计规范》并借鉴专家经验，可构建如图 6.9 所示的压力隧洞安全评价指标体系。

6. 压力前池

压力前池设置在引水渠道或无压隧洞的末端，是水电站无压引水建筑物与压力管道的连接建筑物。其安全影响因素有：①变形（压力墙、挡水堰、底板沉降）；②底板有无裂缝、剥落、渗水等现象；③前池水位变化是否正常；④拦污、拦沙、排沙、排冰等建筑设施运行是否完好。参考 SL/T 205—1997《水电站引水渠道及前池设计规范》并借鉴专家经验，可构建如图 6.10 所示的压力前池安全评价指标体系。

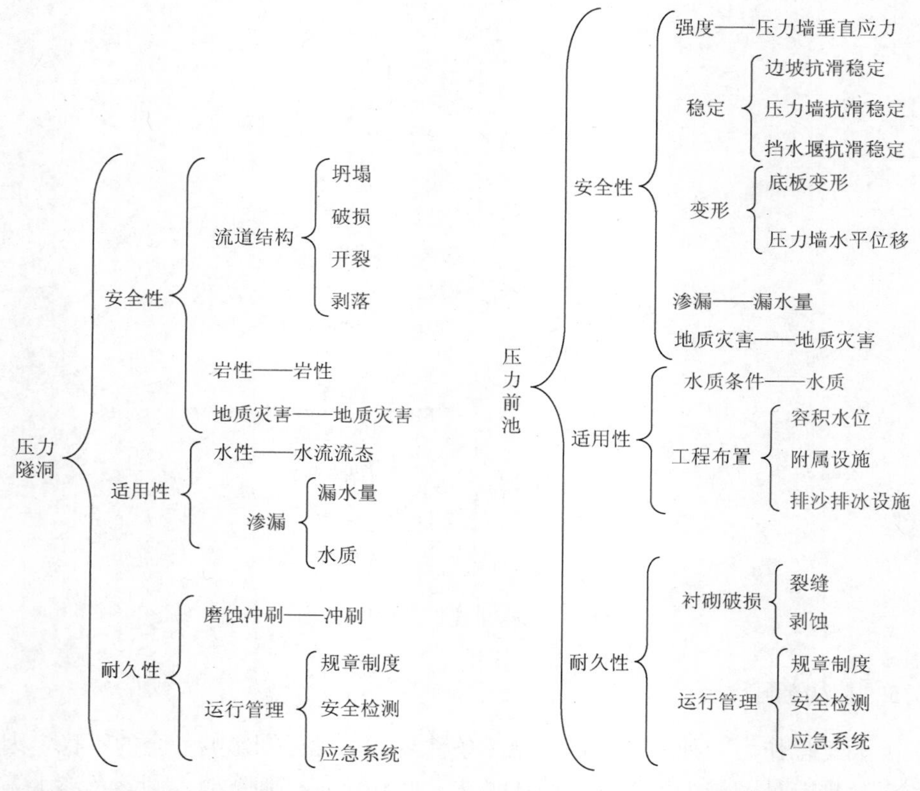

图 6.9　压力隧洞安全评价指标体系图　　图 6.10　压力前池安全评价指标体系图

7. 日调节池

当引水渠道较长，且水电站承担峰荷时，常设日调节池。日调节池主要用来调节上游引用流量，其安全影响因素主要有：①水位调节是否满足发电要求；②开挖或筑堤边坡是否稳定；③底板有无沉降。参考 GB 50071—2002《小型水力发电站设计规范》并借鉴专家经验，可构建如图 6.11 所示的日调节池安全评价指标体系。

8. 调压室

在较长的压力引水系统中，为了降低高压管道的水击压力，满足机组调节保证计算的要求，常在压力引水道与压力管道衔接处建造调压室。其安全影响因素有：①调压室衬砌有无开裂、剥蚀等；②边坡是否稳定；③照明及交通设施有无损坏。参考 DL/T 5058—1996《水电站调压室设计规范》及 GB 50071—2002《小型水力发电站设计规范》并借鉴专家经验，可构建如图 6.12 所示的调压室安全评价指标体系。

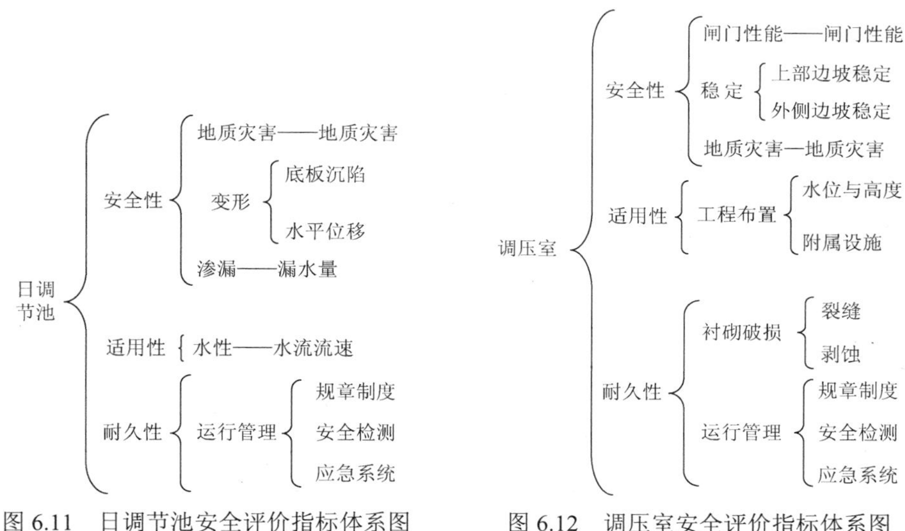

图 6.11　日调节池安全评价指标体系图　　图 6.12　调压室安全评价指标体系图

9. 压力管道

压力管道是从水库、压力前池或调压室向水轮机输送水量的水管。其安全影响因素有：①各类管道关键处及支墩处应力是否满足要求；②管道的开裂、剥蚀、锈蚀、空蚀、渗漏等；③安全监测设施是否齐备。参考 SL 281—2003《水电站压力钢管设计规范》并借鉴专家经验，可构建如图 6.13 所示的压力管道安全评价指标体系。

10. 厂房

水电站厂房是将水能转为电能的综合工程设施，包括厂房建筑、水轮机、发电机、变压器、开关站等，也是运行人员进行生产和活动的场所。影响因素包括

①厂房的内外各设施是否完好运行；②厂房各种荷载作用下的抗滑、抗浮等是否稳定；③地基承载及各类建筑结构是否满足要求；④安全监测设施是否齐备。参考 SL 266—2001《水电站厂房设计规范》并借鉴专家经验，可构建如图 6.14 所示的厂房安全评价指标体系。

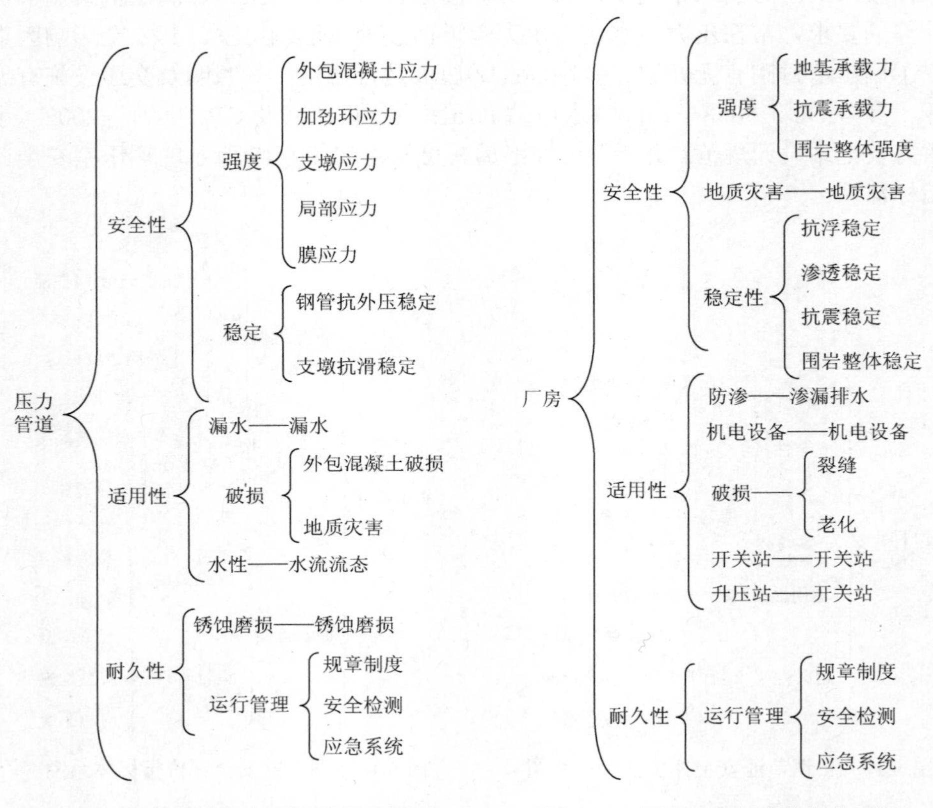

图 6.13　压力管道安全评价指标体系图　　　　图 6.14　厂房安全评价指标体系图

11. 尾水渠

尾水渠是连接泄洪洞与下游河槽的连接部分，其安全影响因素参考引水渠。其安全评价指标体系如图 6.15 所示。

根据影响因素分析，按照指标构建原则建立详细的农村水电站各建筑物的指标评价体系。需要指出的是，金属结构安全评价与机电设备评价包含在水工建筑物评价体系中，如水工建筑物评价体系中的基础指标“闸门安全”的评价值是由金属结构安全评价体系计算出的评价值。

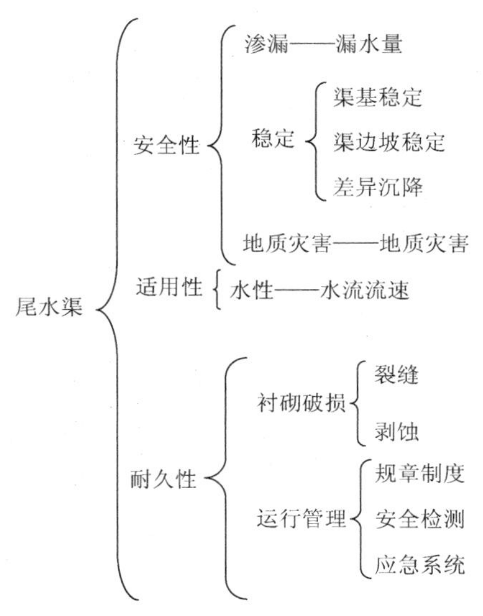

图 6.15　尾水渠安全评价指标体系图

6.2　水工建筑物安全评价指标的判定标准

为对水电站的安全检测、巡视检查结果进行判定和评价，同时也为使指标体系中指标的评判能力和评判结果相联系，需要建立各评价指标的判定标准。判定标准是指对应于某一健康等级，各层诊断指标的值或状态所处的变化区间或状态。判定标准包括定性判定标准、定量判定标准，以及定性与定量相结合的判定标准。在给出了评价指标的判定标准后，就可以使不同结果的评价指标能与健康等级相对应，以实现对农村水电站各类水工建筑物的安全评价。为此，对评价指标的判定标准进行了深入研究，给出了各评价指标的判定标准。

这里详细列举了各水工建筑物的指标的 A 级、C 级评判标准，B 级评判标准介于 A 级、C 级之间。

各水工建筑物的指标评判标准如表 6.1～表 6.14 所示。

表 6.1　重力坝基础指标评判标准

基础指标 \ 等级	A	C
坝基质量	坝基处理满足强度、整体性、均匀性、抗渗性和耐久性要求，能保证大坝的安全运行	坝基处理不满足强度、整体性、均匀性、抗渗性和耐久性要求，不能保证大坝的安全运行
坝体质量	混凝土的实际强度、抗渗、抗冻等级、抗冲、抗磨蚀、抗溶蚀性能以及变形模量等完全满足规定要求	混凝土的实际强度、抗渗、抗冻等级、抗冲、抗磨蚀、抗溶蚀性能以及变形模量等不满足规定要求

续表

基础指标＼等级	A	C
岸坡开挖及清理	岸坡开挖良好，清理干净	岸坡开挖不好，清理不干净
关键部位抗压	坝趾垂直应力小于坝基容许应力，坝体最大主压应力小于混凝土允许压应力	坝趾垂直应力大于坝基容许应力，坝体最大主压应力大于混凝土允许压应力
关键部位抗拉	坝踵垂直应力不出现拉应力，坝体上游面的垂直应力不出现拉应力	坝踵垂直应力出现拉应力，坝体上游面的垂直应力出现拉应力，拉应力值大于混凝土允许值
抗滑稳定性	荷载基本组合抗滑稳定安全系数大于3.0；特殊组合（1）大于 2.5；（2）大于2.3	荷载基本组合抗滑稳定安全系数小于3.0；特殊组合（1）小于 2.5；（2）小于2.3
近坝库岸稳定	抗滑稳定性好	抗滑稳定性差
变形裂缝及接缝	沉降变形稳定，开裂可能性很小	沉降变形未稳定，开裂可能性很大
调洪方式	调洪运用方式实用，可操作性强	调洪运用方式不实用，可操作性差
水位库容曲线	水位库容曲线符合实际情况，水库不淤积	水位库容曲线不符合实际情况，水库淤积严重
水位泄量	水位-泄量曲线符合实际情况	水位-泄量曲线严重不符合实际情况
设计洪水	设计洪峰流量、设计洪水总量、设计洪水过程线与实际相符	设计洪峰流量、设计洪水总量、设计洪水过程线与实际严重不符
洪水漫顶（抗洪能力）	1 级坝大于 2000（混凝土坝）年一遇；2 级坝大于 1000 年；3 级坝大于 500 年	1 级坝小于 500 年一遇；2 级坝小于 300 年；3 级坝小于 100 年
泄洪安全性	下泄最大流量符合要求，对大坝和下游无影响	下泄最大流量不符合要求，对大坝和下游影响很大
渗流量及水质	无渗流现象	有渗流现象，流量大，水质混浊
防渗反滤排水设施	防渗帷幕、排水孔布置合理，防渗性、连续性及耐久性良好	防渗帷幕、排水孔布置不合理，防渗性、连续性及耐久性差
地质构造带稳定性	稳定性良好	稳定性差
滑坡体高边坡稳定	无直接影响大坝安全的滑坡体和高边坡，稳定性良好	有直接影响大坝安全的滑坡体和高边坡，稳定性差
抗震关键部位抗压	结构系数大于 5.0	结构系数小于 3.10
抗震关键部位抗拉	结构系数大于 3.40	结构系数小于 1.4
坝体抗剪断稳定性	抗滑结构系数大于 3.70	抗滑结构系数小于 1.70
调度应急预案	有调度应急预案，预案符合实际情况	无调度应急预案
水文预报	有水文预报，预报及时、准确度高	无水文预报
大坝检查检测	有检查检测，周期小于 2 年	无检查检测

表 6.2　土石坝基础指标评判标准

基础指标＼等级	A	C
坝基清理	坝基处理满足渗流控制、静动力稳定、运行沉降量和不均匀沉降等方面要求，能保证大坝的安全运行	坝基处理不满足渗流控制、静动力稳定、运行沉降量和不均匀沉降等方面要求，不能保证大坝的安全运行
坝体质量	坝体填筑质量满足工程设计和施工要求，填料密度、强度、变形、防渗排水性能满足要求，能保证大坝的安全运行	坝体填筑质量不满足工程设计和施工要求，填料密度、强度、变形、防渗排水性能满足要求，不能保证大坝的安全运行
防渗排水性能	土质防渗体断面完全满足渗透比降、下游浸润线和渗透流量的要求，土质防渗体顶部超高完全满足要求，防渗体保护层厚度不小于该地区的冻结和干燥深度	土质防渗体断面不满足渗透比降、下游浸润线和渗透流量的要求，土质防渗体顶部超高不满足要求，防渗体保护层厚度小于该地区的冻结和干燥深度
坝坡抗滑稳定	1 级坝抗滑稳定安全系数大于 1.5；2 级坝抗滑稳定安全系数大于 1.4；3 级坝抗滑稳定安全系数大于 1.3；或抗滑稳定良好	1 级坝抗滑稳定安全系数小于 1.3；2 级坝抗滑稳定安全系数小于 1.25；3 级坝抗滑稳定安全系数小于 1.2；或抗滑稳定差
坝体及防渗体裂缝	不产生危及大坝安全的裂缝，没有开裂可能性	有危及大坝安全的裂缝，开裂可能性大
沉降和水平位移	大坝总体变形性状良好，沉降稳定	大坝总体变形性状较差，沉降未稳定
调洪方式	调洪运用方式实用，可操作性强	调洪运用方式不实用，可操作性差
水位库容曲线	水位库容曲线符合实际情况，水库不淤积	水位库容曲线不符合实际情况，水库淤积严重
水位泄量	水位-泄量曲线符合实际情况	水位-泄量曲线严重不符合实际情况
设计洪水	设计洪峰流量、设计洪水总量、设计洪水过程线与实际相符	设计洪峰流量、设计洪水总量、设计洪水过程线与实际相符严重不符
洪水漫顶（抗洪能力）	1 级坝大于 5000（土石坝）年一遇；2 级坝大于 2000 年；3 级坝大于 1000 年	1 级坝小于 1000 年一遇；2 级坝小于 500 年；3 级坝小于 300 年
泄洪安全性	下泄最大流量符合要求，对大坝和下游无影响	下泄最大流量不符合要求，对大坝和下游影响很大
管涌流土冲刷等	允许渗透比降大于工程实际渗透比降，无管涌或流土破坏以及渗流场内有无管涌、接触冲刷等	允许渗透比降小于工程实际渗透比降，有明显管涌或流土破坏以及渗流场内有无管涌、接触冲刷等
防渗反滤排水设施	接触面结合紧密，出口有反滤保护，与断层破碎带、灰岩溶蚀带、较大张性裂隙等接触面处理良好，抗渗稳定性好	接触面结合不紧密，出口无反滤保护，与断层破碎带、灰岩溶蚀带、较大张性裂隙等接触面处理不合格，抗渗稳定性差
抗浮稳定性	允许渗透比降大于实际值，有反滤盖重，盖重厚度和范围满足要求	允许渗透比降小于实际值，无反滤盖重
筑坝材料防渗	筑坝材料防渗满足要求，坝体实际浸润线和下游坝坡渗出段高程高于设计值，坝体内无裂缝、渗流通道等	筑坝材料防渗不满足要求，坝体实际浸润线和下游坝坡渗出段高程低于设计值，坝体内有严重裂缝、渗流通道等
防渗体防渗	防渗体防渗性满足要求，心墙或斜墙的上下游侧有合格的过渡保护层，水平防渗铺盖的底部垫层或天然砂砾石层能起保护作用	防渗体防渗性不满足要求，心墙或斜墙的上下游侧无合格的过渡保护层，水平防渗铺盖的底部垫层或天然砂砾石层不能起保护作用

续表

等级 基础指标	A	C
坝体坝基抗滑稳定	最小安全系数 1 级坝大于 1.2；2 级坝大于 1.15；3 级坝大于 1.15 或抗滑稳定性良好	最小安全系数 1 级坝小于 1.1；2 级坝小于 1.0；3 级坝小于 1.0 或抗滑稳定性差
近坝库岸抗滑	抗滑稳定性好	抗滑稳定性差
抗液化	液化可能性很小	液化可能性大
调度应急预案	有调度应急预案，预案符合实际情况	无调度应急预案
水文预报	有水文预报，预报及时、准确度高	无水文预报
大坝检查检测	有检查检测，周期小于 2 年	无检查检测

表 6.3　溢洪道基础指标评判标准

等级 基础指标	A	C
边墙抗滑稳定	边墙抗滑稳定安全系数大于 1.1	边墙抗滑稳定安全系数小于 1.0
护坦抗浮稳定	护坦抗浮稳定安全系数大于 1.2	护坦抗浮稳定安全系数小于 1.0
堰闸底稳定性	堰闸底稳定安全系数大于 3.0	堰闸底稳定安全系数小于 2.3
地质灾害	无潜在地质灾害影响	有严重的滑坡、泥石流或崩塌等地质灾害，严重影响正常运行和使用
闸门性能	闸门性能安全；无振感	闸门性能不安全；启闭过程中全程有强烈振动；完全开启后有剧烈振动或轰鸣
流态	水流平顺	有严重的旋涡、夹气或严重的水跃、击打
消能状况	消能设施齐全、符合消能设计要求；消能效果良好	消能设施严重破损、不全，或无消能设施；没有消能效果
剥落	无剥落	大面积剥落、破损
裂缝	无裂缝	有裂缝，裂缝宽度大于 5mm，裂缝长度大于 10m，裂缝密集
冲刷磨蚀	冲坑深度小于 0.5mm，冲刷面积小于 $1m^2$	冲坑深度大于 5.0mm，冲刷面积大于 $5m^2$
规章制度	其应有的运行操作、维修、巡视检查规程及安全生产、人员管理制度健全	其应有运行操作、维修、巡视检查规程及安全生产、人员管理制度严重缺失
安全检测	遵守操作规程，定期检测和维护，且各种运行监测资料记录完好	操作随意或有误操作，未进行检测和维护，且各种运行监测资料记录严重缺失
应急系统	其应有的应急机制、应急预案、应急模拟、应急与抢险、恢复与重建五部分内容完备	其应有的应急机制、应急预案、应急模拟、应急与抢险、恢复与重建五部分内容俱严重有缺失

表 6.4　泄洪洞基础指标评判标准

基础指标＼等级	A	C
剥落、破损	无剥落	大面积剥落、破损
裂缝	裂缝宽度小于 0.2mm，裂缝长度不大于 1m，裂缝深度与衬砌厚度比小于 1/3；或有裂缝、裂缝少许，但无发展趋势	裂缝宽度大于 0.3mm，裂缝长度大于 10m，裂缝深度与衬砌厚度比大于 2/3；有裂缝，裂缝密集。出现剪切裂缝，并且发展速度快
坍塌	无坍塌	大面积坍塌，影响正常运行和使用
渗漏	1000m^2 水道面积渗漏量小于 100L/s	1000m^2 水道面积渗漏量大于 250L/s 或发生泉涌
岩性	岩体完整，裂隙稀少、较小；衬砌合理、完整（混凝土、喷锚、钢衬等）；断面形状符合运行要求或规范（圆形断面内径大于 2m，非圆形高大于 2m，宽大于 1.5m）	岩体松软，或为土洞；裂隙遍布、贯通；衬砌不合理（浆砌石、砌石）；断面形状严重不符合运行要求或规范。
岩体或衬砌稳定	岩体或衬砌稳定性良好	岩体或衬砌稳定性很差
地质灾害	无潜在地质灾害影响	有严重的滑坡、泥石流或崩塌等地质灾害，严重影响正常运行和使用
闸门性能	闸门性能安全；无振感	闸门性能不安全；启闭过程中全程有强烈振动；完全开启后有剧烈振动或轰鸣
流态	水流平顺	有严重的旋涡、夹气或严重的水跃、击打
空蚀	水流流速小于 20m/s；掺气良好；无空蚀现象	空蚀较严重；水流流速 30～36m/s，掺气效果不好
消能状况	消能设施齐全、符合消能设计要求；消能效果良好	消能设施严重破损、不全，或无消能设施；没有消能效果
冲刷磨蚀	冲坑深度小于 0.5mm，冲刷面积小于 1m^2	冲坑深度大于 5.0mm，冲刷面积大于 5m^2
规章制度	其应有的运行操作、维修、巡视检查规程及安全生产、人员管理制度健全	其应有运行操作、维修、巡视检查规程及安全生产、人员管理制度俱严重缺失

表 6.5　有压进水口基础指标评判标准

基础指标＼等级	A	C
地基承载力	工作压力与额定承载力比小于 0.8；承载力满足要求，无异常变形	工作压力与额定承载力比大于 1.0。承载力不满足要求，异常变形较大
上游面拉应力	进水口基础上游面的垂直应力 $\sigma \leqslant -0.4$kPa	进水口基础上游面的垂直应力 $\sigma > 0.2$kPa
下游面拉应力	进水口基础下游面的垂直应力 $\sigma \leqslant 80$kPa	进水口基础下游面的垂直应力 $\sigma > 100$kPa
整体抗滑稳定	整体稳定承载能力极限状态计算结构系数 $k > 2.0$	整体稳定承载能力极限状态计算结构系数 $k \leqslant 1.3$
整体抗浮稳定	整体稳定承载能力极限状态计算结构系数 $k > 2.0$	整体稳定承载能力极限状态计算结构系数 $k \leqslant 1.3$

续表

基础指标＼等级	A	C
孔口应力	（$\sigma/[\sigma]$）≤0.6	（$\sigma/[\sigma]$）＞1.0
地质灾害	无潜在地质灾害影响	有严重的滑坡、泥石流或崩塌等地质灾害，严重影响正常运行和使用
闸门性能	闸门性能安全	闸门性能不安全
水质	泥沙淤积、污渍、冰情等轻微	泥沙淤积、污渍、冰情等严重
过水流量	过水力量满足设计要求	过水力量完全不满足设计要求
水流特性	水流顺畅；流态平稳；进流匀称	水流阻塞；流态有立轴旋涡、夹气；进流回流
拦污栅	有拦污栅，锈蚀轻微，结构完好	无拦污栅，或拦污栅结构破损
附属设施	防沙、防污、防冰、闸门和交通等设施完好	防沙、防污、防冰、闸门和交通等设施严重损失
布置高程	进水口最小淹没深度≥1.9m； 进水口底板高于孔口前缘水库冲淤平衡、沉砂高程，或进水口底板设在排沙漏斗范围以内	进水口最小淹没深度＜1.5m 进水口底板高于孔口前缘水库冲淤平衡、沉砂高程，或进水口底板远在排沙漏斗范围外
衬砌开裂	长度 L≤1mm，宽度 b≤0.2mm，裂缝少许	长度 L＞10mm，宽度 b＞0.5mm，裂缝密集
衬砌剥蚀	深度 h≤6mm，直径 d≤50，无剥落	深度 h＞25mm，直径 d＞150mm，大面积剥落
规章制度	其应有的运行操作、维修、巡视检查规程及安全生产、人员管理制度健全	其应有运行操作、维修、巡视检查规程及安全生产、人员管理制度俱严重缺失
安全检测	遵守操作规程，定期检测和维护，且各种运行检测资料记录完好	操作随意或有误操作，未进行检测和维护，且各种运行监测资料记录严重缺失
应急系统	其应有的应急机制、应急预案、应急模拟、应急与抢险、恢复与重建五部分内容完备	其应有的应急机制、应急预案、应急模拟、应急与抢险、恢复与重建五部分内容俱严重有缺失

表 6.6　无压进水口基础指标评判标准

基础指标＼等级	A	C
上游面拉应力	进水口基础上游面的垂直应力 σ≤−0.4kPa	进水口基础上游面的垂直应力 σ＞0.2kPa
下游面拉应力	进水口基础下游面的垂直应力 σ≤80kPa	进水口基础下游面的垂直应力 σ＞100kPa
土基沉降变形	沉降变形轻微	沉降变形严重
潜在地质灾害	无潜在地质灾害影响	有严重的滑坡、泥石流或崩塌等地质灾害，严重影响正常运行和使用
闸门性能	闸门性能安全	闸门性能不安全
水质	泥沙淤积、污渍、冰情等轻微	泥沙淤积、污渍、冰情等严重
过水流量	过水力量满足设计要求	过水力量完全不满足设计要求

续表

基础指标＼等级	A	C
水流特性	水流顺畅；流态平稳；进流匀称	水流阻塞；流态有立轴旋涡、夹气；进流回流
沉砂池	沉砂池导沙、排沙性能良好	沉砂池导沙、排沙性能差
附属设施	防沙、防污、防冰、闸门和交通等设施完好	防沙、防污、防冰、闸门和交通等设施严重受损
布置高程	进水口底板与冲沙闸底板和冲沙廊道进口的高差≥1.4m；拦沙坎高度≥2.0m，或大于冲沙槽内水深的 50%左右	进水口底板与冲沙闸底板和冲沙廊道进口的高差＜1.0m；拦沙坎高度＜1.5m，或小于冲沙槽内水深的 50%左右
规章制度	其应有的运行操作、维修、巡视检查规程及安全生产、人员管理制度健全	其应有运行操作、维修、巡视检查规程及安全生产、人员管理制度严重缺失
安全检测	遵守操作规程，定期检测和维护，且各种运行检测资料记录完好	操作随意或有误操作，未进行检测和维护，且各种运行监测资料记录严重缺失
应急系统	其应有的应急机制、应急预案、应急模拟、应急与抢险、恢复与重建五部分内容完备	其应有的应急机制、应急预案、应急模拟、应急与抢险、恢复与重建五部分内容俱严重缺失

表 6.7　引水渠基础指标评判标准

基础指标＼等级	A	C
渠基稳定	渠基稳定性良好，无土基湿陷、分散、盐胀、膨胀、冻胀等	渠基稳定性差，有严重的土基湿陷、分散、盐胀、膨胀、冻胀等，已危及输水安全，需立即采取对策
渠边坡稳定	渠边坡稳定性良好，有很少的影响边坡稳定的滑坡、开裂、坍塌、洞穴、失水干裂、卸荷松弛、风化掉块等，但不会影响渠道输水	渠边坡稳定性差，有严重的影响边坡稳定的滑坡、开裂、坍塌、洞穴、失水干裂、卸荷松弛、风化掉块等，已危及输水安全，需立即采取对策
差异沉降变形	差异沉降变形轻微，只需正常的运行、检测即可保证其安全运行	差异沉降变形严重，已危及其安全运行，需立即采取对策
渗漏量/$(m^3/(m^2 \cdot d))$	＜0.04（不衬砌）；＜0.03（混凝土）；＜0.1（干砌）；＜0.05（浆砌） 或有轻微的渗流侵蚀、渗漏险情，但不会影响渠道输水	＞0.17（不衬砌）；＞0.17（混凝土）；＞0.4（干砌）；＞0.25（浆砌） 或有严重的渗流侵蚀、渗漏险情如管涌、流土。大面积蚁穴等，已危及输水安全，需立即采取对策
地质灾害	无潜在地质灾害影响	存在严重的滑坡、泥石流、崩塌、洪水等潜在地质灾害，严重影响正常运行和使用
水质	沿途污物摄入、渠内泥沙淤积、水草、冰情等情况轻微	沿途污物摄入、渠内泥沙淤积、水草、冰情等情况严重
附属设施	渡槽、放水孔、拦污、清污、排沙、交通等设施基本完好	渡槽、放水孔、拦污、清污、排沙、交通等设施损失严重

续表

等级 基础指标	A	C
裂缝	裂缝宽度小于 0.2mm，裂缝长度不大于 1m，裂缝深度与衬砌厚度比小于 1/3；或有裂缝、裂缝少许，但无发展趋势	裂缝宽度大于 0.3mm，裂缝长度大于 10m，裂缝深度与衬砌厚度比大于 2/3；有裂缝，裂缝密集。出现剪切裂缝，并且发展速度快
剥蚀	衬砌剥落深度小于 6mm，直径小于 50mm；或几乎无剥落	衬砌剥落深度大于 25mm，直径大于 150mm；或大面积剥落
规章制度	其应有的运行操作、维修、巡视检查规程及安全生产、人员管理制度健全；	其应有运行操作、维修、巡视检查规程及安全生产、人员管理制度俱严重缺失
安全检测	遵守操作规程，定期检测和维护，且各种运行监测资料记录完好	操作随意或有误操作，未进行检测和维护，且各种运行监测资料记录严重缺失
应急系统	其应有的应急机制、应急预案、应急模拟、应急与抢险、恢复与重建五部分内容完备	其应有的应急机制、应急预案、应急模拟、应急与抢险、恢复与重建五部分内容俱严重有缺失

表 6.8　压力隧洞基础指标评判标准

等级 基础指标	A	C
裂缝	裂缝宽度小于 0.2mm，裂缝长度不大于 1m，裂缝深度与衬砌厚度比小于 1/3；或有裂缝、裂缝少许，但无发展趋势	裂缝宽度大于 0.3mm，裂缝长度大于 10m，裂缝深度与衬砌厚度比大于 2/3；有裂缝，裂缝密集。出现剪切裂缝，并且发展速度快
剥落，破损	无剥落；或衬砌剥落深度小于 6mm，直径小于 50mm	大面积剥落；或衬砌剥落深度大于 25mm，直径大于 150mm
坍塌	无坍塌	大面积坍塌，影响正常运行和使用
岩性	岩体完整，裂隙稀少、较小；衬砌合理、完整（混凝土、喷锚、钢衬等）；断面形状符合运行要求或规范（圆形断面内径大于 2m，非圆形高大于 2m，宽大于 1.5m）	岩体松软，或为土洞；裂隙遍布、贯通；衬砌不合理（浆砌石、砌石）；断面形状严重不符合运行要求或规范
地质灾害	无潜在地质灾害影响	有严重的滑坡、泥石流或崩塌等地质灾害，严重影响正常运行和使用
流态	水流平顺	有严重的旋涡、夹气或严重的水跃、击打
渗漏	1000m^2 水道面积渗漏量小于 100L/s	1000m^2 水道面积渗漏量大于 250L/s 或发生泉涌
水质	泥沙淤积量、水草、冰情等轻微	泥沙淤积量、水草、冰情等严重
冲刷	冲坑深度小于 0.5mm，冲刷面积小于 1m^2	冲坑深度大于 5.0mm，冲刷面积大于 5m^2
应急系统	其应有的应急机制、应急预案、应急模拟、应急与抢险、恢复与重建五部分内容完备	其应有的应急机制、应急预案、应急模拟、应急与抢险、恢复与重建五部分内容俱严重有缺失
规章制度	其应有的运行操作、维修、巡视检查规程及安全生产、人员管理制度健全	其应有运行操作、维修、巡视检查规程及安全生产、人员管理制度俱严重缺失
安全检测	遵守操作规程，定期检测和维护，且各种运行监测资料记录完好	操作随意或有误操作，未进行检测和维护，且各种运行监测资料记录严重缺失

表 6.9　压力管道基础指标评判标准

基础指标＼等级	A	C
膜应力（明管）	膜应力与屈服应力比小于 0.55；应力满足要求，只需正常的运行、检测即可保证其安全运行	膜应力与屈服应力比大于 1.0，应力不满足要求，已危及其安全运行，需立即采取对策
膜应力（地下埋管）	膜应力与屈服应力比小于 0.67；应力满足要求，只需正常的运行、检测即可保证其安全运行	膜应力与屈服应力比大于 1.0 应力不满足要求，已危及其安全运行，需立即采取对策
膜应力（坝内埋管）	膜应力与屈服应力比小于 0.67；应力满足要求，只需正常的运行、检测即可保证其安全运行	膜应力与屈服应力比大于 1.0，应力不满足要求，已危及其安全运行，需立即采取对策
局部应力	局部应力与屈服应力比小于 0.67；应力满足要求，只需正常的运行、检测即可保证其安全运行	局部应力与屈服应力比大于 1.0；应力不满足要求，已危及其安全运行，需立即采取对策
镇墩支墩应力	镇、支墩应力与地基承载力比小于 0.9；应力满足要求，只需正常的运行检测即可保证其安全运行	镇墩支墩应力与地基承载力比大于 1.1，应力不满足要求，已危及其安全运行，需立即采取对策
加劲环应力	加劲环安全系数不小于 2.0	加劲环安全系数小于 1.6
外包混凝土应力	整体安全系数不小于 2.0	整体安全系数小于 1.6
钢管抗外压稳定性	稳定安全系数大于 2.0；或稳定性良好	稳定安全系数小于 1.6；或稳定性差
镇墩支墩抗滑稳定	稳定安全系数大于 2.0；或稳定性良好	稳定安全系数小于 1.1；或稳定性差
流态	水流平顺，无水击，无振动	有严重的水击、旋涡或振动、轰鸣等现象
漏水	伸缩节钢管进口处无渗漏	伸缩节钢管进口处有严重漏水
钢管、镇墩支墩外包混凝土破损	钢管、镇墩支墩、外包混凝土无破损	钢管、镇墩支墩、外包混凝土有严重破损、破坏
锈蚀磨损	平均锈蚀速率小于 0.03mm/a；锈坑深度小于 0.5mm；锈蚀面积与管壁面积比小于 5%；无磨损	平均锈蚀速率大于 0.08mm/a；锈坑深度大于 3.0mm；锈蚀面积与管壁面积比大于 25%；有磨损
规章制度	其应有的运行操作、维修、巡视检查规程及安全生产、人员管理制度健全	其应有运行操作、维修、巡视检查规程及安全生产、人员管理制度俱严重缺失
安全检测	遵守操作规程，定期检测和维护，且各种运行监测资料记录完好	操作随意或有误操作，未进行检测和维护，且各种运行监测资料记录严重缺失
应急系统	其应有的应急机制、应急预案、应急模拟、应急与抢险、恢复与重建五部分内容完备	其应有的应急机制、应急预案、应急模拟、应急与抢险、恢复与重建五部分内容俱严重有缺失

表 6.10　压力前池基础指标评判标准压力前池

基础指标＼等级	A	C
压力墙垂直应力（$\sigma/[\sigma]$）	（$\sigma/[\sigma]$）≤0.6 容许应力满足要求，只需正常的运行、检测即可保证其安全运行	（$\sigma/[\sigma]$）＞1.0 容许应力不满足要求，已危及其安全运行，需立即采取对策
潜在地质灾害	无潜在地质灾害影响	有严重的滑坡、泥石流或崩塌等地质灾害，严重影响正常运行和使用

续表

基础指标＼等级	A	C
边坡抗滑稳定	k_2≥1.4，边坡抗滑稳定性良好	k_2＜1.05，边坡抗滑稳定性差
压力墙抗滑稳定	k_2≥1.4，抗滑稳定性良好	k_2＜1.05，抗滑稳定性差
挡水堰抗浮稳定	k_2≥1.4，抗滑稳定性良好	k_2＜1.05，抗滑稳定性差
底板变形	底板变形轻微，但不影响正常运行和使用	底板变形严重，严重影响正常运行和使用
压力墙水平位移	压力墙水平位移轻微，但不影响正常运行和使用	压力墙水平位移严重，渗漏严重，严重影响正常运行和使用
渗漏量	漏水量（L/s）1000m^{2}水道面积≤100，渗漏轻微，但不影响正常运行和使用	漏水量（L/s）1000m^{2}水道面积＞250或出现泉涌，渗漏严重，严重影响正常运行和使用
水质	泥沙淤积量、水草、冰情等轻微	泥沙淤积量、水草、冰情等严重
排沙、排冰设施	排沙、排冰设施等完好	排沙、排冰设施等严重缺失
附属设施	爬梯（踏步）、栏杆、照明等设施，观测设备俱全 有闸门的，其拦污栅、检修闸门、工作闸门、启闭设备完好	爬梯（踏步）、栏杆、照明等设施，观测设备严重缺失；有闸门的，其拦污栅、检修闸门、工作闸门、启闭设备严重缺失
前池容积、水深	前池容积和水深满足电站负荷变化时前池水位波动和沉砂的要求	前池容积和水深不满足电站负荷变化时前池水位波动和沉砂的要求
裂缝	裂缝宽度小于 0.2mm，裂缝长度不大于1m，裂缝深度与衬砌厚度比小于1/3；或有裂缝、裂缝少许，但无发展趋势	裂缝宽度大于 0.3mm，裂缝长度大于10m，裂缝深度与衬砌厚度比大于2/3；有裂缝，裂缝密集。出现剪切裂缝，并且发展速度快
剥蚀	衬砌剥落深度小于 6mm，直径小于50mm；或几乎无剥落	衬砌剥落深度大于 25mm，直径大于150mm；或大面积剥落
规章制度	其应有的运行操作、维修、巡视检查规程及安全生产、人员管理制度健全	其应有运行操作、维修、巡视检查规程及安全生产、人员管理制度俱严重缺失
安全检测	遵守操作规程，定期检测和维护，且各种运行监测资料记录完好	操作随意或有误操作，未进行检测和维护，且各种运行监测资料记录严重缺失
应急系统	其应有的应急机制、应急预案、应急模拟、应急与抢险、恢复与重建五部分内容完备	应有的应急机制、应急预案、应急模拟、应急与抢险、恢复与重建五部分内容俱严重有缺失

表 6.11　日调节池基础指标评判标准

基础指标＼等级	A	C
地质灾害	无潜在地质灾害影响	有严重的滑坡、泥石流或崩塌等地质灾害，严重影响正常运行和使用
压力墙水平位移	压力墙水平变形轻微	压力墙水平变形严重
土基沉降变形	土基沉降变形轻微	土基沉降变形严重

续表

等级 基础指标	A	C
渗漏	漏水量（L/s）1000m² 水道面积≤100，渗漏轻微，但不影响正常运行和使用	漏水量（L/s）1000m² 水道面积＞250 或出现泉涌，渗漏严重，严重影响正常运行和使用
水质	泥沙淤积量、水草、冰情等轻微	泥沙淤积量、水草、冰情等严重
规章制度	其应有的运行操作、维修、巡视检查规程及安全生产、人员管理制度健全	其应有运行操作、维修、巡视检查规程及安全生产、人员管理制度俱严重缺失
安全检测	遵守操作规程，定期检测和维护，且各种运行监测资料记录完好	操作随意或有误操作，未进行检测和维护，且各种运行监测资料记录严重缺失
应急系统	其应有的应急机制、应急预案、应急模拟、应急与抢险、恢复与重建五部分内容完备	其应有的应急机制、应急预案、应急模拟、应急与抢险、恢复与重建五部分内容俱严重有缺失

表 6.12　调压室基础指标评判标准

等级 基础指标	A	C
上边坡稳定	上边坡稳定性良好	上边坡稳定性差
外边坡稳定	外边坡稳定性良好	外边坡稳定性差
潜在地质灾害	无潜在地质灾害影响	存在严重的滑坡、泥石流、崩塌、洪水等潜在地质灾害，严重影响正常运行和使用
闸门性能	闸门性能安全	闸门性能不安全
附属设施	保温、排水、运行安全保护等设施完好	保温、排水、运行安全保护等设施严重损失
水位与高度	调压室最高涌波水位以上的安全超高≥1.5m； 调压室最低涌波水位与压力引水道顶部间安全高度≥2.5m； 调压室底板的安全水深≥1.5m	调压室最高涌波水位以上的安全超高＜1.0m； 调压室最低涌波水位与压力引水道顶部间安全高度＜2.0m； 调压室底板的安全水深有＜1.0m
裂缝	裂缝宽度小于 0.2mm，裂缝长度不大于 1m，裂缝深度与衬砌厚度比＜1/3；或有裂缝、裂缝少许，但无发展趋势	裂缝宽度大于 0.3mm，裂缝长度大于 10m，裂缝深度与衬砌厚度比＞2/3；有裂缝，裂缝密集。出现剪切裂缝，并且发展速度快
剥蚀	衬砌剥落深度小于 6mm，直径小于 50mm；或几乎无剥落	衬砌剥落深度大于 25mm，直径大于 150mm；或大面积剥落
规章制度	其应有的运行操作、维修、巡视检查规程及安全生产、人员管理制度健全	其应有运行操作、维修、巡视检查规程及安全生产、人员管理制度俱严重缺失
安全检测	遵守操作规程，定期检测和维护，且各种运行监测资料记录完好	操作随意或有误操作，未进行检测和维护，且各种运行监测资料记录严重缺失
应急系统	其应有的应急机制、应急预案、应急模拟、应急与抢险、恢复与重建五部分内容完备	其应有的应急机制、应急预案、应急模拟、应急与抢险、恢复与重建五部分内容俱严重有缺失

表 6.13　厂房基础指标评判标准

基础指标＼等级	A	C
地基承载力	工作压力与额定承载力比小于 0.80；承载力满足要求，无异常变形	工作压力与额定承载力比大于 1.00。承载力不满足要求，异常变形较大
抗震承载力	工作压力与额定承载力比小于 0.80；承载力满足要求，只需正常的运行、检测即可保证其安全运行	工作压力与额定承载力比大于 1.00。承载力不满足要求，已危及厂房安全，需立即采取对策
围岩承载力：（地下）	工作压力与额定承载力比小于 0.80；承载力满足要求，无异常变形	工作压力与额定承载力比大于 1.00。承载力不满足要求，异常变形较大
稳定性	基本荷载组合下非岩基抗滑稳定安全系数大于 1.35；特殊组合下非岩基抗滑稳定安全系数大于 1.1；抗浮、抗渗、抗震、围岩稳定性良好	基本荷载组合下非岩基抗滑稳定安全系数小于 1.0；特殊组合下抗浮、抗渗、抗震、围岩稳定性很差
厂房抗浮	无潜在地质灾害影响	有严重的滑坡、泥石流或崩塌等地质灾害，严重影响正常运行和使用
裂缝	存在裂缝，但无发展趋势	裂缝密集，出现剪切裂缝，并且发展速度快
老化	存在结构老化，不影响结构物性能	存在结构老化，结构物功能损害明显
渗漏、排水	无渗漏，排水良好	渗漏严重，排水系统严重淤堵
机电设备、升压站、开关站	机电设备、升压站、开关站安全	机电设备、升压站、开关站不安全
规章制度	其应有的运行操作、维修、巡视检查规程及安全生产、人员管理制度健全	其应有运行操作、维修、巡视检查规程及安全生产、人员管理制度俱严重缺失
安全检测	遵守操作规程，定期检测和维护，且各种运行监测资料记录完好	操作随意或有误操作，未进行检测和维护，且各种运行监测资料记录严重缺失
应急系统	其应有的应急机制、应急预案、应急模拟、应急与抢险、恢复与重建五部分内容完备	其应有的应急机制、应急预案、应急模拟、应急与抢险、恢复与重建五部分内容俱严重有缺失

表 6.14　尾水渠基础指标评判标准

基础指标＼等级	A	C
渠基稳定	渠基稳定性良好，无土基湿陷、分散、盐胀、膨胀、冻胀等	渠基稳定性差，有严重的土基湿陷、分散、盐胀、膨胀、冻胀等，已危及输水安全，需立即采取对策。
渠边坡稳定	渠边坡稳定性良好，有很少的影响边坡稳定的滑坡、开裂、坍塌、洞穴、失水干裂、卸荷松弛、风化掉块等，但不会影响渠道输水	渠边坡稳定性差，有严重的影响边坡稳定的滑坡、开裂、坍塌、洞穴、失水干裂、卸荷松弛、风化掉块等，已危及输水安全，需立即采取对策
差异沉降变形	差异沉降变形轻微，只需正常的运行、检测即可保证其安全运行	差异沉降变形严重，已危及其安全运行，需立即采取对策。
渗漏量/(m^3/(m^2·d))	＜0.04（不衬砌）；＜0.03（混凝土）；＜0.10（干砌）；＜0.05（浆砌）； 或有轻微的渗流侵蚀、渗漏险情，但不会影响渠道输水	＞0.17（不衬砌）；＞0.17（混凝土）；＞0.40（干砌）；＞0.25（浆砌）。或有严重的渗流侵蚀、渗漏险情如管涌、流土。大面积蚁穴等，已危及输水安全，需立即采取对策

续表

基础指标 \ 等级	A	C
地质灾害	无潜在地质灾害影响	存在严重的滑坡、泥石流、崩塌、洪水等潜在地质灾害，严重影响正常运行和使用
水流流速 m/s	0.7～0.8（不衬砌）；＜1.5（混凝土），＜2.0（干砌），＜3.0（浆砌），高于不淤流速（＞1.0）	＞1.0 或＜0.6（不衬砌）；＞2.5（混凝土），＞4.0（干砌），＞6.0（浆砌），低于不淤流速（＜1.0）
裂缝	裂缝宽度小于 0.20mm，裂缝长度不大于 1m，裂缝深度与衬砌厚度比＜1/3；或有裂缝、裂缝少许，但无发展趋势	裂缝宽度大于 0.30mm，裂缝长度大于 10m，裂缝深度与衬砌厚度比＞2/3；有裂缝，裂缝密集。出现剪切裂缝，并且发展速度快
剥蚀	衬砌剥落深度小于 6mm，直径小于 50mm；或几乎无剥落	衬砌剥落深度大于 25mm，直径大于 150mm；或大面积剥落
规章制度	其应有的运行操作、维修、巡视检查规程及安全生产、人员管理制度健全	其应有运行操作、维修、巡视检查规程及安全生产、人员管理制度俱严重缺失
安全检测	遵守操作规程，定期检测和维护，且各种运行监测资料记录完好	操作随意或有误操作，未进行检测和维护，且各种运行监测资料记录严重缺失
应急系统	其应有的应急机制、应急预案、应急模拟、应急与抢险、恢复与重建五部分内容完备	其应有的应急机制、应急预案、应急模拟、应急与抢险、恢复与重建五部分内容俱严重有缺失

6.3　水工建筑物模糊安全评价模型

6.3.1　建筑物模糊安全综合评价流程设计

农村水电站水工建筑物安全性是一个外延不太明确而内涵丰富的概念，建筑物的“安全”与“不安全”之间，在质上没有十分严格的定义，在量上也没有一个明确的界限，它们之间实际上存在着一个模糊渐变过程。水工建筑物安全评价涉及的因素也较复杂，这些因素自身表现为随机性，与健康状态的关系又表现为模糊性。对模糊的概念进行综合评价，用传统的经典数学是十分困难的。模糊数学理论则是处理事物模糊性问题的一种有效工具和重要手段。

依据 6.2 节给出的各建筑物安全评价指标体系，农村水电站水工建筑物安全评价指标体系是一个四层指标体系，包含总目标层、一级指标层、二级指标层及基础指标层，因此采用三级模糊综合评价模型进行评判较合适。其基本思路为：首先进行最低层次的模糊综合评判，其次由最低层次的评判结果构成上一层次的模糊矩阵，再进行上一层次的模糊综合，循此自下而上逐层进行模糊综合评判，直至最高的目标层以得到评价对象的综合评价结果。水电站单个建筑物安全模糊综合评价流程如图 6.16 所示。

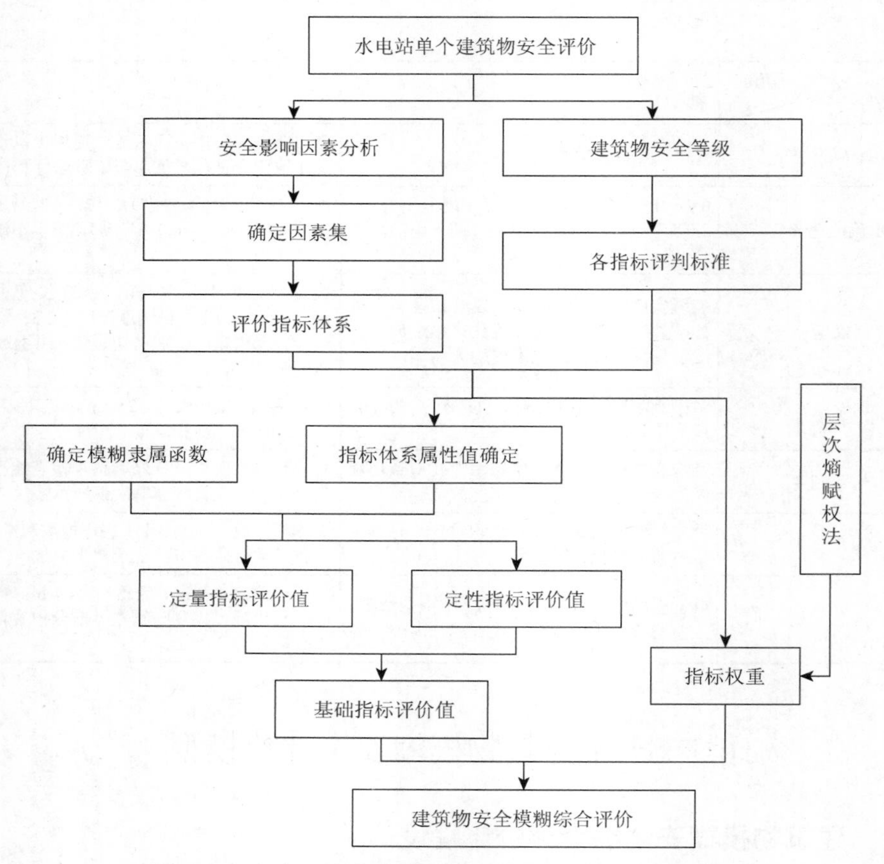

图 6.16　水电站单个建筑物安全模糊综合评价流程框图

6.3.2　分层评价指标权重

水电站单个建筑物安全模糊综合评价权重采用第 3 章给出的层次熵赋权法确定。表 6.15～表 6.27 列举了一般情况下农村水电站各水工建筑物的指标权重。

表 6.15　土石坝权重系数

一级指标项	一级指标权重	二级指标项	二级指标权重	基础指标	基础指标权重赋分	基础指标权重
工程质量	0.100	工程质量	1.000	基础质量	90	0.500
				坝体质量	90	0.500
结构安全	0.100	稳定	0.600	坝坡抗滑稳定	90	1.000
		变形	0.400	坝体及防渗体裂缝	90	0.500
				水平及沉降位移	90	0.500

续表

一级指标项	一级指标权重	二级指标项	二级指标权重	基础指标	基础指标权重赋分	基础指标权重
防洪	0.250	调洪	0.350	调洪方式	75	0.334
				水位库容曲线	75	0.333
				水位泄量	75	0.333
		抗洪	0.650	设计洪水	75	0.313
				大坝抗洪	90	0.374
				泄洪安全	75	0.313
渗流	0.250	坝基渗流	0.500	管涌流土	60	0.364
				防渗反滤排水	60	0.364
				抗浮稳定	45	0.272
		坝体防渗	0.500	筑坝材料防渗	60	0.500
				防渗体防渗	60	0.500
抗震	0.200	抗震性能	1.000	坝体坝基抗震抗滑	75	0.334
				近坝库岸抗震抗滑	75	0.333
				抗液化	75	0.333
运行管理	0.100	日常管理	1.000	应急系统	75	0.455
				水文预报	45	0.272
				检查检测	45	0.273

表 6.16　混凝土坝权重系数

一级指标项	一级指标权重	二级指标项	二级指标权重	基础指标	基础指标权重赋分	基础指标权重
工程质量	0.100	工程质量	1.000	基础质量	90	0.500
				坝体质量	90	0.500
				坡岸开挖及清理	75	1.000
结构安全	0.100	强度	0.600	关键部位应力	90	0.500
		稳定	0.400	坝基抗滑稳定	90	0.500
				近坝库岸稳定	90	0.334
				变形裂缝及接缝	90	0.333
防洪	0.250	调洪	0.350	调洪方式	60	0.333
				水位库容曲线	60	0.313
				水位泄量	60	0.374
		抗洪	0.650	设计洪水	60	0.313
				大坝抗洪	75	0.364
				泄洪安全	45	0.364

续表

一级指标项	一级指标权重	二级指标项	二级指标权重	基础指标	基础指标权重赋分	基础指标权重
渗流	0.250	坝基渗流	0.500	渗流量及水质	45	0.272
				防渗反滤排水	45	0.500
		绕坝渗流	0.500	地质构造带稳定	45	0.500
				高边坡稳定	60	0.334
抗震	0.200	抗震性能	1.000	关键部位抗震强度	60	0.333
				坝体抗剪断稳定	60	0.333
运行管理	0.100	日常管理	1.000	应急系统	45	0.455
				水文预报	45	0.272
				检查检测	45	0.273

表 6.17　尾水渠权重系数

一级指标项	一级指标权重	二级指标项	二级指标权重	基础指标	基础指标权重赋分	基础指标权重
安全性	0.500	稳定	0.400	渠基稳定	60	0.333
				渠边坡稳定	60	0.334
				差异沉降	60	0.333
		渗漏	0.400	漏水量	60	1.000
		地质灾害	0.200	地质灾害	45	1.000
适用性	0.300	水性	1.000	水流流速	45	1.000
耐久性	0.200	衬砌破损	0.450	裂缝	60	0.500
				剥蚀	60	0.500
		运行管理	0.550	规章制度	45	0.334
				安全检测	45	0.333
				应急系统	45	0.333

表 6.18　闸坝（橡胶坝、翻板坝）权重系数

一级指标项	一级指标权重	二级指标项	二级指标权重	基础指标	基础指标权重赋分	基础指标权重
工程质量	0.100	工程质量	1.000	基础质量	90	0.500
				坝袋质量	90	0.500
结构安全	0.100	强度	0.600	底板强度	90	0.360
				坝袋强度	80	0.320
				锚固结构强度	80	0.320

续表

一级指标项	一级指标权重	二级指标项	二级指标权重	基础指标	基础指标权重赋分	基础指标权重
结构安全	0.100	稳定	0.400	坝基抗滑稳定	90	0.346
				上下游抗滑稳定	80	0.308
				闸坝底板抗滑稳定	90	0.346
防洪	0.250	调洪	0.350	水位泄量	75	0.334
		抗洪	0.650	充排时间	75	0.313
				泄洪安全	75	0.313
渗流	0.250	坝基渗流	0.500	渗流量及水质	60	0.364
				防渗反滤排水	60	0.364
		坝体防渗	0.500	坝体防渗性	60	0.500
抗震	0.200	抗震性能	1.000	坝底板强度	75	0.334
				坝底板抗滑稳定	75	0.333
运行管理	0.100	日常管理	1.000	控制系统	75	0.455
				应急系统	45	0.272
				检查检测	45	0.273

表 6.19　溢洪道权重系数

一级指标项	一级指标权重	二级指标项	二级指标权重	基础指标	基础指标权重赋分	基础指标权重
安全性	0.500	稳定	0.800	边墙抗滑稳定	75	0.333
				护坦抗浮稳定	75	0.333
				闸底板稳定	75	0.334
		地质灾害	0.200	地质灾害	60	1.000
适用性	0.300	水性	0.300	水流流态	60	1.000
		闸门性能	0.300	闸门性能	60	1.000
		消能	0.400	消能状况	60	1.000
耐久性	0.200	破损	0.450	冲刷	45	0.334
				开裂	45	0.333
				剥落	45	0.333
		运行管理	0.550	规章制度	45	0.300
				安全检查	45	0.300
				应急系统	60	0.400

表 6.20 有压进水口权重系数

一级指标项	一级指标权重	二级指标项	二级指标权重	基础指标	基础指标权重赋分	基础指标权重
安全性	0.500	强度	0.350	孔口应力	30	0.334
				上下游面拉应力	30	0.333
				地基承载力	45	0.333
		稳定	0.350	洞身结构强度	45	0.334
				墙结构强度	60	
				塔结构强度	45	
				整体抗滑稳定	45	0.333
				整体抗浮稳定	45	0.333
		闸门性能	0.150	闸门性能	45	1.000
		地质灾害	0.150	地质灾害	60	1.000
适用性	0.300	水性	0.550	过水流量	30	0.333
				水流流态	30	0.333
				水质	45	0.334
		工程布置	0.450	附属设施	45	0.428
				拦污栅	45	0.286
				建筑高程	45	0.286
耐久性	0.200	衬砌破损	0.450	裂缝	60	0.500
				剥蚀	60	0.500
		运行管理	0.550	规章制度	45	0.334
				安全检测	45	0.333
				应急系统	45	0.333

表 6.21 无压进水口权重系数

一级指标项	一级指标权重	二级指标项	二级指标权重	基础指标	基础指标权重赋分	基础指标权重
安全性	0.500	闸门性能	0.600	闸门性能	60	1.000
		地质灾害	0.400	地质灾害	45	1.000
适用性	0.300	水性	0.500	过水流量	80	0.348
				水流流态	80	0.348
				水质	70	0.304
		工程布置	0.500	附属设施	70	0.318
				沉砂池	80	0.364
				建筑高程	70	0.318
耐久性	0.200	运行管理	0.550	规章制度	45	0.334
				安全检测	45	0.333
				应急系统	45	0.333

表 6.22　泄洪洞权重系数

一级指标项	一级指标权重	二级指标项	二级指标权重	基础指标	基础指标权重赋分	基础指标权重
安全性	0.500	流道结构	0.400	渗漏	45	0.200
				坍塌	60	0.267
				破损剥落	60	0.266
				裂缝	60	0.267
		岩性	0.150	岩性	45	1.000
		稳定性	0.300	岩体或衬砌稳定	45	1.000
		地质灾害	0.150	地质灾害	45	1.000
适用性	0.300	闸门性能	0.300	闸门性能	45	1.000
		水性	0.300	水流流态	45	0.643
				空蚀	30	0.357
		消能	0.400	消能状况	30	1.000
耐久性	0.200	磨蚀冲刷	0.450	冲刷	45	1.000
		运行管理	0.550	规章制度	45	0.334
				安全检测	45	0.333
				应急系统	45	0.333

表 6.23　压力前池权重系数

一级指标项	一级指标权重	二级指标项	二级指标权重	基础指标	基础指标权重赋分	基础指标权重
安全性	0.500	强度	0.300	压力墙垂直应力	80	1.000
		稳定	0.200	边坡抗滑稳定	60	0.300
				压力墙抗滑稳定	80	0.400
				挡水堰抗滑稳定	80	0.400
		变形	0.200	底板变形	70	0.467
				压力墙水平位移	80	0.533
		渗漏	0.200	漏水量	80	1.000
		地质灾害	0.100	地质灾害	80	1.000
适用性	0.300	水质条件	0.550	水质	80	1.000
		工程布置	0.450	容积、水位	80	0.400
				附属设施	60	0.300
				排沙设施	80	0.400
耐久性	0.200	衬砌破损	0.450	裂缝	70	0.500
				剥蚀	70	0.500
		运行管理	0.550	规章制度	45	0.334
				安全检测	45	0.333
				应急系统	45	0.333

表 6.24　压力管道权重系数

一级指标项	一级指标权重	二级指标项	二级指标权重	基础指标	基础指标权重赋分	基础指标权重
安全性	0.500	强度	0.500	外包混凝土应力	45	0.200
				加劲环应力	45	0.200
				支墩应力	45	0.200
				局部应力	45	0.200
				膜应力	45	0.200
		稳定	0.500	钢管抗外压稳定	30	0.400
				支墩抗滑稳定	45	0.600
适用性	0.300	漏水	0.400	漏水	45	1.000
		破损	0.400	外包混凝土破损	60	0.500
				地质灾害	60	0.500
		水性	0.200	水流流态	60	1.000
耐久性	0.200	锈蚀磨损	0.450	锈蚀磨损	45	1.000
		运行管理	0.550	规章制度	45	0.300
				安全检测	45	0.300
				应急系统	60	0.400

表 6.25　引水渠权重系数

一级指标项	一级指标权重	二级指标项	二级指标权重	基础指标	基础指标权重赋分	基础指标权重
安全性	0.500	稳定	0.400	渠基稳定	45	0.500
				渠边坡稳定	45	0.500
		变形	0.400	差异沉降	45	1.000
		地质灾害	0.200	地质灾害	45	1.000
适用性	0.300	渗漏	0.600	渗漏量	30	1.000
		水质	0.200	水质	30	1.000
		工程布置	0.200	附属设施	45	1.000
耐久性	0.200	衬砌破坏	0.450	裂缝	60	0.500
				剥蚀	60	0.500
		运行管理	0.550	规章制度	45	0.334
				安全检测	45	0.333
				应急系统	45	0.333

表 6.26　日调节池权重系数

一级指标项	一级指标权重	二级指标项	二级指标权重	基础指标	基础指标权重赋分	基础指标权重
安全性	0.500	地质灾害	0.200	地质灾害	45	1.000
		变形	0.400	地板沉陷	60	0.500
				水平位移	60	0.500
		渗漏	0.400	漏水量	45	1.000
适用性	0.300	水性	1.000	水流流速	45	1.000
耐久性	0.200	运行管理	1.000	规章制度	45	0.334
				安全检测	45	0.333
				应急系统	45	0.333

表 6.27　厂房权重系数

一级指标项	一级指标权重	二级指标项	二级指标权重	基础指标	基础指标权重赋分	基础指标权重
安全性	0.500	强度	0.400	地基承载力	60	0.334
				抗震承载力	60	0.333
				围岩整体强度	60	0.333
		稳定性	0.400	抗浮稳定	60	0.267
				渗透稳定	60	0.267
				抗震稳定	60	0.266
				围岩整体稳定	45	0.200
		地质灾害	0.200	地质灾害	45	1.000
适用性	0.300	破损	0.200	裂缝	60	0.571
				老化	45	0.429
		防渗	0.200	渗漏排水	45	1.000
		机电设备	0.200	机电设备	30	1.000
		开关站	0.200	开关站	30	1.000
		升压站	0.200	升压站	30	1.000
耐久性	0.200	运行管理	1.000	规章制度	45	0.334
				安全检测	45	0.333
				应急系统	45	0.333

6.3.3　水工建筑物模糊安全评价其他因素

1. 隶属函数

水工建筑物安全评价指标的隶属函数采用正态分布（高斯型）隶属函数，其主要类型有以下三种，如图 6.17 所示。

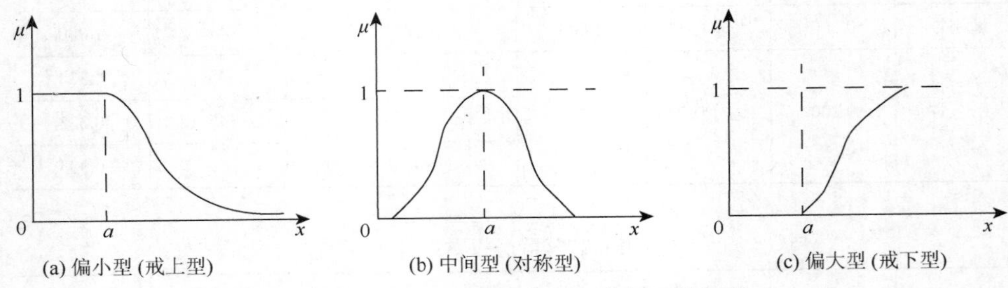

图 6.17　正态分布（高斯型）隶属函数图形

以定性指标为例，各定性指标的评分区间为 A(80～100)，B(40～80)，C(0～40)，对应的定性指标隶属函数如下(其中参数 k=0.00108)。

1）偏小型模糊分布

x 越大，则隶属度越小，采用降半正态分布

$$\mu(x)=\begin{cases}1, & x\leqslant a=100\\ \mathrm{e}^{-k(x-a)^2}, & k>0,x>a\end{cases}\tag{6.1}$$

2）中间型模糊分布

对称型正态分布

$$\mu(x)=\mathrm{e}^{-k(x-a)^2},\quad k>0,\ a=60\tag{6.2}$$

3）偏大型模糊分布

x 越大，隶属度则越大，采用升半正态分布

$$\mu(x)=\begin{cases}0, & x\leqslant a=20\\ 1-\mathrm{e}^{-k(x-a)^2}, & k>0,x>a\end{cases}\tag{6.3}$$

2. 模糊算子

水工建筑物安全评价的模糊算子选取加权平均型算子 $M(+,\bullet)$。

3. 评价结果

水工建筑物安全评价结果精确化采用向量单值化方法，评价中依据评分区间，各等级依次赋以分值 d_1=90, d_2=60, d_3=20。

6.4　水电站单个建筑物安全评价

设水电站某建筑物有 n 项基础评价指标，根据建筑物检测资料结果和专家巡视检查结果，得到 n 个安全评价指标的属性值，则有实际性态安全评价指标矩阵：

$$X=(x_1, x_2, \cdots, x_n)=(x_i), \quad i=1, 2, \cdots, n$$

如前所述，将水电站建筑物安全性态划分为 3 个评价等级，其相应的隶属函数区间为 $V=\{V_1, V_2, V_3\}$={A 级（安全），B 级（基本安全），C 级（不安全）}，根据各指标的高斯型隶属函数 $\mu(x)$，得出建筑物安全评价中 n 项指标 3 级评价隶属度矩阵

$$R=\begin{bmatrix} R_1 \\ R_2 \\ \vdots \\ R_n \end{bmatrix}=\begin{bmatrix} r_{11} & r_{12} & r_{13} \\ r_{21} & r_{22} & r_{23} \\ \vdots & \vdots & \vdots \\ r_{n1} & r_{n2} & r_{n3} \end{bmatrix}_{n\times 3}=(r_{ik}), \quad i=1,2,\cdots,n; \ k=1,2,3 \tag{6.4}$$

矩阵中 $r_{ik}=\mu_{ik}(x_i)$。

考虑到各评价指标的重要性差异，按照前面所论述的层次熵赋权方法获得各指标的权重，并计算出 n 项基础评价指标的权重为

$$W=(w_1, w_2, \cdots, w_n)=(w_i), \quad \sum_{i=1}^{n} w_i, \quad i=1, 2, \cdots, n$$

综合隶属度矩阵（即指标的安全评价值）与指标权重，可建立 n 项指标的综合权重矩阵。

模糊算子选取加权平均型算子 $M(+, \bullet)$，则有

$$Z=\begin{bmatrix} w_1 & 0 & 0 & 0 \\ 0 & w_2 & 0 & 0 \\ \vdots & \vdots & \vdots & \vdots \\ 0 & 0 & 0 & w_n \end{bmatrix}\circ\begin{bmatrix} r_{11} & r_{12} & r_{13} \\ r_{21} & r_{22} & r_{23} \\ \vdots & \vdots & \vdots \\ r_{n1} & r_{n2} & r_{n3} \end{bmatrix}=(w_i r_{ik}) \tag{6.5}$$

将矩阵 Z 的元素值按列归一化，得到

$$z_i = Z_i \Big/ \sum_{i=1}^{n} Z_i, \quad \sum_{i=1}^{n} z_i = 1 \tag{6.6}$$

为了充分利用综合评价提供的信息，设置与评语相对应的分数集为{安全，基本安全，不安全}=$\{d_1, d_2, d_3\}$，其中 d_k 可取为定性指标的高斯型隶属函数第 k 段

的峰值。这样水电站建筑物安全性态的隶属度矩阵为

$$F_i = \sum_{k=1}^{3} z_i d_k \tag{6.7}$$

根据前面对建筑物 3 种安全性态{安全，基本安全，不安全}的评定分级标准，将特征值 F 与评价等级相对照，可得出农村水电站建筑物安全性态属于何种等级的评价。

6.5　水电站整体安全评价

水电站本身就是一个复杂的系统，其系统看成为泄洪体系与发电体系的并联，且发电体系中各项子系统又可作串联。水电站系统如下所示

挡水坝⇒

- 发电系统
  - 有压式：进水口→压力隧洞→调压室→压力管道→厂房→开关站→尾水渠
  - 无压式：进水口→沉砂地→引水渠→日调节池→压力池→压力管道→厂房→开关站→泄水道
- 泄洪系统→下游保护对象

水电站的整体安全评价可参考水电站单个建筑物安全评价模型，假设水电站包含 m 个建筑物，同样采用前面介绍的层次熵分析法，按照水电站的功用，得出各个建筑物的权重为 $W=(w_1, w_2, \cdots, w_m)$，通过水电站单个建筑物安全评价，可知各个建筑物的安全性态特征值 $F=(F_1, F_2, \cdots, F_m)^{\mathrm{T}}$，则水电站的整体安全评价值为

$$Q = (w_1, w_1, \cdots, w_m) \times (F_1, F_1, \cdots, F_m)^{\mathrm{T}} = \sum_{i=1}^{m} w_i F_i,\quad i = 1,2,\cdots,m \tag{6.8}$$

对于串联体系，线路中的任何一个建筑物出现故障都可能造成水电站无法运行，也就是说存在变权问题，当建筑物为不安全的状态时，其权重上升，甚至出现“一票否决”现象。

首先将水电站水工建筑物分为三类：

第一类建筑物：重要性级别最高，如大坝、隧洞、压力管道。认为这类建筑物安全性态综合评价为第三级不安全状态时，则水电站安全评价为第三级不安全状态。

第二类建筑物：重要性级别次之，如进水口、压力前池、溢洪道。认为这类建筑物安全性态综合评价为第三级不安全状态时，则水电站安全评价为第二级基本安全状态。

第三类建筑物：重要性级别再次之，如沉砂池、日调节池、明渠。认为这类

建筑物安全性态综合评价为第三级不安全状态时，则水电站安全评价为第二级基本安全。

评价中依据实际情况，逐级判断是否有第一、二、三类建筑物为差（不安全状态）出现，如是则根据建筑物类别给予相应评价，否则进行下一步直至计算终止。

6.6　水电站整体安全评价实例分析

本节以浙江石郭电站、瑞垟一级电站、贵岙电站 3 个水电站为实例，应用前述理论与模型对 3 个电站进行模糊综合安全评价。

6.6.1　石郭电站安全评价

浙江省青田县鹤城镇石郭二级电站位于瓯江流域，建于 1959 年 12 月，是以发电为主的无压引水式水电站。根据水利部农村电气化研究所的水电站检测资料，石郭电站的建筑物构成如图 6.18 所示。

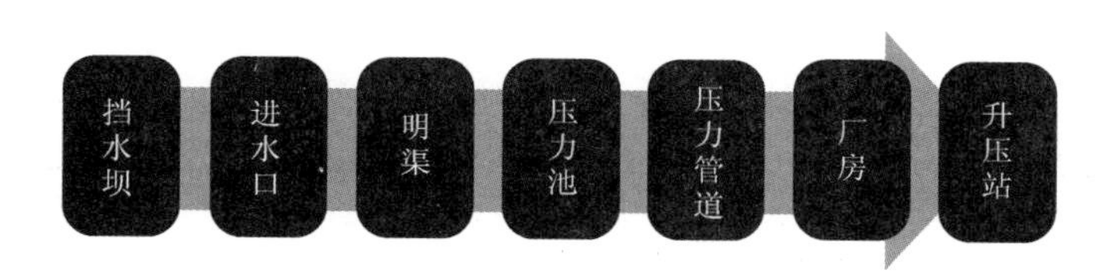

图 6.18　石郭电站建筑物构成图

1. 石郭电站评价体系

建立石郭电站安全评价指标体系，利用层次熵分析法求解各层指标权重，经过整理可得到各个评价指标权重，其各安全评价指标体系、相应的权重及专家评分值如表 6.28～表 6.36 所示。

表 6.28　石郭电站土石坝指标体系及权重

一级指标项	一级指标权重	二级指标项	二级指标权重	基础指标	基础指标权重分值	基础指标安全分值	归一化基础指标权重
工程质量	0.10	工程质量	1.00	基础质量	90	60	0.50
				坝体质量	90	60	0.50
结构安全	0.10	稳定	0.60	坝坡抗滑稳定	90	70	1.00
		变形	0.40	坝体及防渗体裂缝	90	90	0.50
				水平及沉降位移	90	90	0.50

续表

一级指标项	一级指标权重	二级指标项	二级指标权重	基础指标	基础指标权重分值	基础指标安全分值	归一化基础指标权重
防洪	0.25	调洪	0.35	调洪方式	75	80	0.34
				水位库容曲线	75	70	0.33
				水位泄量	75	70	0.33
		抗洪	0.65	设计洪水	75	70	0.32
				大坝抗洪	90	70	0.37
				泄洪安全	75	70	0.31
渗流	0.25	坝基渗流	0.50	管涌流土	60	80	0.37
				防渗反滤排水	60	80	0.36
				抗浮稳定	45	80	0.27
		坝体防渗	0.50	筑坝材料防渗	60	60	0.50
				防渗体防渗	60	60	0.50
抗震	0.20	抗震性能	1.00	坝体坝基抗震抗滑	75	70	0.34
				近坝库岸抗震抗滑	75	70	0.33
				抗液化	75	70	0.33
运行管理	0.10	日常管理	1.00	应急系统	75	40	0.46
				水文预报	45	40	0.27
				检查检测	45	50	0.28

表 6.29　石郭电站溢洪道指标体系及权重

一级指标项	一级指标权重	二级指标项	二级指标权重	基础指标	基础指标权重分值	基础指标安全分值	归一化基础指标权重
安全性	0.50	稳定	0.80	边墙抗滑稳定	75	80	0.33
				护坦抗浮稳定	75	80	0.33
				闸底板稳定	75	80	0.34
		地质灾害	0.20	地质灾害	60	80	1.00
适用性	0.30	水性	0.30	水流流态	60	70	1.00
		闸门性能	0.30	闸门性能	60	70	1.00
		消能	0.40	消能状况	60	70	1.00
耐久性	0.20	破损	0.45	冲刷	45	70	0.34
				开裂	45	70	0.33
				剥落	45	70	0.33
		运行管理	0.55	规章制度	45	40	0.30
				安全检查	45	40	0.30
				应急系统	60	40	0.40

表 6.30　石郭电站进水口指标体系及权重

一级指标项	一级指标权重	二级指标项	二级指标权重	基础指标	基础指标权重分值	基础指标安全分值	归一化基础指标权重
安全性	0.50	闸门性能	0.60	闸门性能	60	80	1.00
		地质灾害	0.40	地质灾害	45	80	1.00
适用性	0.30	水性	0.50	过水流量	80	70	0.35
				水流流态	80	70	0.35
				水质	70	70	0.30
		工程布置	0.5	附属设施	70	70	0.32
				沉砂池	80	70	0.37
				建筑高程	70	70	0.31
耐久性	0.20	运行管理	1.00	规章制度	45	40	0.34
				安全检测	45	40	0.33
				应急系统	45	40	0.33

表 6.31　石郭电站引水渠指标体系及权重

一级指标项	一级指标权重	二级指标项	二级指标权重	基础指标	基础指标权重分值	基础指标安全分值	归一化基础指标权重
安全性	0.50	稳定	0.40	渠基稳定	45	80	0.50
				渠边坡稳定	45	80	0.50
		变形	0.40	差异沉降	45	80	1.00
		地质灾害	0.20	地质灾害	45	80	1.00
适用性	0.30	渗漏	0.60	渗漏量	30	70	1.00
		水质	0.20	水质	30	70	1.00
		工程布置	0.20	附属设施	45	80	1.00
耐久性	0.20	衬砌破坏	0.45	裂缝	60	70	0.50
				剥蚀	60	70	0.50
		运行管理	0.55	规章制度	45	40	0.34
				安全检测	45	40	0.33
				应急系统	45	40	0.33

表 6.32　石郭电站日调节池指标体系及权重

一级指标项	一级指标权重	二级指标项	二级指标权重	基础指标	基础指标权重分值	基础指标安全分值	归一化基础指标权重
安全性	0.50	地质灾害	0.20	地质灾害	45	80	1.00
		变形	0.40	地板沉陷	60	80	0.50
				水平位移	60	80	0.50
		渗漏	0.40	漏水量	45	50	1.00
适用性	0.30	水性	1.00	水流流速	45	70	1.00
耐久性	0.20	运行管理	1.00	规章制度	45	40	0.34
				安全检测	45	40	0.33
				应急系统	45	40	0.33

表 6.33　石郭电站压力前池指标体系及权重

一级指标项	一级指标权重	二级指标项	二级指标权重	基础指标	基础指标权重分值	基础指标安全分值	归一化基础指标权重
安全性	0.50	强度	0.30	压力墙垂直应力	80	70	1.00
		稳定	0.20	边坡抗滑稳定	60	70	0.30
				压力墙抗滑稳定	80	70	0.40
				挡水堰抗滑稳定	80	70	0.40
		变形	0.20	底板变形	70	70	0.47
				压力墙水平位移	80	70	0.53
		渗漏	0.20	漏水量	80	50	1.00
		地质灾害	0.10	地质灾害	80	80	1.00
适用性	0.30	水质条件	0.550	水质	80	60	1.00
		工程布置	0.450	容积、水位	80	70	0.40
				附属设施	60	60	0.30
				排沙设施	80	60	0.40
耐久性	0.20	衬砌破损	0.450	裂缝	70	70	0.50
				剥蚀	70	70	0.50
		运行管理	0.550	规章制度	45	40	0.34
				安全检测	45	40	0.33
				应急系统	45	40	0.33

表 6.34　石郭电站压力钢管指标体系及权重

一级指标项	一级指标权重	二级指标项	二级指标权重	基础指标	基础指标权重分值	基础指标安全分值	归一化基础指标权重
安全性	0.50	强度	0.50	外包混凝土应力	45	70	0.20
				加劲环应力	45	70	0.20
				支墩应力	45	70	0.20
				局部应力	45	70	0.20
				膜应力	45	70	0.20
		稳定	0.50	钢管抗外压稳定	30	70	0.40
				支墩抗滑稳定	45	70	0.60
适用性	0.30	漏水	0.40	漏水	45	80	1.00
		破损	0.40	外包混凝土破损	60	80	0.50
				地质灾害	60	80	0.50
		水性	0.20	水流流态	60	70	1.00
耐久性	0.20	锈蚀磨损	0.45	锈蚀磨损	45	80	1.00
		运行管理	0.55	规章制度	45	40	0.30
				安全检测	45	40	0.30
				应急系统	60	40	0.40

表 6.35　石郭电站厂房指标体系及权重

一级指标项	一级指标权重	二级指标项	二级指标权重	基础指标	基础指标权重分值	基础指标安全分值	归一化基础指标权重
安全性	0.50	强度	0.40	地基承载力	60	80	0.34
				抗震承载力	60	80	0.33
				围岩整体强度	60	80	0.33
		稳定性	0.40	抗浮稳定	60	80	0.27
				渗透稳定	60	80	0.27
				抗震稳定	60	80	0.26
				围岩整体稳定	45	80	0.20
		地质灾害	0.20	地质灾害	45	80	1.00
适用性	0.30	破损	0.20	裂缝	60	70	0.57
				老化	45	70	0.43
		防渗	0.20	渗漏排水	45	70	1.00
		机电设备	0.20	机电设备	30	70	1.00
		开关站	0.20	开关站	30	70	1.00
		升压站	0.20	升压站	30	70	1.00

续表

一级指标项	一级指标权重	二级指标项	二级指标权重	基础指标	基础指标权重分值	基础指标安全分值	归一化基础指标权重
耐久性	0.20	运行管理	1.00	规章制度	45	40	0.34
				安全检测	45	40	0.33
				应急系统	45	40	0.33

表 6.36　石郭电站尾水渠指标体系及权重

一级指标项	一级指标权重	二级指标项	二级指标权重	基础指标	基础指标权重分值	基础指标安全分值	归一化基础指标权重
安全性	0.50	稳定	0.40	渠基稳定	60	80	0.33
				渠边坡稳定	60	80	0.34
				差异沉降	60	80	0.33
		渗漏	0.40	漏水量	60	70	1.00
		地质灾害	0.20	地质灾害	45	80	1.00
适用性	0.30	水性	1.00	水流流速	45	70	1.00
耐久性	0.20	衬砌破损	0.45	裂缝	60	70	0.50
				剥蚀	60	70	0.50
		运行管理	0.55	规章制度	45	40	0.34
				安全检测	45	40	0.33
				应急系统	45	40	0.33

2. 石郭电站模糊安全评价

根据各个评价因素权重矩阵 W 与模糊评价矩阵 R，运用加权平均型算子 $M(+,\bullet)$，利用 $B=W\circ R$ 逐级进行单因素评价，单体建筑物（设施）综合评价，最终实现石郭电站的模糊综合安全评价。表 6.37 列出了石郭电站的各建筑物的模糊综合安全评价值。

表 6.37　石郭电站各建筑物模糊综合安全评价

电站建筑物	隶属度			模糊单值化安全性态特征值 F	等级	权重赋分	归一化权重
	A 级	B 级	C 级				
土石坝	0.2713	0.6291	0.0996	66.8710	B	95	0.182
溢洪道	0.3577	0.5609	0.0814	71.0500	B	70	0.130
进水口	0.3337	0.5451	0.1212	68.5000	B	50	0.093
引水渠	0.3703	0.5503	0.0794	71.6382	B	50	0.093

续表

电站建筑物	隶属度			模糊单值化安全性态特征值 F	等级	权重赋分	归一化权重
	A 级	B 级	C 级				
日调节池	0.2453	0.5803	0.1745	62.8333	B	40	0.074
压力前池	0.2073	0.6739	0.1423	62.5394	B	60	0.112
压力管道	0.3219	0.5908	0.0873	69.3836	B	70	0.130
厂房	0.3337	0.5451	0.1212	68.5000	B	70	0.130
尾水渠	0.3156	0.5961	0.0883	69.0895	B	30	0.056

根据水电站单个建筑物的模糊综合安全评价值，得出石郭电站的整体安全评价值：

$$Q=(0.182, 0.130, 0.130, 0.130, 0.056, 0.093, 0.074, 0.112, 0.093)\times(66.871, 71.050, 69.384, 68.500, 69.090, 68.500, 62.833, 62.539, 71.638)^{T}=67.89$$

评定等级为 B 级，即石郭电站的安全性态为基本安全，表明该水电站建筑物及设施的实际工况和各种功能不能完全满足现行的规程、规范、标准和设计的要求，可能影响水电站的正常使用，需要进行安全性调查，确定对策，应准备采取对策。

6.6.2　瑞垟一级电站安全评价

瑞垟一级电站位于浙江省龙泉市南部瓯江大溪水系梅溪支流瑞垟溪上，建于 1988 年 10 月，是以发电为主的无压引水式水电站，根据水利部农村电气化研究所的水电站检测资料，可得瑞垟一级电站的建筑物构成如图 6.19 所示。图 6.20 为电站挡水坝照片。

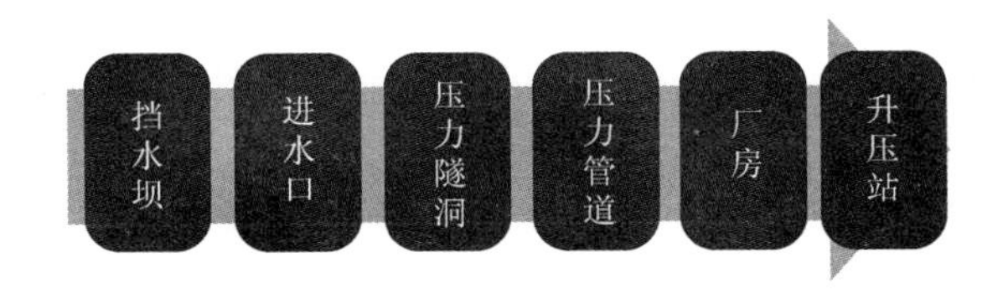

图 6.19　瑞垟一级电站建筑物构成图

图 6.20　瑞垟一级电站挡水坝

1. 瑞垟一级电站评价体系

瑞垟一级电站安全评价指标体系、相应的权重及专家评分值如表 6.38～表 6.45 所示。

表 6.38　瑞垟一级电站拱坝指标体系及权重

一级指标项	一级指标权重	二级指标项	二级指标权重	基础指标	基础指标权重分值	基础指标安全分值	归一化基础指标权重
工程质量	0.10	工程质量	1.00	基础质量	90	80	0.35
				坝体质量	90	80	0.35
				坡岸开挖及清理	75	70	0.30
结构安全	0.10	强度	0.60	关键部位应力	90	70	1.00
		稳定	0.40	坝基抗滑稳定	90	70	0.34
				近坝库岸稳定	90	70	0.33
				变形裂缝及接缝	90	80	0.33
防洪	0.25	调洪	0.35	调洪方式	60	80	0.34
				水位库容曲线	60	80	0.33
				水位泄量	60	80	0.33
		抗洪	0.65	设计洪水	60	80	0.33
				大坝抗洪	75	80	0.42
				泄洪安全	45	70	0.25
渗流	0.25	坝基渗流	0.50	渗流量及水质	45	70	0.50
				防渗反滤排水	45	80	0.50

续表

一级指标项	一级指标权重	二级指标项	二级指标权重	基础指标	基础指标权重分值	基础指标安全分值	归一化基础指标权重
渗流	0.25	绕坝渗流	0.50	地质构造带稳定	45	80	0.43
				高边坡稳定	60	80	0.57
抗震	0.20	抗震性能	1.00	关键部位抗震强度	60	80	0.50
				坝体抗剪断稳定	60	90	0.50
运行管理	0.10	日常管理	1.00	应急系统	45	90	0.34
				水文预报	45	90	0.33
				检查检测	45	80	0.33

表 6.39　瑞垟一级电站溢洪道指标体系及权重

一级指标项	一级指标权重	二级指标项	二级指标权重	基础指标	基础指标权重分值	基础指标安全分值	归一化基础指标权重
安全性	0.50	稳定	0.80	边墙抗滑稳定	75	80	0.33
				护坦抗浮稳定	75	80	0.33
				闸底板稳定	75	80	0.34
		地质灾害	0.20	地质灾害	60	80	1.00
适用性	0.30	水性	0.30	水流流态	60	80	1.00
		闸门性能	0.30	闸门性能	60	80	1.00
		消能	0.40	消能状况	60	80	1.00
耐久性	0.20	破损	0.45	冲刷	45	80	0.34
				开裂	45	80	0.33
				剥落	45	80	0.33
		运行管理	0.55	规章制度	45	90	0.30
				安全检查	45	90	0.30
				应急系统	60	90	0.40

表 6.40　瑞垟一级电站进水口指标体系及权重

一级指标项	一级指标权重	二级指标项	二级指标权重	基础指标	基础指标权重分值	基础指标安全分值	归一化基础指标权重
安全性	0.50	强度	0.35	孔口应力	80	80	0.34
				上下游面拉应力	80	80	0.33
				地基承载力	80	80	0.33
		稳定	0.35	整体抗滑稳定	85	80	0.50
				整体抗浮稳定	85	80	0.50
		闸门性能	0.15	闸门性能	45	70	1.00
		地质灾害	0.15	地质灾害	45	80	1.00

续表

一级指标项	一级指标权重	二级指标项	二级指标权重	基础指标	基础指标权重分值	基础指标安全分值	归一化基础指标权重
适用性	0.30	水性	0.55	过水流量	45	70	0.33
				水流流态	45	70	0.33
				水质	45	70	0.34
		工程布置	0.45	附属设施	45	80	0.43
				拦污栅	30	80	0.29
				建筑高程	30	80	0.28
耐久性	0.20	衬砌破损	0.45	裂缝	60	80	0.50
				剥蚀	60	70	0.50
		运行管理	0.55	规章制度	45	85	0.34
				安全检测	45	70	0.33
				应急系统	45	80	0.33

表 6.41　瑞垟一级电站压力隧洞指标体系及权重

一级指标项	一级指标权重	二级指标项	二级指标权重	基础指标	基础指标权重分值	基础指标安全分值	归一化基础指标权重
安全性	0.50	流道结构	0.70	坍塌	60	80	0.25
				破损	60	70	0.25
				开裂	60	80	0.25
				剥落	60	70	0.25
		岩性	0.15	岩性	45	70	1.00
		地质灾害	0.15	地质灾害	45	80	1.00
适用性	0.30	水性	0.35	水流流态	45	70	1.00
		渗漏	0.65	漏水量	30	70	0.50
				水质	30	70	0.50
耐久性	0.20	磨蚀冲刷	0.45	冲刷	30	70	1.00
		运行管理	0.55	规章制度	45	85	0.34
				安全检测	45	70	0.33
				应急系统	45	80	0.33

表 6.42　瑞垟一级电站调压室指标体系及权重

一级指标项	一级指标权重	二级指标项	二级指标权重	基础指标	基础指标权重分值	基础指标安全分值	归一化基础指标权重
安全性	0.50	稳定	0.60	上部边坡稳定	60	80	0.50
				外侧边坡稳定	60	80	0.5
		闸门性能	0.20	闸门性能	45	70	1.00
		地质灾害	0.20	地质灾害	45	80	1.00
适用性	0.30	工程布置	1.00	水位与高度	45	70	0.50
				附属设施	45	80	0.50

续表

一级指标项	一级指标权重	二级指标项	二级指标权重	基础指标	基础指标权重分值	基础指标安全分值	归一化基础指标权重
耐久性	0.20	衬砌破损	0.45	裂缝	60	80	0.50
				剥蚀	60	70	0.50
		运行管理	0.55	规章制度	45	85	0.34
				安全检测	45	70	0.33
				应急系统	45	80	0.33

表 6.43　瑞垟一级电站压力管道指标体系及权重

一级指标项	一级指标权重	二级指标项	二级指标权重	基础指标	基础指标权重分值	基础指标安全分值	归一化基础指标权重
安全性	0.50	强度	0.50	外包混凝土应力	45	80	0.20
				加劲环应力	45	80	0.20
				支墩应力	45	80	0.20
				局部应力	45	80	0.20
				膜应力	45	80	0.20
		稳定	0.50	钢管抗外压稳定	30	80	0.40
				支墩抗滑稳定	45	80	0.60
适用性	0.30	漏水	0.40	漏水	45	60	1.00
		破损	0.40	外包混凝土破损	60	80	0.50
				地质灾害	60	80	0.50
		水性	0.20	水流流态	60	80	1.00
耐久性	0.20	锈蚀磨损	0.45	锈蚀磨损	45	80	1.00
		运行管理	0.55	规章制度	45	90	0.30
				安全检测	45	90	0.30
				应急系统	60	90	0.40

表 6.44　瑞垟一级电站厂房指标体系及权重

一级指标项	一级指标权重	二级指标项	二级指标权重	基础指标	基础指标权重分值	基础指标安全分值	归一化基础指标权重
安全性	0.50	强度	0.40	地基承载力	60	80	0.34
				抗震承载力	60	80	0.33
				围岩整体强度	60	80	0.33
		稳定性	0.40	抗浮稳定	60	80	0.27
				渗透稳定	60	80	0.27
				抗震稳定	60	80	0.26
				围岩整体稳定	45	80	0.20
		地质灾害	0.20	地质灾害	45	80	1.00

续表

一级指标项	一级指标权重	二级指标项	二级指标权重	基础指标	基础指标权重分值	基础指标安全分值	归一化基础指标权重
适用性	0.30	破损	0.20	裂缝	60	80	0.57
				老化	45	70	0.43
		防渗	0.20	渗漏排水	45	50	1.00
		机电设备	0.20	机电设备	30	80	1.00
		开关站	0.20	开关站	30	80	1.00
		升压站	0.20	升压站	30	80	1.00
耐久性	0.20	运行管理	1.00	规章制度	45	85	0.34
				安全检测	45	70	0.33
				应急系统	45	80	0.33

表 6.45　瑞垟一级电站尾水渠指标体系及权重

一级指标项	一级指标权重	二级指标项	二级指标权重	基础指标	基础指标权重分值	基础指标安全分值	归一化基础指标权重
安全性	0.50	稳定	0.40	渠基稳定	60	80	0.33
				渠边坡稳定	60	80	0.34
				差异沉降	60	80	0.33
		渗漏	0.40	漏水量	60	70	1.00
		地质灾害	0.20	地质灾害	45	80	1.00
适用性	0.30	水性	1.00	水流流速	45	70	1.00
耐久性	0.20	衬砌破损	0.45	裂缝	60	80	0.50
				剥蚀	60	70	0.50
		运行管理	0.55	规章制度	45	85	0.34
				安全检测	45	70	0.33
				应急系统	45	80	0.33

2. 瑞垟一级电站模糊安全评价

同理运用模糊综合评价计算方法，得出瑞垟一级电站的各建筑物的模糊综合安全评价值，如表 6.46 所示。

表 6.46　瑞垟一级电站各建筑物的模糊综合安全评价值

电站建筑物	隶属度			模糊单值化安全性态特征值 F	等级	权重
	A 级	B 级	C 级			
拱坝	0.4520	0.4947	0.0223	77.7388	B	0.182
溢洪道	0.5152	0.4706	0.0143	80.0365	A	0.140
进水口	0.4285	0.5451	0.0264	76.0868	B	0.112

续表

电站建筑物	隶属度			模糊单值化安全性态特征值 F	等级	权重
	A 级	B 级	C 级			
压力隧洞	0.3629	0.6180	0.0391	72.7002	B	0.153
调压室	0.4264	0.5469	0.0267	75.9888	B	0.094
压力管道	0.4718	0.5000	0.0281	77.7483	B	0.132
厂房	0.4536	0.5123	0.0342	76.7749	B	0.131
尾水渠	0.3738	0.5909	0.0353	73.5381	B	0.056

根据水电站单个建筑物的模糊综合安全评价值，得出瑞垟一级电站的整体安全评价值：

$$Q=(0.182, 0.140, 0.132, 0.131, 0.056, 0.112, 0.094, 0.153) \times(77.7388, 80.0365, 77.7483, 76.7749, 73.5381, 76.0868, 75.9888, 72.7002)^{\mathrm{T}}=76.58$$

评定等级为 B 级，即瑞垟一级电站的安全性态为基本安全，表明该水电站建筑物及设施的实际工况和各种功能不能完全满足现行的规程、规范、标准和设计的要求，可能影响水电站的正常使用，需要进行安全性调查，确定对策，应准备采取对策。

6.6.3　贵岙电站安全评价

贵岙电站位于浙江省丽水市青田县，建于 1975 年 1 月，是以发电为主的引水式水电站，根据水利部农村电气化研究所的水电站检测资料，可得贵岙电站的建筑物构成如图 6.21 所示。图 6.22 为电站挡水坝照片。

图 6.21　贵岙电站建筑物构成图

图 6.22　贵岙电站挡水坝

1. 贵岙电站评价体系

贵岙电站安全评价指标体系、相应的权重及专家评分值如表 6.47～表 6.54 所示。

表 6.47　贵岙电站拱坝指标体系及权重

<table>
<tr><th>一级指标项</th><th>一级指标权重</th><th>二级指标项</th><th>二级指标权重</th><th>基础指标</th><th>基础指标权重分值</th><th>基础指标安全分值</th><th>归一化基础指标权重</th></tr>
<tr><td rowspan="3">工程质量</td><td rowspan="3">0.10</td><td rowspan="3">工程质量</td><td rowspan="3">1.00</td><td>基础质量</td><td>90</td><td>80</td><td>0.35</td></tr>
<tr><td>坝体质量</td><td>90</td><td>80</td><td>0.35</td></tr>
<tr><td>坡岸开挖及清理</td><td>75</td><td>80</td><td>0.30</td></tr>
<tr><td rowspan="4">结构安全</td><td rowspan="4">0.10</td><td>强度</td><td>0.60</td><td>关键部位应力</td><td>90</td><td>70</td><td>1.00</td></tr>
<tr><td rowspan="3">稳定</td><td rowspan="3">0.40</td><td>坝基抗滑稳定</td><td>90</td><td>70</td><td>0.34</td></tr>
<tr><td>近坝库岸稳定</td><td>90</td><td>70</td><td>0.33</td></tr>
<tr><td>变形裂缝及接缝</td><td>90</td><td>70</td><td>0.33</td></tr>
<tr><td rowspan="6">防洪</td><td rowspan="6">0.25</td><td rowspan="3">调洪</td><td rowspan="3">0.35</td><td>调洪方式</td><td>60</td><td>70</td><td>0.34</td></tr>
<tr><td>水位库容曲线</td><td>60</td><td>70</td><td>0.33</td></tr>
<tr><td>水位泄量</td><td>60</td><td>70</td><td>0.33</td></tr>
<tr><td rowspan="3">抗洪</td><td rowspan="3">0.65</td><td>设计洪水</td><td>60</td><td>80</td><td>0.33</td></tr>
<tr><td>大坝抗洪</td><td>75</td><td>80</td><td>0.42</td></tr>
<tr><td>泄洪安全</td><td>45</td><td>80</td><td>0.25</td></tr>
<tr><td rowspan="4">渗流</td><td rowspan="4">0.25</td><td rowspan="2">坝基渗流</td><td rowspan="2">0.50</td><td>渗流量及水质</td><td>45</td><td>70</td><td>0.50</td></tr>
<tr><td>防渗反滤排水</td><td>45</td><td>80</td><td>0.50</td></tr>
<tr><td rowspan="2">绕坝渗流</td><td rowspan="2">0.50</td><td>地质构造带稳定</td><td>45</td><td>80</td><td>0.43</td></tr>
<tr><td>高边坡稳定</td><td>60</td><td>80</td><td>0.57</td></tr>
</table>

续表

一级指标项	一级指标权重	二级指标项	二级指标权重	基础指标	基础指标权重分值	基础指标安全分值	归一化基础指标权重
抗震	0.20	抗震性能	1.00	关键部位抗震强度	60	80	0.50
				坝体抗剪断稳定	60	80	0.50
运行管理	0.10	日常管理	1.00	应急系统	45	80	0.34
				水文预报	45	80	0.33
				检查检测	45	80	0.33

表 6.48　贵岙电站溢洪道指标体系及权重

一级指标项	一级指标权重	二级指标项	二级指标权重	基础指标	基础指标权重分值	基础指标安全分值	归一化基础指标权重
安全性	0.50	稳定	0.80	边墙抗滑稳定	75	80	0.33
				护坦抗浮稳定	75	80	0.33
				闸底板稳定	75	80	0.34
		地质灾害	0.20	地质灾害	60	80	1.00
适用性	0.30	水性	0.30	水流流态	60	80	1.00
		闸门性能	0.30	闸门性能	60	80	1.00
		消能	0.40	消能状况	60	80	1.00
耐久性	0.20	破损	0.45	冲刷	45	80	0.34
				开裂	45	80	0.33
				剥落	45	80	0.33
		运行管理	0.55	规章制度	45	80	0.30
				安全检查	45	80	0.30
				应急系统	60	80	0.40

表 6.49　贵岙电站进水口指标体系及权重

一级指标项	一级指标权重	二级指标项	二级指标权重	基础指标	基础指标权重分值	基础指标安全分值	归一化基础指标权重
安全性	0.50	强度	0.35	孔口应力	45	70	0.34
				上下游面拉应力	45	70	0.33
				地基承载力	45	70	0.33
		稳定	0.35	整体抗滑稳定	60	80	0.50
				整体抗浮稳定	60	80	0.50
		闸门性能	0.15	闸门性能	45	80	1.00
		地质灾害	0.15	地质灾害	45	80	1.00

续表

一级指标项	一级指标权重	二级指标项	二级指标权重	基础指标	基础指标权重分值	基础指标安全分值	归一化基础指标权重
适用性	0.30	水性	0.55	过水流量	45	80	0.33
				水流流态	45	70	0.33
				水质	45	80	0.34
		工程布置	0.45	附属设施	45	70	0.43
				拦污栅	30	70	0.29
				建筑高程	30	70	0.28
耐久性	0.20	衬砌破损	0.45	裂缝	60	80	0.50
				剥蚀	60	80	0.50
		运行管理	0.55	规章制度	45	80	0.34
				安全检测	45	80	0.33
				应急系统	45	60	0.33

表 6.50 贵岙电站压力隧洞指标体系及权重

一级指标项	一级指标权重	二级指标项	二级指标权重	基础指标	基础指标权重分值	基础指标安全分值	归一化基础指标权重
安全性	0.50	流道结构	0.70	坍塌	60	70	0.25
				破损	60	70	0.25
				开裂	60	80	0.25
				剥落	60	70	0.25
		岩性	0.15	岩性	45	70	1.00
		地质灾害	0.15	地质灾害	45	80	1.00
适用性	0.30	水性	0.35	水流流态	45	70	1.00
		渗漏	0.65	漏水量	30	70	0.50
				水质	30	70	0.50
耐久性	0.20	磨蚀冲刷	0.45	冲刷	30	70	1.00
		运行管理	0.55	规章制度	45	80	0.34
				安全检测	45	80	0.33
				应急系统	45	80	0.33

表 6.51　贵岙电站压力管道指标体系及权重

一级指标项	一级指标权重	二级指标项	二级指标权重	基础指标	基础指标权重分值	基础指标安全分值	归一化基础指标权重
安全性	0.50	强度	0.50	外包混凝土应力	45	70	0.20
				加劲环应力	45	70	0.20
				支墩应力	45	70	0.20
				局部应力	45	70	0.20
				膜应力	45	70	0.20
		稳定	0.50	钢管抗外压稳定	30	80	0.40
				支墩抗滑稳定	45	80	0.60
适用性	0.30	漏水	0.40	漏水	45	80	1.00
		破损	0.40	外包混凝土破损	60	80	0.50
				地质灾害	60	80	0.50
		水性	0.20	水流流态	60	80	1.00
耐久性	0.20	锈蚀磨损	0.45	锈蚀磨损	45	70	1.00
		运行管理	0.55	规章制度	45	80	0.30
				安全检测	45	80	0.30
				应急系统	60	80	0.40

表 6.52　贵岙电站调压室指标体系及权重

一级指标项	一级指标权重	二级指标项	二级指标权重	基础指标	基础指标权重分值	基础指标安全分值	归一化基础指标权重
安全性	0.50	稳定	0.60	上部边坡稳定	60	80	0.50
				外侧边坡稳定	60	80	0.50
		闸门性能	0.20	闸门性能	45	70	1.00
		地质灾害	0.20	地质灾害	45	80	1.00
适用性	0.30	工程布置	1.00	水位与高度	45	70	0.50
				附属设施	45	80	0.50
耐久性	0.20	衬砌破损	0.45	裂缝	60	80	0.50
				剥蚀	60	60	0.50
		运行管理	0.55	规章制度	45	80	0.34
				安全检测	45	80	0.33
				应急系统	45	80	0.33

表 6.53　贵岙电站厂房指标体系及权重

一级指标项	一级指标权重	二级指标项	二级指标权重	基础指标	基础指标权重分值	基础指标安全分值	归一化基础指标权重
安全性	0.50	强度	0.40	地基承载力	60	80	0.34
				抗震承载力	60	80	0.33
				围岩整体强度	60	80	0.33
		稳定性	0.40	抗浮稳定	60	80	0.27
				渗透稳定	60	80	0.27
				抗震稳定	60	80	0.26
				围岩整体稳定	45	80	0.2
		地质灾害	0.20	地质灾害	45	80	1
适用性	0.30	破损	0.20	裂缝	60	80	0.57
				老化	45	70	0.43
		防渗	0.20	渗漏排水	45	70	1.00
		机电设备	0.20	机电设备	30	80	1.00
		开关站	0.20	开关站	30	80	1.00
		升压站	0.20	升压站	30	80	1.00
耐久性	0.20	运行管理	1.00	规章制度	45	80	0.34
				安全检测	45	80	0.33
				应急系统	45	80	0.33

表 6.54　贵岙电站尾水渠指标体系及权重

一级指标项	一级指标权重	二级指标项	二级指标权重	基础指标	基础指标权重分值	基础指标安全分值	归一化基础指标权重
安全性	0.50	稳定	0.40	渠基稳定	60	80	0.33
				渠边坡稳定	60	80	0.34
				差异沉降	60	80	0.33
		渗漏	0.40	漏水量	60	70	1.00
		地质灾害	0.20	地质灾害	45	80	1.00
适用性	0.30	水性	1.00	水流流速	45	70	1.00
耐久性	0.20	衬砌破损	0.45	裂缝	60	80	0.50
				剥蚀	60	60	0.50
		运行管理	0.55	规章制度	45	80	0.34
				安全检测	45	80	0.33
				应急系统	45	80	0.33

2. 贵岙电站模糊安全评价

同理运用模糊综合安全评价计算方法，得出贵岙电站的各建筑物的模糊综合安全评价值如表 6.55 所示。

表 6.55　贵岙电站的各建筑物的模糊综合安全评价值

电站建筑物	隶属度			模糊单值化安全性态特征值 F	等级	权重
	A 级	B 级	C 级			
拱坝	0.4349	0.5122	0.0220	77.0456	B	0.182
溢洪道	0.4922	0.4922	0.0155	79.0680	A	0.140
进水口	0.3886	0.5764	0.0351	74.1418	B	0.112
压力隧洞	0.3390	0.6203	0.0406	71.9366	B	0.153
调压室	0.4233	0.5473	0.0294	75.7593	B	0.094
压力管道	0.3911	0.5226	0.0263	75.5224	B	0.132
厂房	0.4742	0.5073	0.0185	78.2275	B	0.131
尾水渠	0.3707	0.5913	0.0380	73.3086	B	0.056

根据水电站单个建筑物的模糊综合安全评价值，得出贵岙电站的整体安全评价值：

$$
\begin{aligned}
Q&=(0.182, 0.140, 0.132, 0.131, 0.056, 0.112, 0.094, 0.153)\\
&\quad\times(77.0456, 79.0680, 75.5224, 78.2275, 73.3086, 74.1418, 75.7593, 71.9366)^{\mathrm{T}}\\
&=75.85
\end{aligned}
$$

评定等级为 B 级，即贵岙电站的安全性态为基本安全，表明该水电站建筑物及设施的实际工况和各种功能不能完全满足现行的规程、规范、标准和设计的要求，可能影响水电站的正常使用，需要进行安全性调查，确定对策，应准备采取对策。

第 7 章　农村水电站致灾后果评价及除险加固

农村水电站的致灾后果评价，既是农村水电站风险分析的需要，也是基于风险评价理论的除险加固决策排序的需要。农村水电站致灾后果是广泛的，相应的计算方法及评价标准差别较大。

本章主要介绍农村水电站致灾后果评价中有关生命损失评价、经济损失评价、社会及环境影响评价的现有研究进展及主要方法，构建农村水电站致灾后果评价模型，提出农村水电站除险加固排序模型及实施步骤，同时给出农村水电站除险加固的基本措施。

7.1　农村水电站致灾后果的影响因素

进行农村水电站致灾风险分析，必须了解其破坏后将出现的后果，建立破坏影响因素与后果之间的关系。致灾后果评价应考虑的影响因素主要包括以下八个。

1）淹没过程中的水位与时间关系

水位增高过快将导致包括人员生命、房屋等财产损失更大，在挡水坝溃口处附近影响尤其显著。

2）淹没过程中的水流速度及持久时间

高速水流将直接导致建筑物等更大破坏，也将导致人员损失增加。长期淹没将使得人员伤亡、疾病及饥饿程度增加，各种建筑物抵抗破坏的能力下降。

3）淹没区人口

水电站影响区往往处于低洼区，如果人口密度大或总数大，则致灾后的损失越大。

4）淹没区内地形及避洪生存条件

水电站影响区内有利的地形条件，一方面将延迟洪水到来的时间，另一方面也将为人员疏散提供条件。影响区内设置的避灾场所也为人员的生存提供宝贵的空间条件。

5）淹没区内的建筑物特性

致灾后建筑物的损失也取决于淹没区内的建筑物特性、施工方法和结构形式及建筑材料等。

6）淹没区内土地和工农业等生产、生活设施现状及发展情况

致灾后的经济损失与影响区内的土地损失、生活设施情况(包括娱乐设施等)、工农业生产状况、社会经济发展水平等有关。

7）影响区淹没的报警及时间

预测越早、报警设备与预案完善，人员、企业等转移越及时，受灾的可能性越小，损失将越小。

8）影响区淹没的救灾可能性

救灾计划完善、撤离路线明确、救灾设施完备等都能有效地减少溃堤的灾害损失。

由于农村水电站影响区的范围、自然条件、社会经济发展水平及政府相关政策的不同，上述各影响因素带来的致灾后果（损失）不尽相同，所以，在进行农村水电站的风险评价时必须提供给评价的专家详细资料，以便给专家判断提供充分的依据。

7.2　农村水电站致灾后果评价模型

农村水电站致灾风险分析需确定总的损失，而各种损失应由相同的单位进行衡量，需统一到一个相同标准上。为此，需要研究致灾后果的统一衡量标准。根据已有后果评价分析方法，将农村水电站致灾后果用各种损失的严重程度来衡量，对生命损失、经济损失、社会及环境的影响三个方面分别给出损失的严重程度，再对三个部分分别给予不同的权重，最后由严重程度与相应的权重计算致灾后果综合系数，由此综合系数反映农村水电站致灾的损失值。

农村水电站致灾后果评价的模型框图如图 7.1 所示。

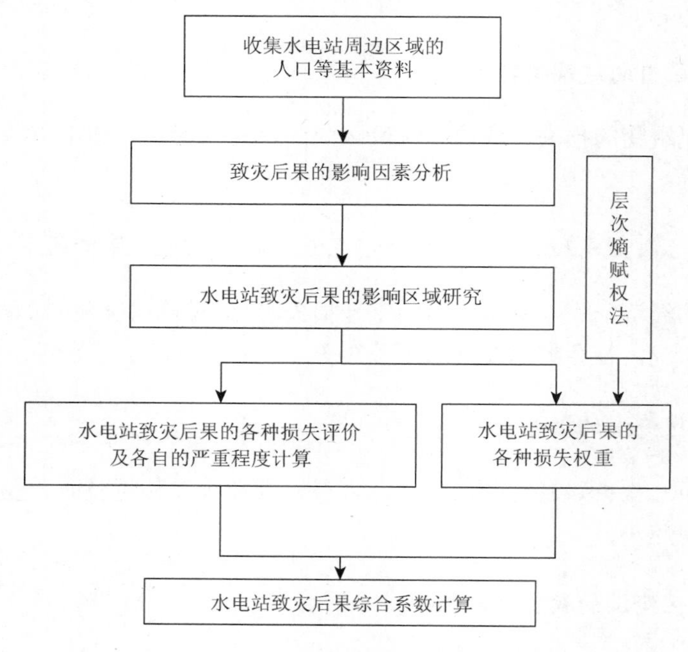

图 7.1　农村水电站致灾后果评价模型图

7.3　农村水电站致灾后果生命损失评价

农村水电站的致灾后果评价中，首先应考虑的损失是影响区内人口的生命损失。影响区内的人口密度、总数等对生命损失的大小及严重程度有很大的影响。生命损失的灾难后果一般难以用经济指标度量，但为了确定农村水电站的致灾后的总损失，需将人员伤亡损失转化为统一的严重程度指标进行衡量。对致灾后果中人员生命损失的确定，主要是借鉴国外的标准，再结合国内的具体情况以确定人员伤亡等严重程度指标。

7.3.1　水电站致灾生命损失考虑的影响因素

评价农村水电站致灾生命损失严重程度时，考虑的影响因素包括①风险人口总数及分布；②堤坝溃决时间；③报警时间；④水深与流速；⑤洪水上涨速率和撤离条件等。

风险人口为影响区内直接暴露于某一深度洪水区内的所有人口，一般可取洪水深度大于等于 300mm 的区域内人口总数。人口总数越多、越靠近主河槽、分布越稠密，损失则越大。

挡水坝溃决发生的时间也直接影响生命损失严重程度。例如，白天及夏季，报警时间快则人们撤退方便，损失将减少。

报警时间是指官方向公众启动撤退报警与洪水到达人们逃脱之间的时间，是生命损失计算的重要参数。显然，白天及有现场管理人员和有监测设备的堤坝，其报警时间会长一些，生命损失越小。根据已有文献，当报警时间大于 1.5h，则大坝溃决后生命损失可大大减少。

水深与流速影响人在洪水中的稳定性、机动性及建筑物破坏的程度；洪水的上涨速率明显影响人员逃脱的成功率；另外撤离条件（包括预先设置的路线、地点和避灾场所的设置等）对人员能否逃脱也有直接的影响。

确定由大坝溃决洪水造成的人员死亡数字是一个较为复杂的问题，它涉及许多因素，其他区域的数据或历史数据不能直接用于被评价堤坝现在溃决的情况。此外，目前已知数据及其存在的死难者数目和相关因素的关系尚不能定量地确定下次洪水可能导致的死亡数目。因此，目前的洪灾伤亡定量评估模型的研究及结论也只是初步的，需要进一步在理论和模型试验中验证。

7.3.2　水电站致灾生命损失计算及严重程度评价

水电站致灾人员损失风险计算及标准的制定原则，是研究单个农村水电站致灾后果的风险研究的重要内容。

关于水电站致灾后的生命损失（人口数量）的计算，可采用 Dekay&McClelland 方法和 Graham 方法。

Graham 方法中考虑了洪水的严重性及风险人口影响，将计算分为 6 个步骤，特点是模型较简单，考虑因素较全面，但计算工作量较大，可用于水电站风险的初步分析阶段的人口生命损失计算。

Dekay&McClelland 方法是根据大量的国外溃坝和洪水泛滥造成灾害的历史统计资料，推导出与报警时间、风险人口及洪水强度等有关的生命损失经验公式，这种方法适合于农村水电站除险加固排序初筛阶段的人员损失计算。生命损失的数量为与报警时间、洪水强度有关的指数函数

$$\mathrm{LOL}=0.075(\mathrm{PAR})^{0.56}\exp[-0.759W_r+(3.790-2.223W_r)F_c] \tag{7.1}$$

式中，LOL 为潜在的生命损失（人）；PAR 为风险人口（人）；W_r 为报警时间（h）；F_c 为洪水强度系数，当高水力风险（H_F）的峡谷泛滥区，水深流急则 $F_c=1$，低水力风险（L_F）的平原泛滥区，水浅流缓则 $F_c=0$。

式（7.1）中，人员损失随风险人口呈非线性增加，报警时间对人员损失值影响甚大。式（7.1）是依据国外统计资料得到的经验公式，用于我国时还应该对某些系数加以适当修改，应根据调查的当地历史资料，并适当考虑目前的各种减灾

措施及实施情况，由专家及技术人员论证 F_c 和报警时间 W_r。

将电站致灾后的人员生命损失计算量化后，依据表 7.1 中所给出的严重程度指标，进一步根据当地的社会经济发展水平、其他自然灾害人员伤亡的影响程度等，在考虑和比对经济损失严重程度指标赋值的同时，经专家与工程技术人员会商后进行恰当的修改，确定所分析电站的生命损失程度赋值。

表 7.1　建议的水电站致灾后人员生命损失的严重程度赋值

生命损失/人	严重程度赋值
1～3	0.01～0.20
3～10	0.20～0.30
10～30	0.30～0.40
30～100	0.40～0.60
100～500	0.60～0.70
500～1000	0.70～0.80
1000～5000	0.80～0.90
5000～10000	0.90～1.00

7.4　农村水电站致灾后果经济损失评价

水电站致灾影响洪灾区的各个经济领域，而且涉及社会经济调查、洪水保险制度、国家的有关政策和法律，以及行洪（滞洪）区的运行机制等，其损失评价，一般包括直接经济损失和间接经济损失两部分。

随着我国社会经济的快速发展以及农村生产力水平提高，水电站影响区内财产损失的计算变得更复杂，建议首先调查保护区内的各类财产情况，并考虑保险和当地的政策等。计算的标准、方法等尽量统一，以便比较分析时不失真。

7.4.1　水电站致灾的直接经济损失

水电站致灾的直接经济损失包括两方面，一方面是致灾后对影响区内的社会各领域造成的直接经济损失（即淹没损失），另一方面是农村水电站工程损坏造成的工程损失（即工程系统本身损失），可以用货币的形式来表现。

目前，对水电站致灾后的直接淹没经济损失计算包括生产性的直接淹没损失和生活性直接淹没损失，包含工业、农业、林业、畜牧业、水产业、商业、交通运输、文教卫生、工程设施、物资库存、房屋、群众家产及专门项的损失等。可将直接经济损失划分为 17 个类型，并可根据这些类型再将其细分为几小类，形成较完整的致灾影响区内社会各类财产损失的计算体系。

按照直接经济损失的特征或性质，水电站致灾后的直接经济损失可分别按经济损失率、损失指标、经济活动中断时间、收益型损失等方法计算，但应注意的是不能重复计算各类损失。该方法适用于计算包括工程本身在内的各类工程设施损毁的直接经济损失。

各类工程设施（包括农业灌溉设施、排水及桥涵和工程本身）毁弃的直接经济损失计算公式为

$$A=\sum_{i=1}^{n}A_i=\sum_{i=1}^{n}\left(a_i+b_i\right) \tag{7.2}$$

式中，A 为各类工程设施由于致灾毁弃的直接经济损失；A_i 为第 i 类（共 n 类）工程设施毁弃的直接经济损失；a_i 为第 i 类工程设施在致灾前的价值；b_i 为由于致灾而毁弃要恢复（重建）等增加的费用。

7.4.2　水电站致灾的间接经济损失

水电站致灾后的间接经济损失是指上述直接经济损失之外的各种经济损失，主要包括①由于采取各种措施而增加的费用（如防汛、抢险、避难、开辟临时道路等交通线）；②骨干交通中断给有关工矿企业造成的原材料中断而停产及产品积压的损失或运输绕道增加的费用；③农业等减产给产品加工业及相关的轻工业造成的损失以及由于抢险的人力投入形成的工厂停产、商业停业损失；④灾后生产恢复期内的恢复生产支出费用等。

水电站致灾后的间接经济损失的计算方法有两种：一种是直接估算法，另一种是系数法。其中直接估算法是在确定洪水淹没范围及淹没程度的基础上，分析其对社会经济生活的影响，分类直接估算间接经济损失，再将其中的内容划分为应急费用、工矿企业停产减产的损失、对工业商业等其他部门由于洪水造成的增加的运行费用等。而系数法则是先确定与直接经济损失相关的系数，再与直接经济损失相乘得到间接经济损失值。建议水电站致灾后的间接经济损失计算采用系数法。

通过致灾后影响区的典型抽样调查与当时直接经济损失的比较分析，找出致灾给不同部门或单位造成的间接经济损失和直接经济损失之间的关系，则致灾后的间接经济损失为

$$B=\sum_{i=1}^{n}B_i=\sum_{i=1}^{n}k_iA_i \tag{7.3}$$

式中，B 为行业间接经济损失；B_i 为第 i 类（共 n 类）部门或单位的间接经济损失；A_i 为第 i 类部门或单位在致灾后的直接经济损失值；k_i 为由于溃堤产生的间接经济损失与直接经济损失之间的倍数。

参考国内外的研究资料，商业与工业部门的间接经济损失一般为直接经济损失的 55%～70%，故作为粗略分析，水电站致灾之后的间接经济损失计算中的系数可取为 0.65。实际操作时，可根据水电站致灾影响区实际情况调整系数。

7.4.3 水电站致灾的直接经济损失严重程度评价

水电站致灾后的总经济损失是其直接经济损失与间接经济损失之和。总的经济损失值是以货币形式反映的，为与其他的损失比较其严重性，可将不同的总经济损失值转化为严重程度指标。

由于农村水电站致灾后的经济损失相对于大坝系统溃决经济损失一般要小，进行分析比较后，考虑人员生命损失严重程度指标，在经济损失下限为 0.001 亿元（即 10 万元），上限为 100 亿元范围内，将水电站致灾经济损失划分为 8 个级别，并建议了如表 7.2 所示水电站致灾后的经济损失严重程度指标赋值。

表 7.2　建议的水电站致灾后经济损失的严重程度赋值

经济损失/亿元	严重程度赋值
0.001～0.005	0.01～0.10
0.005～0.010	0.10～0.20
0.010～0.00	0.20～0.30
0.100～1.000	0.30～0.40
1.000～5.000	0.40～0.60
5.000～10.000	0.60～0.70
10.000～50.000	0.70～0.90
50.000～100.000	0.90～1.00

7.5 农村水电站致灾后果社会及环境影响评价

水电站致灾除造成保护区内的人员生命损失和经济损失外，还将产生社会影响，生存人员的身心健康损害和生活质量影响，各种人文景观和文物等损坏，生物（尤其是稀有和保护性的动植物）的灭失及对其生长栖息地的丧失等社会影响。另外，致灾后果在保护区将对各种生产与生活环境（包括人与动植物的生活环境）

产生不同程度的影响，如河道形态的改变、污染工业企业破坏后的环境污染、洪泛区的水源地和耕地的污染等。这些损失、影响和后果都是无法用经济价值（货币）表达的，只能采用相对于经济损失的影响严重程度指标表示，表 7.3 列出影响严重程度赋值。

表 7.3　水电站致灾后对社会及环境影响的严重程度赋值

影响严重程度	影响区主要社会和环境影响因素	影响严重程度赋值
些许影响	人烟稀少，无任何文物；河道及人文景观稍受破坏，一般的动植物栖息地丧失些许；水源无污染；无道路交通和通信线等破坏	0.00～0.10
轻微影响	影响 500 人以下，影响正常生活生产，无县级及以上文物破坏；河道及人文景观轻微破坏；丧失部分一般动植物栖息地；水源无污染，耕地轻微污染；有乡村道路和通信线等部分破坏	0.10～0.20
一般影响	影响 500～1000 人或乡政府驻地；县级文物破坏；河道及景观受一定程度破坏；丧失部分较有价值动植物栖息地；水源、耕地轻微污染；有乡村道路和通信线等部分破坏	0.20～0.30
中等影响	影响 1000～10000 人或乡政府驻地；省级文物破坏；河道及人文景观受一定程度破坏；丧失部分较有价值动植物栖息地；水源、耕地有污染；乡县道路和通信线等破坏	0.30～0.45
较严重影响	影响 10000～100000 人或县政府驻地或重要企业；县级文物破坏；河道及人文景观受较严重的破坏，丧失部分较有价值动植物栖息地；水源、耕地有污染；乡县道路和通信线等破坏	0.45～0.55
严重影响	影响 100000～500000 人或市政府驻地或重要企业；国家级文物破坏；大江河河道及人文景观受严重的破坏；丧失稀有动植物栖息地；水源、耕地有严重污染；省道和省级通信线等破坏、铁路中断	0.55～0.70
非常严重影响	影响 500000～1000000 人或省政府驻地或重要企业；国家级文物破坏；大江河河道及人文景观破坏非常严重；丧失国家濒临灭绝的动植物栖息地；水源、耕地污染非常严重；国道和国家级通信线等破坏、铁路中断	0.70～0.80
极其严重影响	影响 1000000 以上人口或省首都城市、国家级重要企业；世界级自然和人文遗产地破坏；大江河改道；丧失世界级濒临灭绝的动植物栖息地；水源、耕地污染极其严重而无法使用；国家重要的交通、通信线等严重破坏	0.80～1.00

针对具体水电站，可视其影响区域的情况再进行适当调整，如影响区均无濒临灭绝的动植物栖息地、重要的自然和人文遗产地（文物）、重要的交通线及通信线等，则可只对各自的人口、水源地、耕地及污染等比较判断，并与人员生命损失和经济损失一同进行严重程度赋值。

7.6　农村水电站致灾后果综合评价

在上述内容中，对水电站的致灾后果评价方法、主要损失及相应的严重程度指标等进行了研究，目的是为农村水电站除险加固排序时进行比较做准备。为综合评价水电站致灾后果及严重程度，需要综合上述 3 种损失，并以致灾后的综合损失（或严重程度指标）表示各自损失程度的评价结论。

致灾后果综合评价也涉及权重赋值分析问题。这些权重应该从社会影响、经济决策和政策层面研究，并与各方面的（管理、技术等部门）决策人员研究决定。从技术的角度也可研究这些权重赋值问题，如前述的水电站建筑物安全评价中的指标权重的确定方法等。

设水电站致灾后的人员生命损失、经济损失、社会及环境的影响的严重程度指标分别为 l_1, l_2 和 l_3，其各自的权重分别为 w_1, w_2, w_3，则致灾后果（损失）综合评价值为

$$L=\sum_{i=1}^{3} w_i l_i \tag{7.4}$$

7.7 农村水电站除险加固排序

工程的风险是该工程潜在灾害发生的概率及其对社会后果的度量。一座水电站是否为病险水电站以及是否需要除险加固，需要考虑水电站的安全风险以及水电站致灾产生的后果大小。因此，综合分析评定水电站的安全风险因子、致灾后果（损失）影响因子，建立群水电站风险指数排序计算方法，可用以区别轻重缓急，优先安排风险大的病险水电站进行加固除险，科学合理地安排除险加固计划，为决策者提供科学合理的除险加固实施依据。

7.7.1 农村水电站除险加固排序模型及实施步骤

1. 农村水电站除险加固排序方法

根据目前的研究成果，工程系统的风险指标（或风险指数）可以定义为工程破坏风险率与破坏后果的融合。融合方法是先依据安全风险评价进行初选，再根据水电站致灾后果评价进行细选。先根据安全风险评价方法得到的安全风险评价等级将群水电站先划分为三等，接着将最差一等水电站根据致灾后果（损失）综合系数 L 的大小再次排序。

定义的水电站风险指数为

$$R=L\cdot P=L_j\cdot(1-Q_j/100),\quad j=1, 2, \cdots, m \tag{7.5}$$

式中，R 为被评价水电站的风险指数；L 为水电站的致灾后果综合系数；m 为经

过初选后的水电站个数；P 为水电站失事概率，Q 为水电站的安全风险评价值。

2. 农村水电站除险加固排序的实现步骤

按照前面的评价体系和方法，根据农村水电站安全评价流程及农村水电站致灾后果（损失）评价流程，可实现基于安全风险理论、层次分析、模糊评价的现有农村水电站优先加固排序决策。

具体实施步骤归纳如下。

1）排序电站资料的收集与分析

收集的资料包括水电站本身的工程资料（如历史洪水、防洪标准及调度、工程材料、工程规模及典型断面、施工验收资料、运行历史上的险情及处理情况、交叉建筑物情况、工程区的地震设防烈度等）、周边区域内的社会经济情况（如人口、农业状况、重要工矿企业、文物古迹及区域经济规划等）。对拟排序水电站的资料收集应完整，并不断补充完善，必要时进行相应的试验和测试（材料性能、地基的地层性质等），尽量有定量数据。

2）专家评定

专家根据水电站统计的资料并结合电站实际情况进行打分，确定拟排序的各水电站的安全风险评价指标体系内的基础指标属性值及权重。

3）电站风险评价值计算确定

按照前述的水电站安全模糊层次综合评价方法，根据专家的权重及指标属性值，计算拟排序水电站各自的风险评价值。

4）电站初次排序

根据水电站风险评价值，确定拟排序水电站最差一类水电站。

5）电站致灾损失和严重程度指标等分析计算

按照前述的水电站致灾后果评价模型与方法，计算水电站致灾后的各种损失及严重程度指标等，计算致灾后果综合系数 L。

6）优先加固排序决策

按照综合系数 L，计算水电站风险指数 R，对初选出的农村水电站进行 2 次排序，最终确定需进行除险加固的水电站排名次序，进而研究除险加固措施。

农村水电站除险加固排序流程图如图 7.2 所示。

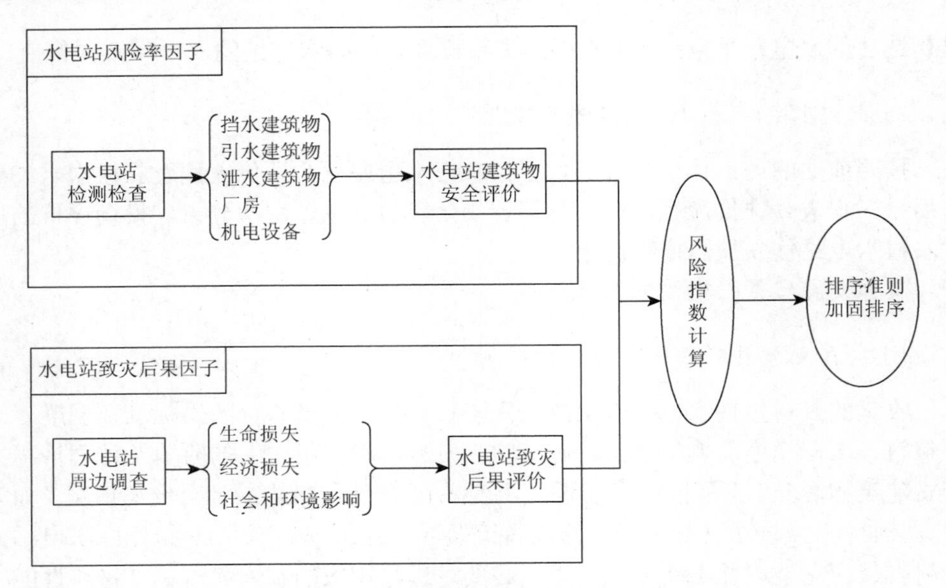

图 7.2 水电站除险加固排序流程图

7.7.2 农村水电站除险加固排序算例

运用上述理论方法，对石郭电站、瑞垟一级电站、贵岙电站 3 个水电站进行除险加固排序分析。根据第 6 章的水电站安全评价结果可知，3 个电站的安全评价结果均为 B 级，需根据电站致灾后果评价进行 2 次排序。通过计算 3 个电站的风险指数 R，根据 R 的大小以便确定这 3 个水电站的除险加固次序。

1. 石郭电站各致灾后果评价因子严重程度系数

1）生命损失严重程度系数

石郭电站取 PAR=1000，W_r=0.25，F_c=0，LOL=2.96，则石郭电站生命损失严重程度 l_1=0.2。

2）经济损失严重程度系数

石郭电站致灾产生的经济损失约 1 亿元，取经济损失严重程度 l_2=0.35。

3）社会及环境影响严重程度系数

根据石郭电站影响区主要是社会和环境影响因素，取经济损失严重程度 l_3=0.35。

2. 瑞垟一级电站各致灾后果评价因子严重程度系数

1）生命损失严重程度系数

瑞垟一级电站取PAR=3000，W_r=0.25，F_c=0，LOL=5.49，则瑞垟一级电站生命损失严重程度l_1=0.25。

2）经济损失严重程度系数

瑞垟一级电站致灾产生的经济损失约3亿元，取经济损失严重程度l_2=0.4。

3）社会及环境影响严重程度系数

根据瑞垟一级电站影响区主要社会和环境影响因素，取经济损失严重程度l_3=0.45。

3. 贵岙电站各致灾后果评价因子严重程度系数

1）生命损失严重程度系数

贵岙电站取PAR=1500，W_r=0.25，F_c=0，LOL=3.72，则贵岙电站生命损失严重程度l_1=0.21。

2）经济损失严重程度系数

贵岙电站致灾产生的经济损失约1.5亿元，取经济损失严重程度l_2=0.35。

3）社会及环境影响严重程度系数

根据贵岙电站影响区主要社会和环境影响因素，取经济损失严重程度l_3=0.4。

4. 权重系数

根据AHP法确定农村水电站致灾后评价体系中各评价因子的权重系数，生命损失权重0.737，经济损失权重0.105，社会及环境影响权重0.158。

5. 风险指数R计算结果

3个电站的风险指数R计算结果如表7.4所示。

根据2次排序风险指数R，在石郭电站、瑞垟一级电站、贵岙电站3个水电站中，需优先对石郭电站进行除险加固，其次是瑞垟一级电站，最后是贵岙电站。

表 7.4　2 次排序水电站风险指数

2 次排序水电站	致灾后果评价因素严重程度			致灾后果综合系数 L	安全评价值 Q	风险指数 R
	生命损失	经济损失	社会及环境影响			
	0.737	0.105	0.158			
石郭	0.2	0.35	0.35	0.2395	67.89	0.1718
瑞垟一级电站	0.25	0.4	0.45	0.2974	76.58	0.1557
贵岙电站	0.21	0.35	0.4	0.2547	75.85	0.1413

7.8　农村水电站除险加固

7.8.1　水工建筑物除险加固

水电站水工建筑物的除险加固，应根据水电站病险的具体情况，在现存工程的基础上，采取综合加固措施、消除病险，恢复和完善水库原有的功能，在确保工程安全的前提下，使水电站正常运行发挥其兴利除害的作用。

水电站加固的处理措施一般涉及以下六个方面。

1）提高大坝防洪能力

主要措施可归纳为两种：一是加高大坝，增加水库调蓄能力，提升削减洪峰与下游防洪能力；二是加大泄洪建筑物规模，扩大泄洪能力，从而提高防洪能力。据统计，单独采用加高大坝措施的水库，最大泄流量一般为最大入库洪峰流量的40%；单独采用扩建或增建溢洪道措施的水库，最大泄流量一般为最大入库洪峰流量的70%以上。因此，对下游防洪有重要要求的坝应尽可能以增加坝高为主，必要时再结合扩建泄洪设施。

大坝加高可以采取从坝顶上直接加高和从大坝背水坡培厚加高的措施。溢洪道扩建可采取溢洪道拓宽、堰顶降低措施，以满足防洪标准的要求。在地形条件允许，开挖工程量不大情况下，也可考虑增设溢洪道。另外，还可采取大坝加高与溢洪道改建或增建相结合的工程措施。

2）防渗处理的工程措施

大坝渗漏处理总原则是“上截下排”。上截就是在坝体上游侧封堵渗漏入口，提高坝体和坝基的防渗能力，或者延长渗透途径，降低渗透坡降，尽量减少渗透水流渗入坝身和坝基。常用的上截措施可分为水平防渗和垂直防渗。下排就是在下游做好反滤和导滤设施，使渗入坝身和坝基的渗水在不带走颗粒的前提下安全畅通地排到下游，以保持土体的渗透稳定，保证工程的安全运行。

垂直防渗常见的方法有混凝土防渗墙、高压喷射灌浆防渗、劈裂灌浆防渗、套井回填黏土防渗和土工合成材料防渗等。

水平防渗措施一般采用在上游铺筑水平铺盖与下游排水减压相结合，形成多道渗流控制进行加固。水平铺盖主要是根据工程区域和坝址的工程和水文地质情况，结合已建成的铺盖情况，确定铺盖的长度、厚度、密实性和渗透性，以及铺盖下是否增设反滤层等。

当坝基中的渗透水流有可能引起坝下游地层的渗透变形或坝体浸润线过高时，宜设置排水减压设施。常用的下排措施有导渗沟、导渗培厚、透水盖重和减压井等。

3）大坝不稳定处理

分析坝身不稳定的原因，有针对性地采取减少滑动力与增加抗滑力的措施，有效增强坝体稳定性。土石坝增加稳定性的措施主要有抛石固脚阻滑、培厚坝体和降低、拓宽溢洪道等。

4）输水建筑物改造措施

输水建筑物改造措施有涵管加固处理、挡墙加固处理、引水渠加固处理、闸门渗漏处理和金属结构及启闭设施加固处理等。

（1）涵管加固处理：对涵管的破损现状和渗漏情况作细致的勘查，对于裂缝及渗漏情况较轻的，可作化学材料修补处理；对于破损及渗漏情况较严重的可考虑钢筋混凝土内衬或钢板内衬处理。

（2）闸门关闭后漏水或渗水。

闸门关闭后漏水或渗水的原因有：闸门槛上有异物、闸身侧向渗水、止水橡皮破损。

闸门槛上有异物是闸门关闭后漏水最常见的现象，是由于水流的作用将障碍物冲到了门槛上，这种情况仍利用水流的作用将障碍物排除，也就是将闸门放下后再提起，一降一起，水流将快速流动，借助水流的力量将障碍物冲掉就可以了。

闸身侧向渗水一般是由于侧向的填土质量有问题引起的，如果是砂性土，透水性强，这时可以采用换土的措施来杜绝渗水的现象；如果没有好的土源，可以考虑增设混凝土防渗墙，也就是在侧向增设垂直水流方向的混凝土防渗墙，按砂性土的渗透系数计算其侧向渗径所需长度，增长侧向渗径，就可以有效地杜绝侧向渗水现象。

橡胶止水损坏的主要形式为撕裂、孔洞，对于橡胶止水带上的破损采用橡胶止水片补缺，硫化连接或黏结剂连接方式修复。

（3）引水渠加固处理：由于衬砌破坏和排水系统的年久失修，引水渠渗漏严重，水密性损失，因此需对引水渠更换破损的衬砌段；加高渠道衬砌；用灌浆和经选择的透水材料回填排水铺盖中的孔洞；清理现有的主排水体（安装翻板阀门）。

（4）日调节池、压力前池挡墙加固处理：由于地基有不稳定土层存在、墙后排水不畅等原因会引起竖直挡墙发生位移。如果位移发生的原因是由地基不稳定土层引起的，一般会出现沿弧形裂缝整体向池中心滑动，这时应进行基础处理，先要探明不稳定土层存在的范围，接着对基础换土处理或采用桩基处理。如果是排水孔堵塞，墙后排水不畅，土压力急剧加大造成的墙体位移，常用的保护措施是墙后导渗，可以在墙后开挖一定的深度铺设排水管道，将产生的水集中到管道内排出，有效降低墙后水位。

5）监控措施

为确保水电站的运行安全，统一观测方式，保证观测资料的连续性、准确性，需增设及更新各建筑物内的水位自动观测计、测压计、测压管、沉陷位移观测点，并配备应有的观测设备，以便及时观察水电站各建筑物的运行状态，及早处理内部隐患，同时还应加强水文测报系统和通信设施的建设。

6）工程施工与管理措施

农村水电站除险加固工程施工，应严格执行国家有关规定，确保工程建设进度和质量，做到除险加固一项，综合治理一项，安全运行一项，发挥效益一项。

实行分级负责、层层落实责任制度，各级水利部门要成立必要的领导机构，加强对所辖农村水电站加固工程的施工组织工作，同时落实工程建设责任质量管理和技术指导工作，明确相关责任人。

7.8.2　金属结构物除险加固

水工金属结构的除险加固，应根据结构设施病险的具体情况，在现有工程的基础上，采取综合加固措施、消除病险，恢复和完善原有的功能。水工金属结构设施加固的处理措施一般涉及以下两个方面。

1）金属结构设备不能正常运转

对于裂缝、渗漏以及磨损等较轻微情况，可以采用化学材料进行修补处理；严重的可以考虑重新焊接或更换部件，以达到原设计要求，使水电站正常的运行。

2）金属结构设备失效

水工金属结构设备出现较大的变形、锈蚀等情况，或设备超过使用寿命，导致设备不能满足正常运行的要求时，需要针对水工金属结构设备失效的情况，进行设备更新改造或报废，以免发生严重的工程事故。对于一般锈蚀的金属闸门及使用情况尚好的启闭设施可作防锈处理及保养维修即可。

7.8.3　电气设备除险

水电站中的电气设备又可以分为一次设备和二次设备两大类。电气一次设备是主要包括电力变压器、断路器、隔离开关及互感器、电缆、母线及构架，以及防雷、避雷和接地装置。电气二次设备主要为测量控制与保护装置。

水电站电气设备种类繁多，对其进行除险加固，必须建立和健全必要的规章制度，加强对运行、检修工人的技术培训，不断提高他们的技术水平和分析处理事故的能力，及时、准确地进行事故处理，排除设备故障。要加强对设备的巡视检查和维护检修，提高设备完好率，把电力安全生产提高到一个新水平。

对于水电站电气设备常见故障的诊断与除险，可参照陈化钢（2005）和曹孟州（2013）以及相关规范进行。

第 8 章　农村水电站安全评估系统的开发

以信息化手段记录和管理农村水电站运行过程中的病害信息，建立农村水电站健康诊断分析平台，通过计算机技术对农村水电站健康状态实行信息化管理，实现农村水电站健康状态的定量化、自动化评价，对量大面广的农村水电站意义重大。

本章主要介绍农村水电站安全评估系统的开发目标，农村水电站安全评估数据库的设计思想、主要功能以及系统工作流程。

8.1　开发目标和开发环境

农村水电站安全评估系统的开发，涉及的内容很多，但必须满足以信息化手段记录和管理农村水电站运行过程中的信息，实现农村水电站健康状态的定量化、自动化评价。为此在充分调研的基础上，提出该系统应主要满足以下需求。

（1）相关部门人员能对评估系统内的调查和检测数据进行增加、删除、修改操作，能输出数据和生成报表。

（2）相关部门人员能对调查检测数据进行条件查询和全部查询，对查询结果能进行统计分析，并提供相关的报表。

（3）能够依据相关资料，给出农村水电站各主要建筑物健康状态的安全评估结果。

系统以微软 Visual Basic 6.0 作为开发平台，以关系型数据库服务器 SQL server 2000 为后台数据库支撑，以 ADO 方式作为访问数据库的手段，并为系统预留扩展功能条件。Visual Basic 是一种由微软公司开发的包含协助开发环境的事件驱动编程语言，Visual Basic 拥有图形用户界面和快速应用程序开发系统，可以轻易地使用 DAO、RDO、ADO 连接数据库，或者轻松地创建 ActiveX 控件。程序员可以轻松的使用 VB 提供的组件快速建立一个应用程序。利用 Visual Basic 6.0 开发的应用程序可以满足农村水电站安全评估系统所需的功能要求。

8.2　农村水电站安全评估数据库的设计

8.2.1　数据库设计

数据库设计是建立数据库及其应用系统的核心和基础，它要求对于指定的应用环境，构造出适宜的数据库模式，建立起数据库应用系统，并使系统能有效地存储数据，满足用户的各种应用需求。规范化的数据库设计步骤包括需求分析、概念结构设计、逻辑结构设计、物理设计、实施与维护。

需求分析是指分析用户的要求，对系统的整个应用情况进行全面详细的调查，收集支持系统总的设计目标的基础数据和对这些数据的处理要求，确定用户的需求，它是下一步设计的基础。

概念结构设计是在需求分析的基础上进行的，它是整个数据库设计的关键，在此阶段要逐步形成数据库的各级模型。

逻辑结构设计的任务是把概念结构设计阶段得到的各级模型转换为某个具体数据库所支持的数据模型。

物理设计的目标是提高数据库的性能、节省存储量，如文件的存放格式、缓冲区的管理等，在关系型数据库系统中，这些都是由操作系统来管理。

数据库的实施与维护是指在前述各阶段完成后着手建立一个具体的数据库，然后载入数据。

8.2.2 农村水电站安全评估数据库的信息

农村水电站结构复杂，安全信息量大，对农村水电站系统进行分类、对各个子系统安全信息进行归纳分析，是农村水电站采用计算机信息技术解决其安全评估问题的基础。农村水电站系统包括了挡水建筑物、泄水建筑物、进水口、引水渠、调压室、压力隧洞、厂房、泄水道等主要子系统。各子系统安全信息又包含系统的基本信息、系统检测、监测信息和安全评估结果信息等。其中，系统基本信息属于静态数据，其他信息属于动态数据，随时间的推移不断变化，需要及时更新。农村水电站安全评估数据库的主要信息如图 8.1 所示。

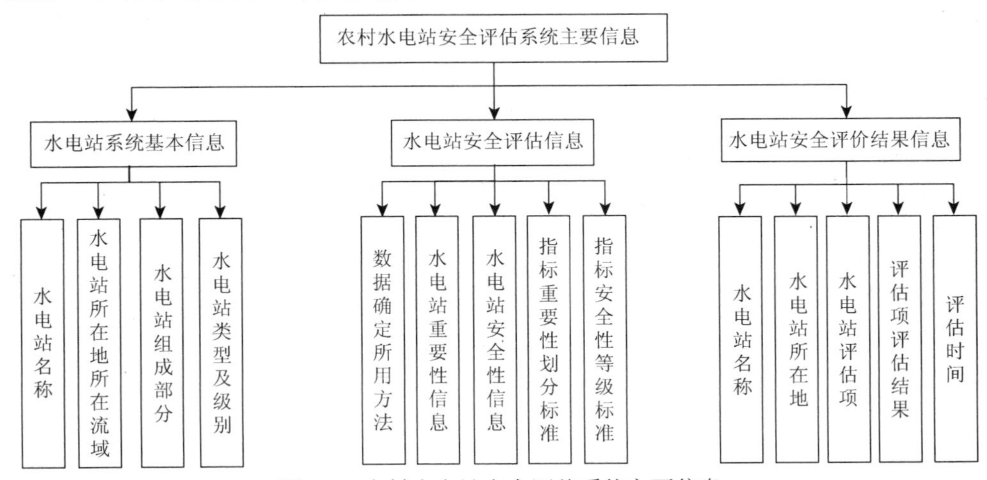

图 8.1 农村水电站安全评估系统主要信息

8.2.3 系统的主要功能

农村水电站安全评估系统的基本功能由输入模块、数据库管理模块、功能模块、输出模块、维护与安全模块五大模块组成。

1）输入模块

（1）提供水电站的基本资料、检查检测资料和安全评估信息等资料输入的功能。只有基本资料已经存在的水电站，才可以进行安全评估。

（2）对日常检查资料和安全评估信息，可提供批量导入的方法，可将数据直接读入到对应数据库中，实现了大批量检测数据的自动输入，大大提高了数据输入的速度，保证了数据的准确性。

2）数据库管理模块

（1）数据管理：实现数据的组织与管理，并提供数据的修改和更新等数据管理功能。

（2）数据库管理：包括数据库事务管理，用户权限管理、属性索引等。

3）功能模块

该大模块包含电站安全评估模块、信息查询模块及报表生成模块。

（1）安全评估模块：通过调用农村水电站安全数据库中的相关数据，用户可以选择评判模型及评判方法，完成对农村水电站指定系统的安全状态进行定量化诊断。

（2）信息查询模块：可以查询农村水电站基本信息和安全信息，实现了农村水电站安全评估数据库实体信息和属性信息的综合查询，而且用户还可以通过关键信息的输入进行相关信息的复杂查询。

（3）报表生成模块：提供水电站基本信息、检测信息和安全等信息的报表和查询报表的生成功能，并提供 txt 格式报表。

4）维护与安全模块

（1）提供数据库表格结构的维护以及数据字典的形成与维护，维护数据的一致性、完整性。

（2）提供基于权限审核和用户验证的数据共享管理方式，在提供最大程度的数据共享的前提下，为合法用户提供安全的数据访问。

8.3 系统的工作流程

农村水电站安全评估系统主要工作流程如下。

（1）登录界面用以区分用户是否有权限使用系统，通过用户名和密码确认用户登录信息，在成功登录后，系统转至农村水电站安全评估系统的初始界面。

（2）安全评估系统初始界面供用户选择相应的功能模块，主要模块有电站基本信息管理、电站安全评估及电站评估结果查询三项。

（3）电站基本信息管理模块提供用户对电站信息进行输入、查询、修改、增加和删减等基本功能。

（4）电站安全评价模块是该系统的主要部分，提供用户完成电站安全状况的评价功能。一般需要以下四个步骤：①用户首先选择被评价的电站及其评价项；②选择评价时所需的方法（指标安全性、指标重要性分值确定的方法）；③用户输入指标的评价信息（指标安全性、指标重要性分值）；④最后确认输入的信息，开始评价，同时将评价结果记录到数据库中。

（5）电站评价结果查询模块提供用户进行电站评价结果的查询、检索功能。用户可以选择按电站名称、电站所在地和电站评估项三种方式对评价结果进行查询。

农村水电站安全评估系统主要工作流程图如图 8.2 所示。

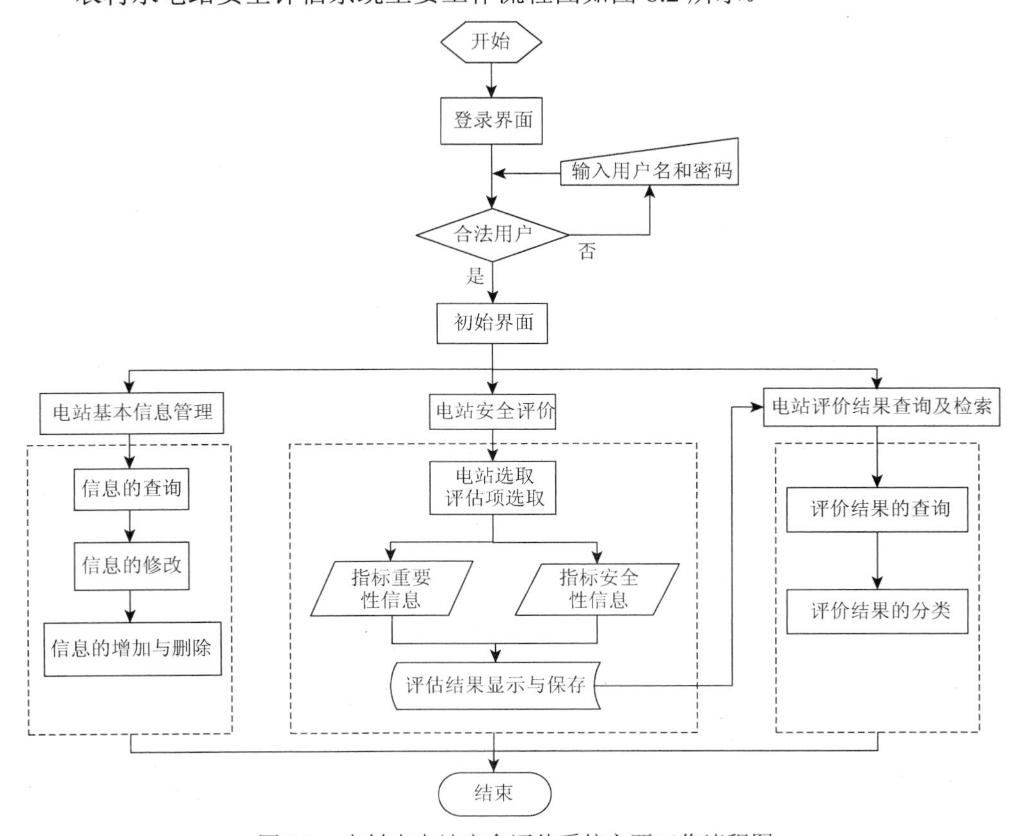

图 8.2　农村水电站安全评估系统主要工作流程图

8.4　程序流程演示

按照以上软件开发思想及农村水电站工程结构安全评价方法，运用 Visual Basic 6.0 语言编制农村水电站安全评估程序，主要计算流程及结果如图 8.3～图 8.25 所示。

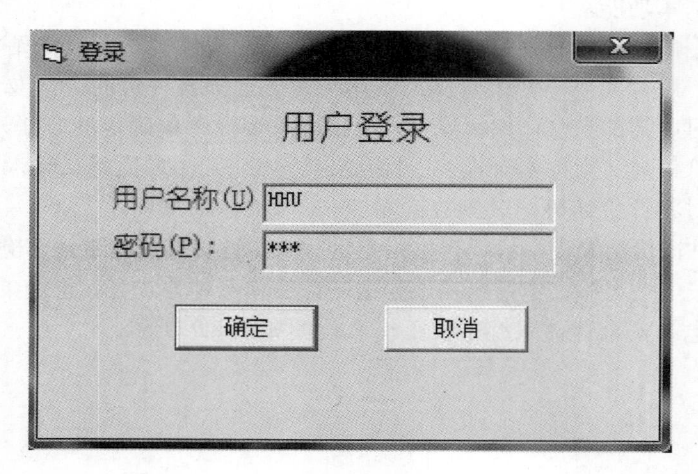

图 8.3　系统登录界面

图 8.4　系统初始界面

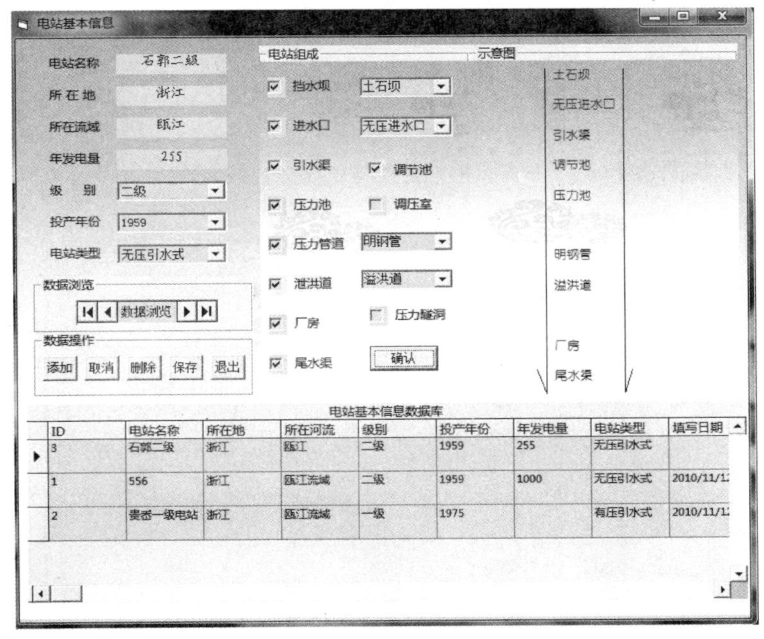

图 8.5　电站基本信息界面

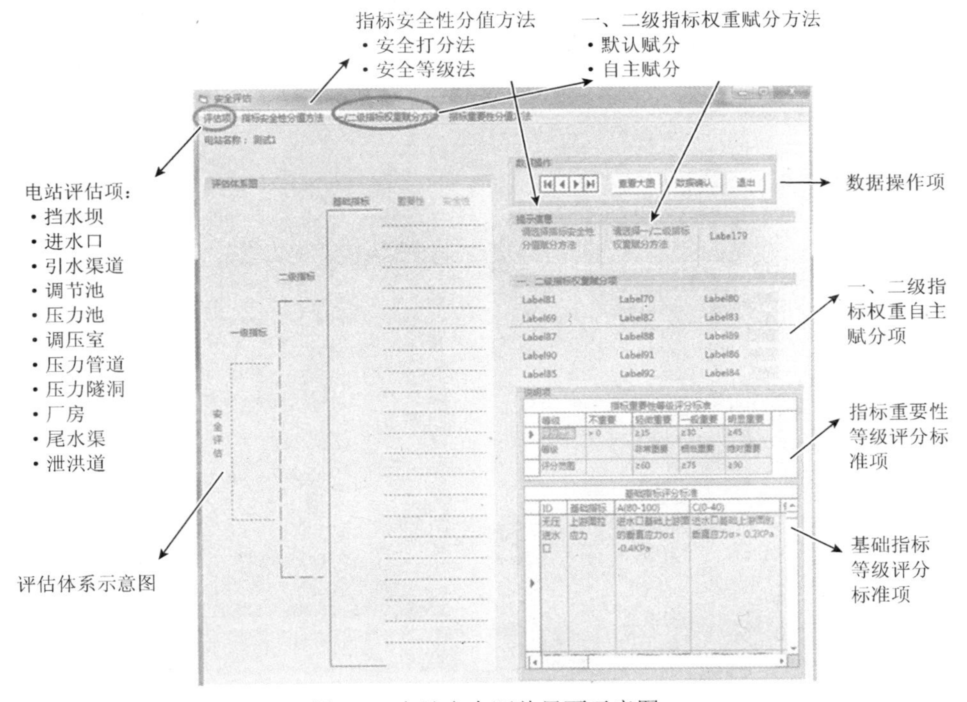

图 8.6　电站安全评估界面示意图

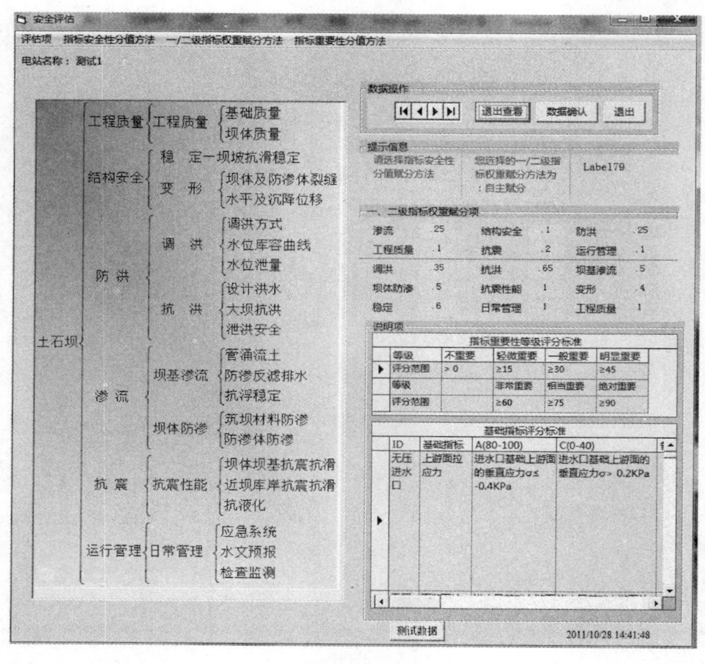

图 8.7　土石坝安全评估界面

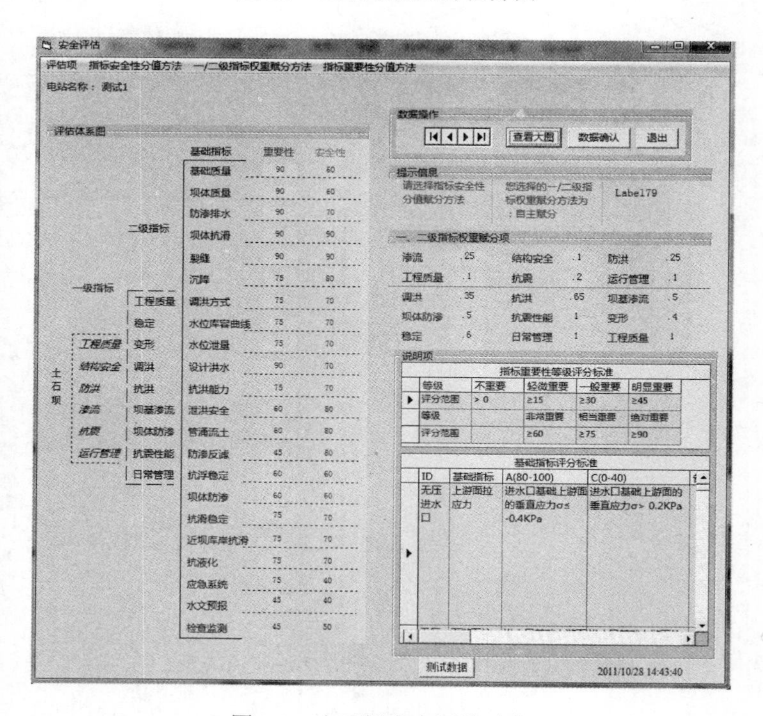

图 8.8　土石坝安全评估赋值

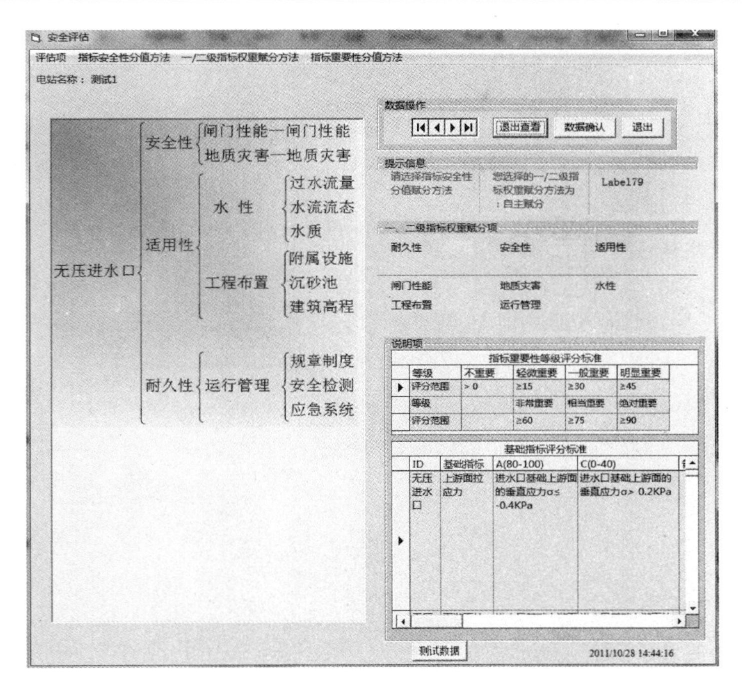

图 8.9　无压进水口安全评估界面

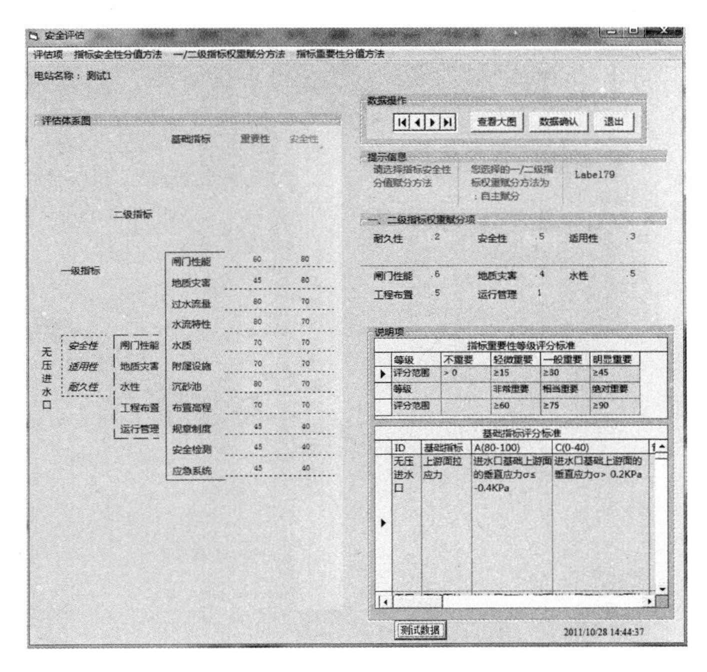

图 8.10　无压进水口安全评估赋值

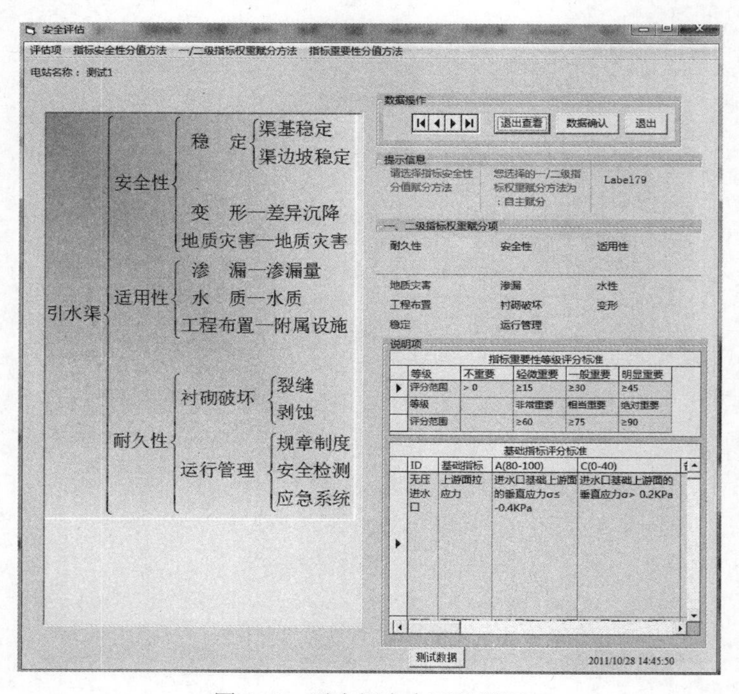

图 8.11　引水渠安全评估界面

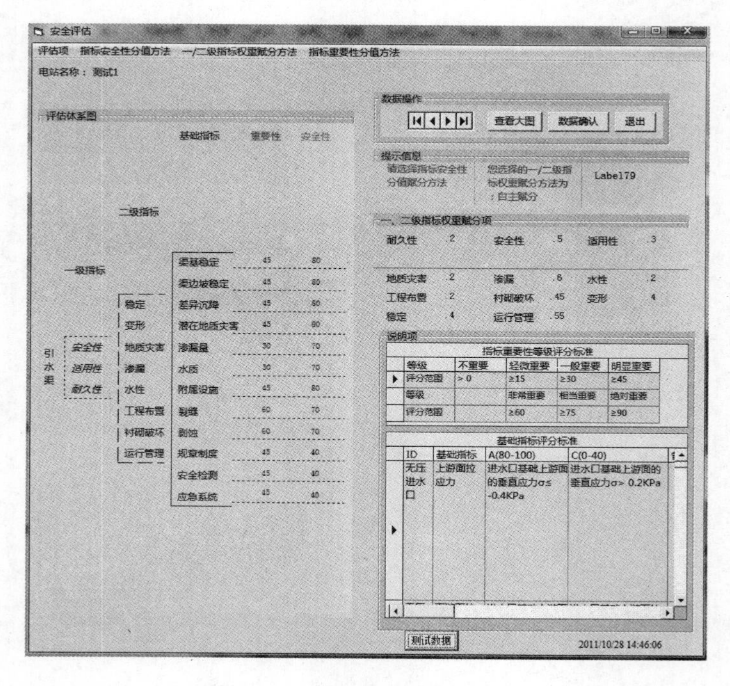

图 8.12　引水渠安全评估赋值

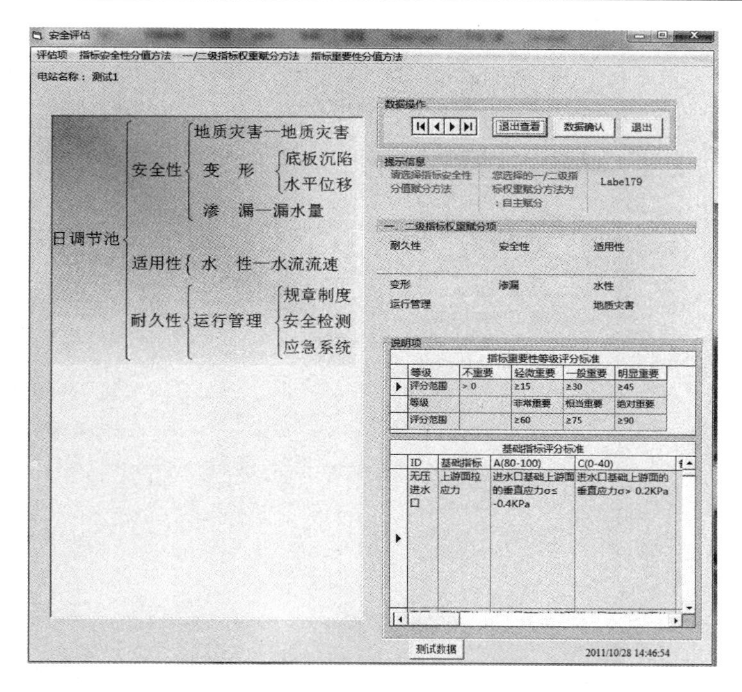

图 8.13　调节池安全评估界面

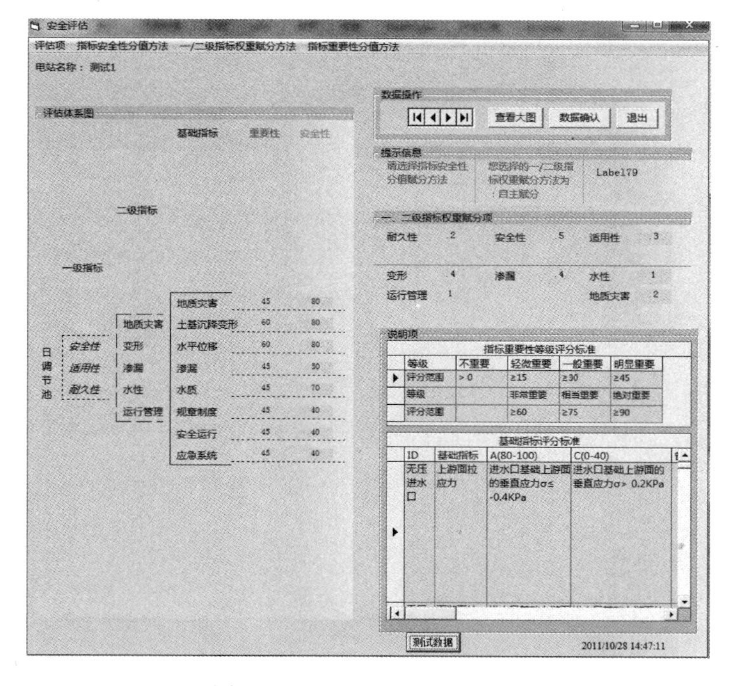

图 8.14　调节池安全评估赋值

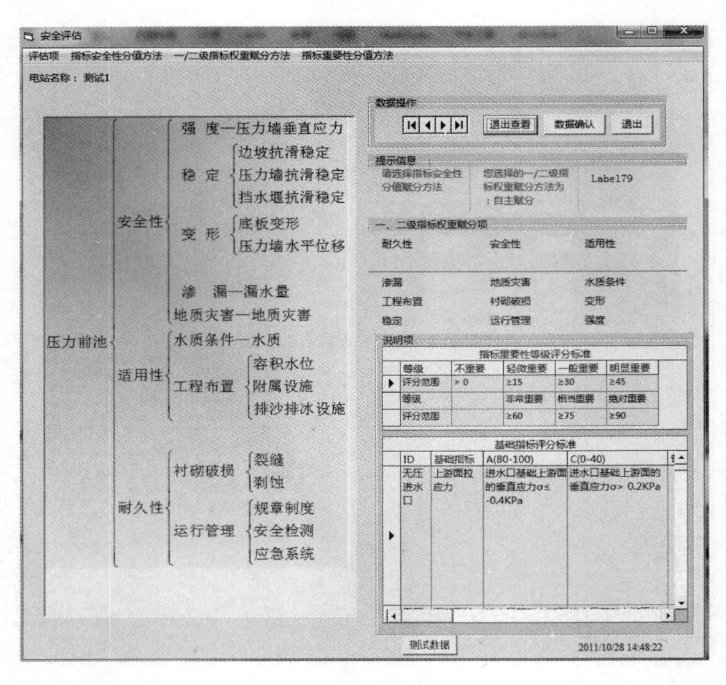

图 8.15　压力池安全评估界面

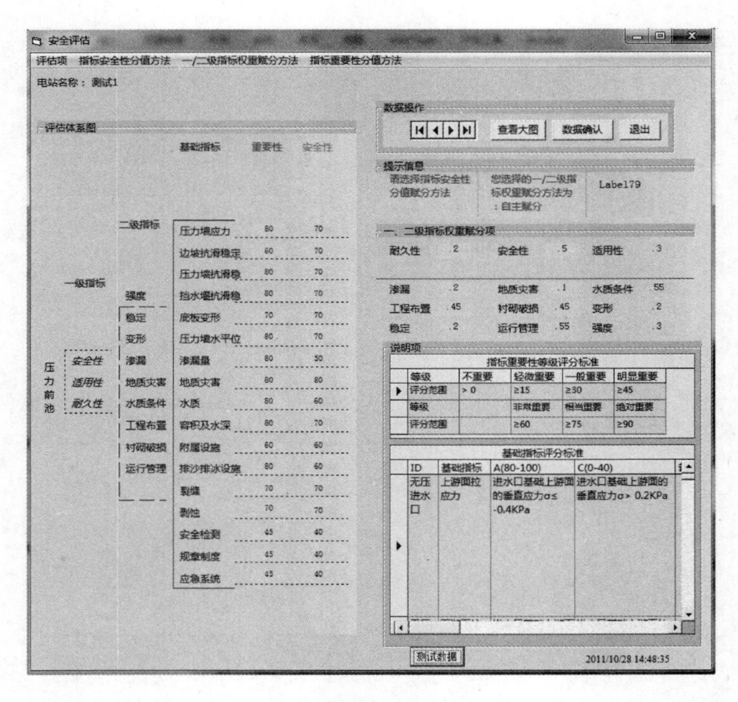

图 8.16　压力池安全评估赋值

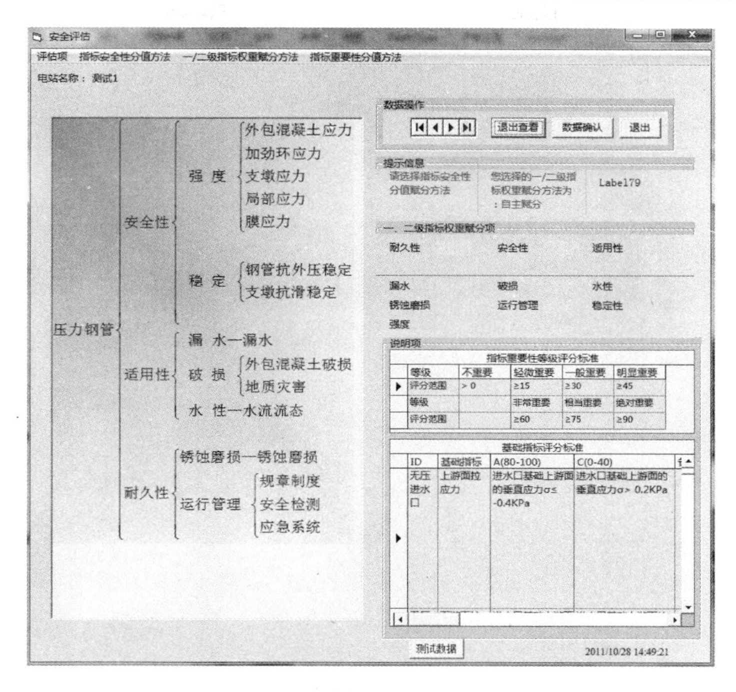

图 8.17　压力管道安全评估界面

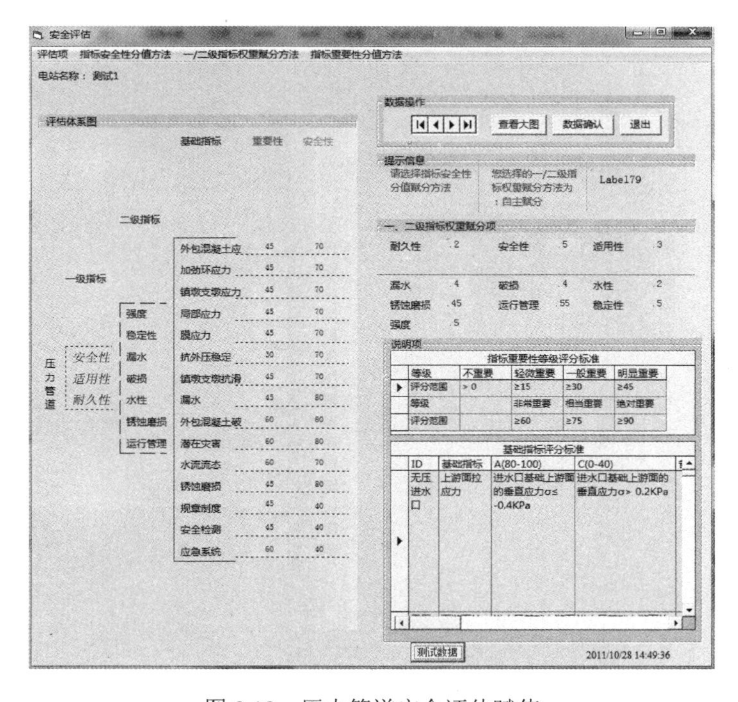

图 8.18　压力管道安全评估赋值

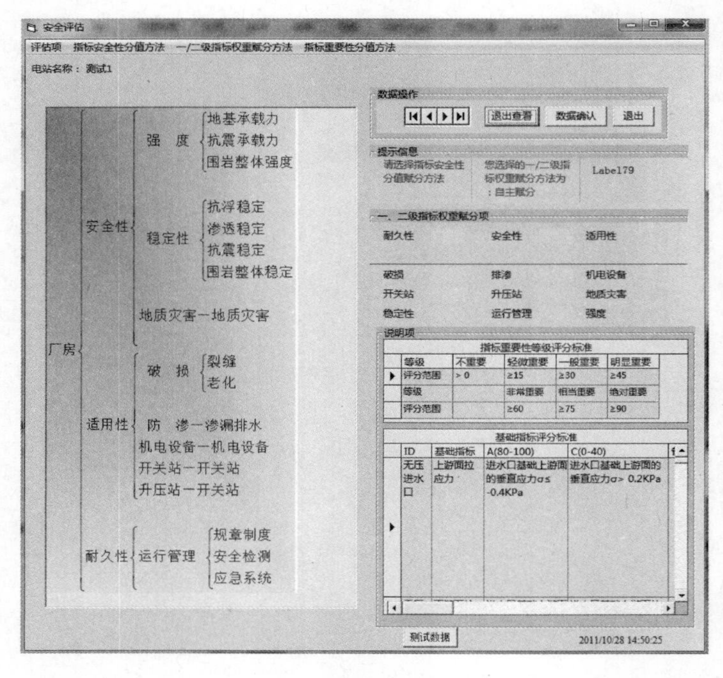

图 8.19　厂房安全评估界面

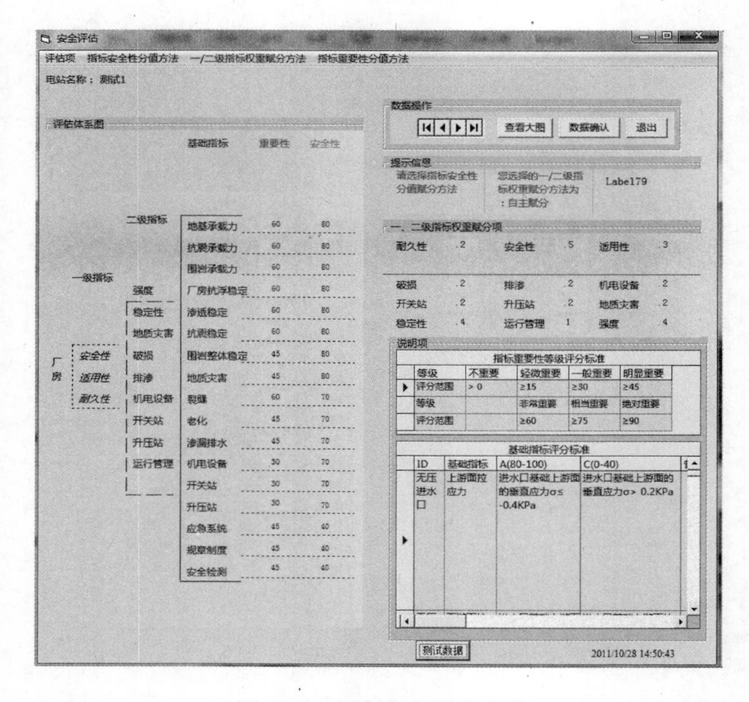

图 8.20　厂房安全评估赋值

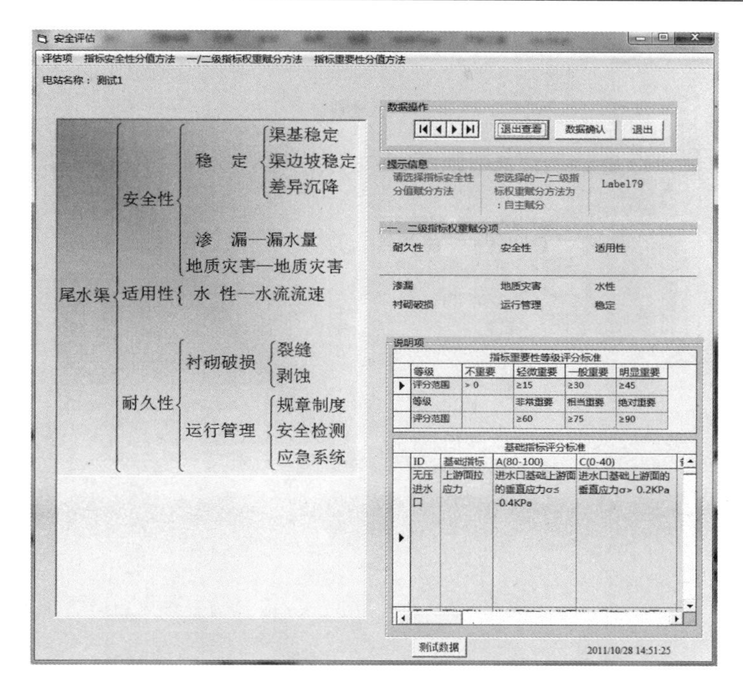

图 8.21　尾水渠安全评估界面

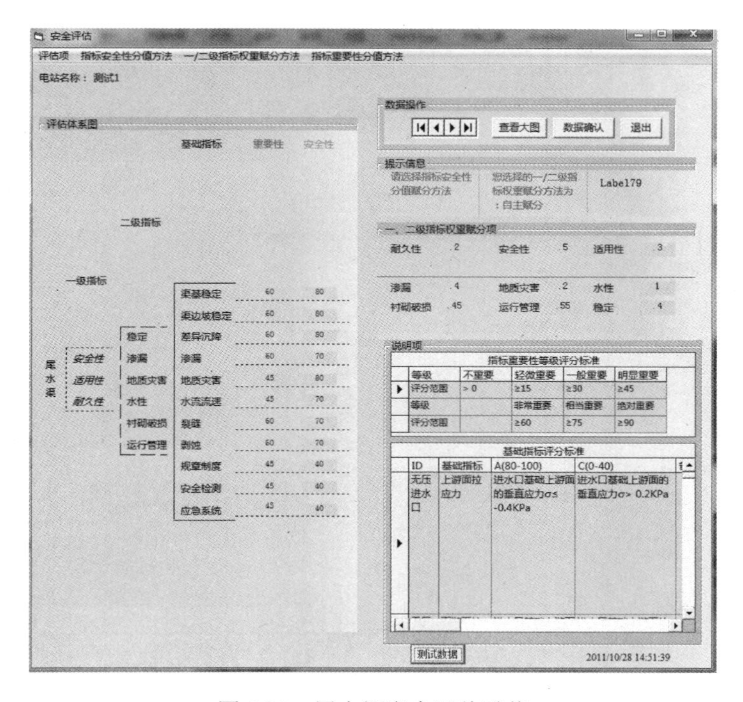

图 8.22　尾水渠安全评估赋值

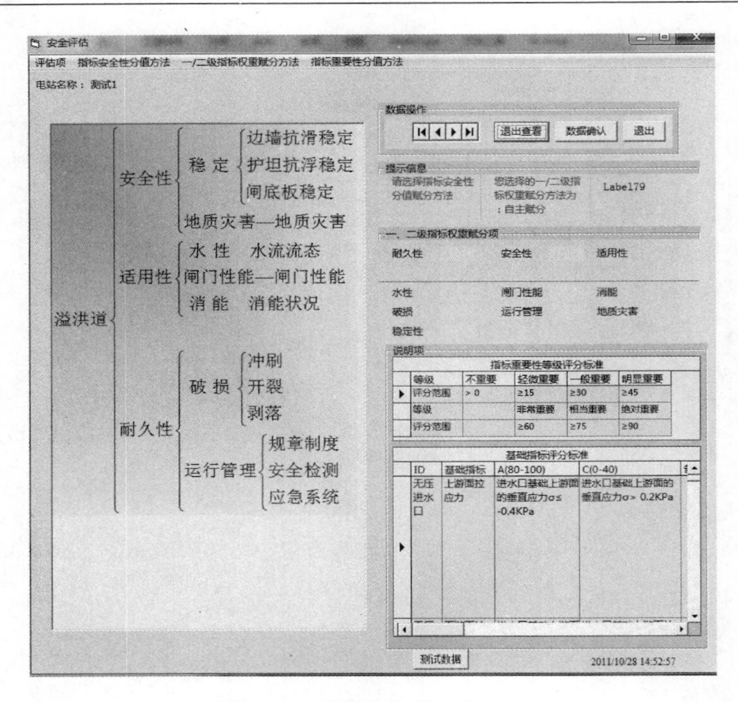

图 8.23 溢洪道安全评估界面

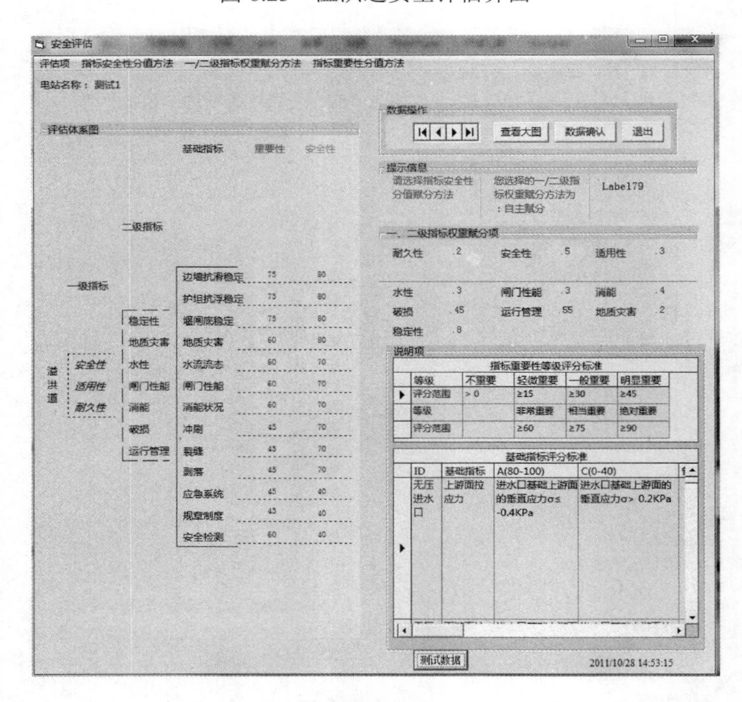

图 8.24 溢洪道安全评估赋值

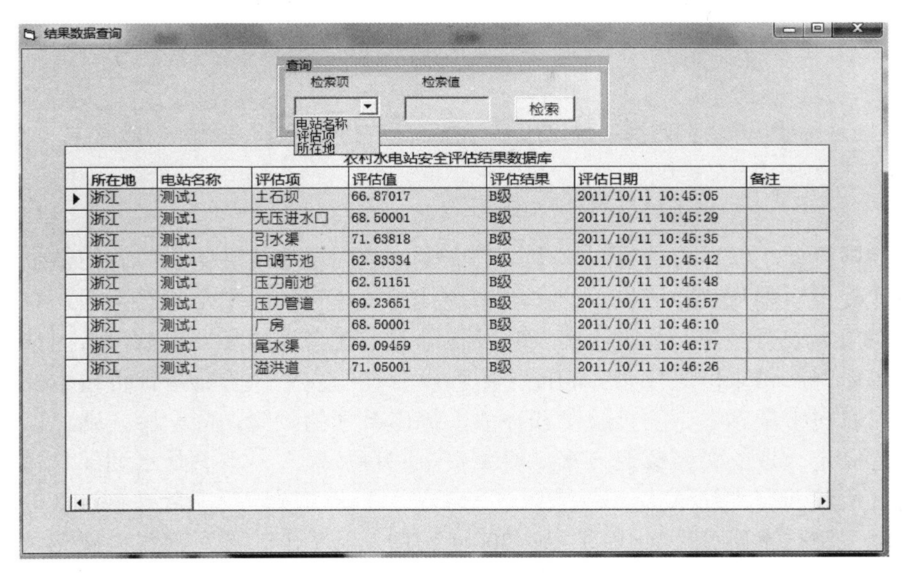

所在地	电站名称	评估项	评估值	评估结果	评估日期	备注
浙江	测试1	土石坝	66.87017	B级	2011/10/11 10:45:05	
浙江	测试1	无压进水口	68.50001	B级	2011/10/11 10:45:29	
浙江	测试1	引水渠	71.63818	B级	2011/10/11 10:45:35	
浙江	测试1	日调节池	62.83334	B级	2011/10/11 10:45:42	
浙江	测试1	压力前池	62.51151	B级	2011/10/11 10:45:48	
浙江	测试1	压力管道	69.23651	B级	2011/10/11 10:45:57	
浙江	测试1	厂房	68.50001	B级	2011/10/11 10:46:10	
浙江	测试1	尾水渠	69.09459	B级	2011/10/11 10:46:17	
浙江	测试1	溢洪道	71.05001	B级	2011/10/11 10:46:26	

图 8.25　安全评估结果查询界面

第9章　总结与展望

我国目前正在运行的农村水电站有许多已达到设计使用年限，有的甚至已超过设计使用年限却仍在服役，这些电站及其相关建筑物的安全状况不明，有些可能存在重大安全隐患。如果不能及时发现隐患，就会造成突发事故，给国家和人民的生命财产带来巨大危害。若能使用科学合理的安全风险分析评价技术及预测方法对农村水电站进行安全检测和评估，提出合理的除险加固次序，就可以按轻重缓急制定合理的更新改造方案，避免资金的盲目投入。本书是水利部农村电气化研究所和河海大学承担的水利部公益性行业科研专项经费项目“农村水电站安全保障关键技术研究”（项目编号：200801019）及“十二五”国家科技支撑计划项目“农村小水电节能增效关键技术”（项目编号：2012BAD10B00）的部分研究成果，现将主要成果总结如下。

（1）科学、可行的评价指标体系是定量研究农村水电站安全性态的基础，且直接关系到研究指标权重的意义和最终评价结论的合理、可靠性。针对农村水电站安全性态综合评价的具体特点，对建立评价指标体系的相关问题进行了研究，给出了确定农村水电站安全评价指标体系的七项原则。

（2）水电站本身是一个复杂的系统，利用层次分析理论及分析方法，将农村水电站合理分割成有机联系的子系统，依据子系统的不同特性，构建包含一级指标、二级指标及基础指标的评估指标体系，同时将基本因素按属性和类别的不同分为若干组，以隶属关系形成不同的递进层次，建立了水电站安全评价指标体系，并建立水电站分层综合评价模型。

（3）针对农村水电站安全评价分层综合评价需求，研究了评价权重合理确定问题。对传统赋权方法进行了研究，深入分析了传统AHP法并对常用的五种标度方法进行了比较，建议采用简单实用的1～9标度，通过特征向量法来计算指标主观权重，在此基础上开发了AHP法权重计算程序；提出了采用基于指标重要性分值的改进层次分析法；给出基于熵值法的专家自身权重模型与计算方法；针对农村水电站安全评价指标权重的“对象针对性”的特性，在层次分析法确定主观权重和熵值法确定专家自身权重基础上，提出了确定评价指标加权融合权重的方法，得到更加真实、有效的评价指标权重，使得农村水电站安全评价结论更加符合实际。

（4）为了使农村水电站安全性态综合评价指标体系中基层指标的评价能够反

映实际测量值，同时使农村水电站安全性态评价结果具有明确的含义，设计了农村水电站安全综合评价评语集，阐明了农村水电站安全各等级的评价值范围及其含义。

（5）农村水电站安全性态综合评价指标体系中，各指标的取值范围、度量方法和度量单位各不相同，其中既有定量评价指标，又有定性评价指标，从而导致了同层诊断指标之间不具有相互可比性，必须在进行农村水电站安全性态综合评价之前将评价指标转化到[0, 1]内的无量纲可比较数值范围内；提出了对定量指标进行隶属度函数无量纲化处理方法；对定性信息提出了运用专家打分、模糊数学和集值统计等量化方法，实现了农村水电站安全评价定性指标进行更为科学合理、操作简单的量化处理技术。

（6）根据农村水电站特点，提出了农村水电站致灾后果评价模型，对生命损失、经济损失、社会及环境的影响等三个评价部分分别分析了影响因素并给出损失的严重程度衡量值，根据各部分严重程度与相应权重得出了水电站致灾后果评价值。

（7）为了能够区别轻重缓急，优先安排风险大的病险水电站进行除险加固，科学合理地安排除险加固计划，基于农村水电站安全评价值以及农村水电站致灾后果评价值，提出了农村水电站除险加固排序模型，并根据风险控制理论，提出了农村水电站除险加固方法。

（8）为适应现代化信息管理的需求，对农村水电站安全评估系统开发技术进行了探讨，根据实用性和先进性要求，利用人工智能技术、现代计算机软硬件技术以及上述研究成果，开发了农村水电站安全评估系统，实现了农村水电站工程的安全管理信息化。

小水电站是农村重要基础设施和公共设施。随着时间的推移，部分小水电站由于电站各种设备不断老化，造成水电站效益降低，严重影响能源利用效率，同时诸多不利因素的积累会进一步导致其安全问题，甚至危及社会公共安全。农村水电站安全评价工作在我国起步较晚，而且多是采用人工依据规范和检测数据由专家借助经验进行判断，往往具有一定的主观性。随着计算机的应用，评价系统自动化、智能化已经成为发展趋势，我国在农村水电站整体及各部分子系统安全评价方面也取得了一定的进展。本研究虽然对农村水电站安全风险评价进行了较为系统的研究，但是还有许多工作并未得到完善的研究，以下三方面仍有待进一步的深入研究。

（1）农村水电站工程中存在各种不确定性，给水电站安全评价带来了较大的复杂性，很难用一个确定性的数学模型对其进行安全性和可靠性评价，模糊层次综合评价虽然可以有效地解决这一不足，但模糊算子的选择、指标权重的确定以及评价结果的集化方法对评价结果有较大的影响，如何在资料稀缺的情况下进行合理的安全评价，需要进行更深入的研究。

（2）农村水电站安全状况是随时间的推移而不断变化的动态过程，相应的安全评价也是一个动态过程，如何更加合理地考虑这种动态变化过程还有待进一步研究。

（3）随着计算机技术及通信技术等的发展，水电站安全管理的信息化、标准化是必然的发展方向，有必要在下阶段研究新型现代化信息工具，结合电站年检和标准化工作，建立科学有效的农村水电站安全信息数据收集和维护系统，并将各类系统集成化。

参 考 文 献

白雪. 2012. 小水电的经济性与安全性研究[D]. 南京：河海大学
白雪，袁越，傅质馨. 2011. 小水电与风光并网的经济效益与环境效益研究[J]. 电网与清洁能源，27（6）：75-80
白雪，袁越，吴博文，等. 2013. 小水电电气设备安全性分析. 电力系统及其自动化学报，25（1）：66-73
蔡新，李益，吴威，等. 2013. 基于体积法思想的洪水淹没元胞自动机模型[J]. 水力发电学报. 32（5）：30-34
蔡新，严伟，李益，等. 2012. 灰色理论在堤防安全评价中的应用[J]. 水力发电学报，31（1）：62-66
曹孟州. 2013. 电气设备故障诊断与检修 1000 问[M]. 北京：中国电力出版社
陈红. 2004. 堤防工程安全评价方法研究[D]. 南京：河海大学
陈化钢. 2005. 水电站电气设备运行与维修[M]. 北京：中国水利水电出版社
陈久宇. 1982. 应用实测位移资料研究刘家峡重力坝横缝的结构作用[J]. 水利学报，（12）：12-20
戴双喜. 2012. 农村水电站引水建筑物安全风险评价[D]. 南京：河海大学
戴双喜，蔡新，徐锦才，等. 2013. 小型水电站引水建筑物模糊综合安全评价[J]. 河海大学学报（自然科学版），41（2）：161-165
邓琼. 2009. 安全系统工程[M]. 西安：西北工业大学出版社
范庆来. 2004. 大坝监测资料分析与安全指标拟定的研究[D]. 杭州：浙江大学
冯端，冯步云. 1992. 熵[M]. 北京：科学出版社
傅琼华，段智芳. 2006. 群坝风险评估指数排序方法的探讨[J]. 中国水利水电科学研究院学报，（02）：107-110
高延红. 2009. 基于风险分析的堤防工程加固排序方法研究[D]. 南京：河海大学
郭庆. 2005. 在役水利水工闸门与启闭机的安全评价[D]. 武汉：武汉大学
何坤. 1997. 层次分析法的标度研究[J]. 系统工程理论与实践，17（6）：58-61
洪云. 2005. 大坝安全管理关键技术研究[D]. 南京：河海大学
侯岳衡，沈德家. 1995. 指数标度及其与几种标度的比较[J]. 系统工程理论与实践，（10）：43-46
江超，盛金保. 2010. 农村水电站水工建筑物运行状态综合评价模型[J]. 小水电，（2）：75-77，98
乐继洲. 1989. 故障树原理和应用之二[M]. 西安：西安交通大学出版社
李东方. 2004. 基于改进模糊综合评判理论的水闸安全评价[D]. 呼和浩特：内蒙古农业大学
李桂青，李秋胜. 2001. 工程结构时变可靠度理论及其应用[M]. 北京：科学出版社
李洪煊，蔡新，徐锦才，等. 2010. 考虑时变效应的水工金属结构安全风险评价模型[J]. 河海大学学报（自然科学版），38（6）：660-664
李树枫，万林，魏代现. 2004. 土石坝老化病害评价的量化分析法[J]. 山东农业大学学报（自然科学版），35（4）：582-588

李益，蔡新，徐锦才，等. 2010. 考虑时变效应的土石坝安全风险综合评价模型[J]. 河海大学学报（自然科学版），38（6）：655-659
李益，蔡新，徐锦才，等. 2011. 小水电水工建筑物健康诊断灰色理论模型[J]. 河海大学学报（自然科学版），39（5）：511-516
李宗坤. 2003. 土石坝结构性态安全评价方法研究[D]. 大连：大连理工大学
练继建，郑杨，司春棣. 2007. 输水建筑物安全运行的模糊综合评价[J]. 水利水电技术，（4）：83-87
刘成栋. 2004. 大坝安全评价的多因素赋权分析方法及其应用研究[D]. 南京：河海大学
刘双跃. 2014. 安全评价[M]. 北京：冶金工业出版社
刘万顺，黄少锋，徐王琴. 2010. 电力系统故障分析[M]. 3 版. 北京：中国电力出版社
刘小刚，张水舰. 2003. 用 VC++实现“大坝安全监测专家系统”规则知识[J]. 大坝与安全，（5）：24-25
罗兰 H E，莫里阿蒂 B. 1985. 系统安全工程与管理[J]. 冶金工业部安全技术研究所
罗云，樊运晓，马晓春. 2013. 风险分析与安全评价[M]. 2 版. 北京：化学工业出版社
聂学军，顾冲时，严良平，等. 2005. 自适应模糊系统在大坝安全监测故障诊断中的应用[J]. 河海大学学报（自然科学版），33（4）：395-398
彭辉，彭惠明，程圣国. 2006. 多层次模糊评判的土石坝安全综合评价研究[J]. 灾害与防治工程，（1）：5-11
秦寿康. 2003. 综合评价原理与应用[J]. 北京：电子工业出版社
任建国. 2005. 安全评价在我国的发展历程[J]. 安防科技，（1）：28-30
任自在. 2008. 压力管道安全评价的理论与方法研究[D]. 北京：中国石油大学
沈裴敏. 2001. 安全系统工程理论与务实[M]. 北京：煤炭工业出版社
史定华，王松瑞. 1993. 故障树分析技术方法和理论[M]. 北京：北京师范大学出版社
水利部办公厅文件，办案监. 2011. 121 号，水利部办公厅关于 2010 年水利生产安全事故情况的通报
水利部办公厅文件，办案监. 2012. 2 号，水利部办公厅关于 2011 年水利生产安全事故情况的通报
水利部办公厅文件，办案监. 2013. 84 号，水利部办公厅关于 2012 年水利生产安全事故情况的通报
水利部办公厅文件，办案监. 2014. 112 号，水利部办公厅关于 2013 年水利生产安全事故情况的通报
水利部农村水电及电气化发展局. 2009. 中国小水电 60 年[M]. 北京：中国水利水电出版社
司春棣. 2007. 引水工程安全保障体系研究[D]. 天津：天津大学
苏怀智，顾冲时，吴中如. 2006. 大坝工作性态的模糊可拓评估模型及应用[J]. 岩土力学，27（12）：2115-2121
苏怀智，胡江，吴中如. 2008. 基于时变风险率的大坝使用寿命评估模型 [C]//全国大坝安全监测技术信息网 2008 年度技术信息交流会暨全国大坝安全监测技术应用和发展研讨会论文集
苏为华. 2000. 多指标综合评价理论与方法问题的研究[D]. 厦门：厦门大学
王凡，张耀良. 1993. 关于权及确定权重分配的方法探讨[J]. 系统工程，（9）：11-14
王洪德. 2008. 安全评价管理实务[M]. 北京：中国水利水电出版社
王建波. 2004. 谈安全评价及其方法[J]. 林业劳动安全，17（2）：20-22

王君，樊治平. 2003. 一种基于组件技术的专家系统构建框架[J]. 东北大学学报，24（5）：503-506
吴威，郭兴文，王德信，等. 2008. 荆江大堤安全度模糊综合评判方法研究[J]. 河海大学学报（自然科学版），36（2）：224-228
吴中如. 1984. 混凝土坝观测物理量的数学模型及其应用[J]. 华东水利学院学报，（03）：20-25
吴中如. 1989. 论混凝土坝安全监控的确定性模型和混合模型[J]. 水利学报，（5）：64-70
吴中如，顾冲时，沈振中. 1998. 大坝安全综合分析和评价的理论、方法和应用[J]. 水利水电科技进展，18（3）：2-6
武清玺. 2005. 结构可靠性分析及随机有限元法[M]. 北京：机械工业出版社
谢季坚，刘承平. 2000. 模糊数学方法及其应用[M]. 武汉：华中科技大学出版社
邢修三. 2001. 物理熵、信息熵及其演化方程[J]. 中国科学 A 辑，31（1）：69-90
许树柏. 1988. 层次分析法原理：实用决策方法[M]. 天津：天津大学出版社
杨波，戴国欣，陈昌海，等. 2008. 钢结构工程抗力时变模型的构建与验证[J].重庆大学学报，30（5）：95-99
杨光明. 2005. 水工金属结构安全评估系统设计与研究[D]. 南京：河海大学
杨光明，陈伟. 2004. 水电工程金属结构计算机评估系统研究[J]. 水利水电技术，35（11）：56-59
杨光明，贾文斌，陈宁. 2012. 钢闸门锈蚀速率的贝叶斯更新方法，河海大学学报（自然科学版），40（4）：401-404
叶翔. 2004. 水工金属结构系统可靠度的失效树分析方法[J]. 河海大学学报，32（6）：665-668
易建刚. 2011. 小水电水工金属结构安全风险评价研究[D]. 南京：河海大学
余建星，李彦苍，吴海欣，等. 2006. 基于熵的海洋平台安全评价专家评定模型[J]. 海洋工程，24（4）：90-94
袁昌明，张晓冬. 章保东. 2006. 安全系统工程[M]. 北京：中国计量出版社
袁越，白雪，傅质馨，等. 2011. 小水电经济性与电气设备安全性研究[J]. 小水电，6：18-22
张秀勇. 2005. 黄河下游堤防破坏机理与安全评价方法的研究[D]. 南京：河海大学
张尧庭. 1999. 指标量化、序化的理论和方法[M]. 北京：科学出版社
赵玮，姜波. 1992. 层次分析方法进展[J]. 学的实践与认识，（3）：63-71
赵玮，岳德权. 1995. AHP 的算法及其比较分析[J]. 数学的实践与认识，（1）：25-46
中华人民共和国电力工业部. DL/T 5058—1996《水电站调压室设计规范》[S]
中华人民共和国国家发展和改革委员会. DL/T 5195—2004《水工隧洞设计规范》[S]
中华人民共和国国家发展和改革委员会. DL/T 5398—2007《水电站进水口设计规范》[S]
中华人民共和国国家质量监督检验检疫总局和中华人民共和国建设部联合发布. GB 50071—2002《小型水力发电站设计规范》[S]
中华人民共和国水利部，中华人民共和国国家统计局. 2013. 第一次全国水利普查公报//刘建明主编. 中华人民共和国水利部公报，2
中华人民共和国水利部. SL/T205—97《水电站引水渠道及前池设计规范》[S]
中华人民共和国水利部. SL/T246—1999《灌溉与排水工程技术管理规程》[S]
中华人民共和国水利部. SL/T4—1999《农田排水工程技术规范》[S]
中华人民共和国水利部. SL 101—94《水工钢闸门和启闭机安全检测技术规程》[S]
中华人民共和国水利部. SL 105—95《水工金属结构防腐蚀规范》[S]
中华人民共和国水利部. SL 214—1998《水闸安全鉴定规定》[S]

中华人民共和国水利部. SL 258—2000《水库大坝安全评价导则》[S]
中华人民共和国水利部. SL 281—2003《水电站压力钢管设计规范》[S]
中华人民共和国水利部. SL 316—2004《泵站安全鉴定规程》[S]
中华人民共和国水利部. SL 74—1995《水利水电工程钢闸门设计规范》[S]
中华人民共和国水利部和电力工业部联合发布. SL 41—1993《水利水电工程启闭机设计规范》[S]
周红. 2004. 大坝运行风险评价方法研究[D]. 南京：河海大学
周建方，李典庆，李朝辉，等. 2003. 钢闸门结构时变抗力模型及其可靠度分析[J]. 工程力学，20（4）：104-109
周智芝. 2010. 小水电电气设备安全保障技术及水电站智能化体系研究[D]. 南京：河海大学
周智芝，袁越，徐锦才. 2012. 水电站智能化体系研究. 小水电，4：11-15
朱丽楠. 2003. 泵站工程老化及评估方法研究[D]. 武汉：武汉大学
朱智钊. 2005. 安全评价的几种方法[J]. 安全生产与监督，（3）：16-18
Aiche R. 1994a. Dow’s Chemical Explosion Index Guide[M]. New York：American Institute of Chemical Engineers
Aiche R. 1994b. Dow’s Fire&Explosion Index Hazard Classification Guide[M]. New York：American Institute of Chemical Engineers
Alain V. 1992. Reliability，Availability，Maintainability and Safety Assessment[M]. Chichester：Jone Wiley &Sons
Dither D，Eyke H，Henri P. 2002. Fuzzy set-based methods in instance-based reasoning[J]. IEEE Transactions on Fuzzy Systems. IEEE Neural Networks society，Poiscataway-USA，10（3）：322-332
Finkelam. 1994. Risk assessment research the engineering[J]. Risk Analysis，14（6）：97-110
Harsle P. 1999. Hazard and Risk Assessment[J]. DNV Loss Control Management，3（4）：5-10
Hollnagle. 1992. Reliability of man-machine interaction[J]. Reliability Engineering and society Safety，（38）：81-89
Jaynes E T. 1957. Information theory and statistical mechanics. Physical Review，106（4）：620-630
NNSA. 2001. The first batch of review Comments for the Guangdong Daya Bay Nuclear Power Plant Probabilistic Safety Assessment report. http：//www.docincom/p-313723032.html[2014-10-12]
Peter M. 2004. Reducing the harms associated with risk assessments[J]. Environmental Impact Assessment Review，24（7-8）：733-748
Siu N. 1994. Risk assessment for dynamic system：an overview[J]. Reliability Engineering and System Safety，12（43）：43-73
Xu Z S. 1999. A new Sum Method With Mean Cumulative Dominance[J]. AHP Journal of Heze Teachers College，21（4）：11-14
Yi J G，Cai X，Xu J C，et al. 2011. Hoist safety risk assessment model research[C]. Advanced Materials Research，（383－390）：1225-1230
Zadeh L A. 1965. Fuzzy sets[J]. Information and Control，（8）：338-353
Zadeh L A. 1978. Fuzzy sets as a basis for a theory of possibility[J]. Fuzzy Sets and System，（1）：3-28